MONOGRAPHIEN AUS DEM GESAMTGEBIET DER PHYSIOLOGI DER PFLANZEN UND DER TIER

HERAUSGEGEBEN VON

F. CZAPEK-PRAG, **M. GILDEMEISTER**-STRASSBURG, **E. GODLEWSKI** JUN.-KRAKAU, **C. NEUBERG**-BERLIN, **J. PARNAS**-STRASSBURG

REDIGIERT VON F. CZAPEK UND J. PARNAS

ERSTER BAND:

DIE WASSERSTOFFIONENKONZENTRATION

VON

LEONOR MICHAELIS

BERLIN
VERLAG VON JULIUS SPRINGER
1914

DIE WASSERSTOFFIONEN-KONZENTRATION

IHRE BEDEUTUNG FÜR DIE BIOLOGIE UND DIE METHODEN IHRER MESSUNG

VON

PROFESSOR DR. LEONOR MICHAELIS
PRIVATDOZENT AN DER UNIVERSITÄT BERLIN

MIT 41 TEXTABBILDUNGEN

BERLIN
VERLAG VON JULIUS SPRINGER
1914

ISBN-13:978-3-642-88801-4 e-ISBN-13:978-3-642-90656-5
DOI: 10.1007/978-3-642-90656-5

Zur Einführung.

Indem die unterzeichneten Herausgeber dem ersten Bande der Monographien aus dem Gesamtgebiet der Physiologie der Pflanzen und der Tiere die nachstehenden Worte als Geleit auf den Weg geben, erachten sie es als ihre erste und gern erfüllte Pflicht, des lebhaften und werktätigen Interesses zu gedenken, welches aus allen beteiligten Kreisen dem neuen Unternehmen entgegengebracht worden ist. Schon jetzt ist eine stattliche Anzahl von Bänden aus allen Teilgebieten der Physiologie gesichert; viele Forscher, welche nicht in der Lage waren, dem Ersuchen der Herausgeber um Mitwirkung an der Sammlung Folge zu leisten, nahmen Anteil an dem Plane und förderten ihn durch manche Ratschläge.

Der Großbetrieb unserer Wissenschaft fordert immer neue literarische Werkzeuge. Vor einem Menschenalter bestand der literarische Handapparat des Physiologen in einer kleinen Anzahl von Fachzeitschriften und Archiven, die jährlich etwa ein Dutzend Bände hervorbrachten und aus einigen trefflichen Lehr- und Handbüchern von bescheidenem Umfang. Heute füllt die wissenschaftliche Produktion auf dem Gebiete der Physiologie und ihrer Nachbarwissenschaften jährlich Hunderte von Bänden; um unsere Handbücher zu schreiben, reicht die Kraft des einzelnen nicht mehr aus: sie sind das gemeinsame Werk einer größeren Zahl von Forschern und finden in der jüngsten Zeit, nach möglichster Vollständigkeit strebend, keinen Abschluß mehr, sondern gehen in periodisch erscheinende Werke über. Schon dadurch ist die Möglichkeit einer leichten Orientierung vermindert; und die literarischen Behelfe versagen noch mehr dort, wo es sich um das heute so wesentliche Ineinandergreifen der Nachbarwissenschaften handelt.

In unserer Zeitschriftenliteratur wirken seit einem Jahrzehnt die unter dem Titel Ergebnisse erscheinenden Sammlungen von Essays aus den Gebieten der Physiologie und Anatomie sehr ersprießlich, sie haben viel dazu beigetragen, auf kleineren Forschungsgebieten rasche Orientierung zu vermitteln. Die Monographiensammlung soll die Ideen, welche den „Ergebnissen“ zugrunde liegen, nach verschiedenen, zum Teil neuen Richtungen hin ausbauen. Es sollen weitere Gebiete in einheitlicher Durcharbeitung dargestellt werden; der Autor kann unter beliebiger Berücksichtigung der Literatur den gegenwärtigen Stand der Kenntnisse auseinandersetzen und eine bedeutendere Vertiefung des Gegenstandes erreichen, als sie in der modernen Handbuchtechnik möglich ist; denn diese bezweckt ja vor allem Sammlung des Materials.

In mancher Beziehung erscheinen uns die auf ein engeres Gebiet beschränkten, von F. G. Hopkins und R. A. Plimmer herausgegebenen „Monographs on biochemistry“ vorbildlich. Unser Bestreben geht dahin, in der deutschen Literatur unter internationaler Beteiligung eine ähnliche Monographienreihe zu schaffen; ihr Gebiet soll aber die gesamte Physiologie in der Ausdehnung von den Grenzen der Chemie und Physik einerseits bis zur experimentellen Morphologie und Vererbungsforschung andererseits umfassen.

Die Art der Darstellung soll in unseren Monographien streng wissenschaftlich sein; eingehende Spezialkenntnisse werden indessen nicht vorausgesetzt. Die Monographien sollen die Einführung in einzelne Gebiete der Physiologie jedem Biologen vermitteln und dem wissenschaftlich tätigen Physiologen Gelegenheit bieten, die Leitlinien der Forschung auch in jenen Gebieten kennen zu lernen, welche er selten betritt und doch zu seiner Lebensarbeit braucht.

Tagesliteratur soll unsere Monographiensammlung nicht werden; es wird ihre Zwecke mehr fördern, wenn wenige, den gesetzten Zielen voll entsprechende Bände erscheinen, als wenn man dem Grundsatze von dem, der vieles bringt, hier huldigen wollte.

F. Czapek. M. Gildemeister. E. Godlewski jun.
C. Neuberg. J. Parnas.

Berichtigung.

Seite 28 Zeile 13 von oben lies 0,74 % statt 7,4 %.

Die letzte Zeile auf Seite 159 muß richtig heißen:

$$p_H = \frac{E}{\vartheta} + p_{H\,Acet.}$$

Vorwort.

Niemand wird leugnen, daß es für den Ablauf vieler chemischen Prozesse, und ganz besonders aller biologisch interessierenden Prozesse von großem Einfluß ist, ob sie bei „saurer“ oder bei „alkalischer Reaktion“ verlaufen. Trotzdem sind bis heute viele Physiologen über diese rein qualitative Erkenntnis kaum hinausgekommen. Der Grund hierfür liegt darin, daß die quantitative

Berichtigung.

Seite 28 Zeile 13 von oben lies 0,74 % statt 7,4 %.

Die letzte Zeile auf Seite 159 muß richtig heißen:

$$p_H = \frac{E}{\vartheta} + p_{H\,Acet.}$$

genemmt wird, durch sekundäres ebenso, und findet dann zu seiner Verwunderung, daß ein Gemisch beider die Wirkung fördert. Es liegt ihm aber ganz fern, diese höchst einfache Erscheinung auf die verschiedene Wasserstoffionenkonzentration dieser drei Lösungen zurückzuführen. Ein Autor findet, daß das überlebende Herz, mit zuckerhaltiger Salzlösung durchspült, weniger Zucker verbraucht, wenn das Herz von einem eines bestimmten Organes beraubten Tieres stammt, als normalerweise. Er übersieht aber, daß man am normalen überlebenden Herzen noch größere Schwankungen des Zuckerverbrauchs findet, wenn man die benutzte Salzlösung durch ganz geringfügige, von ihm gar nicht gewürdigte Manipulationen in seiner Wasserstoffionenkonzentration ändert. Ein Autor findet, daß Traubenzucker ohne jedes Ferment durch die Alkalität des Blutes zerstört wird, indem er eine Sodalösung von gleicher Alkalität wie Blut auf Traubenzucker wirken läßt. Er beachtet nicht, daß die aktuelle „Alkalität" auch der allerschwächsten Sodalösung in Wahrheit über hundert-, fast tausendmal so groß ist als die des Blutes. Der eine Autor findet, daß das Pepsin nur in Gegenwart von Wasserstoffionen wirkt, der andere, daß es auch ohne diese wirkt. Beide wissen nicht, daß es überhaupt keine wässerige Lösung gibt, die keine Wasserstoffionen enthielte.

Ein Autor, der die hohe Bedeutung der Azidität und Alkalität an sich richtig zu würdigen bestrebt ist, will für einen ganz bestimmten biologischen Prozeß die Wirkung der Salze untersuchen. Als er aber auf die Frage nach der Wirkung der Phosphate kommt, meint er, es sei sinnlos, nach ihrer Wirkung zu fragen, denn untersuche man das primäre Phosphat, so erzeuge dies gleichzeitig eine saure Reaktion; und untersuche man das sekundäre Phosphat, so erzeuge es alkalische Reaktion, so daß man die Wirkung der Phosphate an sich gar nicht feststellen könne. Hier ist Richtiges mit Falschem in sehr komplizierter Weise vermischt.

Diese Beispiele sind zum Teil der neuesten Literatur entnommen. Einen klaren Einblick in diese Dinge zu verbreiten, die unumgängliche Notwendigkeit, bei allen biochemischen Reaktionen die Wasserstoffionenkonzentration zu beachten, überzeugend vor Augen zu halten, ist der Zweck dieses Buches. Auch für den Kliniker hat dieser Wissenszweig eine große Bedeutung. Die Lehre von der sogenannten Azidosis ist ohne ihn nur halb verständlich, und ihre Vernachlässigung hat zu mancher schiefen Auffassung geführt. Auch die Wirkung der Alkalitherapie und der Trinkkuren mit „alkalischen" Mineralwässern erscheint in neuem Lichte. Wenn ich noch erwähne, daß diese Lehre auch in die Bakteriologie eingedrungen ist und hier zunächst als kleinen Anfang die Methode der Säureagglutination gebracht hat, gleichsam um zunächst nur zu zeigen, daß sie auch hier gebraucht werden kann, so soll damit nicht gesagt sein, daß ihr Wirkungskreis hiermit erschöpft sei.

Um die Einführung der physikochemischen Denkweise beim Studium der Alkalität und der dazu gehörigen Methodik haben sich zuerst v. Bugarszki und v. Liebermann, sodann H. Friedenthal und R. Höber verdient gemacht. In experimenteller Beziehung sind weiterhin besonders die Arbeiten von S. P. L. Sörensen vorbildlich, dem sich K. Hasselbalch anschloß. In theoretischer Beziehung sind vor allem die Arbeiten von Lawrence J. Henderson zu nennen. Auch W. Pauli hat sich jetzt der modernen Methoden zur Messung der Wasserstoffionenkonzentration beim Studium der allgemeinen Eiweißchemie mit Erfolg bedient. In letzter Linie aber gebührt der Dank für die Erschließung dieses neuen Gebietes den Physikochemikern, vor allem van't Hoff, Wilh. Ostwald, Nernst und Arrhenius.

Der Inhalt dieses Buches stützt sich zu einem bedeutenden Teil auf eigene Versuche. Die Mittel zu ihrer Ausführung wurden mir, abgesehen von den bescheidenen Mitteln meines Laboratoriums im städtischen Krankenhaus am Urban, im Jahre 1910 von der Jagor-Stiftung und im Jahre 1913 von der Zentralstelle für Balneologie zur Verfügung gestellt. Die Originalarbeiten wurden überwiegend in der „Biochemischen Zeitschrift" publiziert.

Berlin, Mai 1914.

Leonor Michaelis.

Inhaltsverzeichnis.

Verzeichnis der beim praktischen Arbeiten notwendigen Tabellen.

A. Theoretische Bedeutung der Wasserstoffzahl.

1. Die elektrolytische Dissoziation des Wassers. Mit der Theorie der Dissoziation der Elektrolyte, welche Svante Arrhenius (2) im Jahre 1887 veröffentlichte, begann eine neue Epoche der physikalischen Chemie. Eine große Menge von Tatsachen, die der Erklärung harrten, wurden mit einem Schlage der Erkenntnis zugänglich. Die große Tragweite dieser Theorie erweist sich aber vor allem darin, daß ihre Konsequenzen noch jetzt, nach mehr als 25 Jahren, sich immer noch vermehren, und alles, was in diesen Kapiteln besprochen werden soll, stellt eine Reihe solcher Konsequenzen dar. Die Arrheniussche Theorie im Verein mit dem zuerst von Guldberg und Waage, dann aber hauptsächlich von van't Hoff aufgestellten Massenwirkungsgesetz ist der Schlüssel für alle Erwägungen und Befunde, über die ich berichten will.

Zu den Elektrolyten, die der elektrolytischen Dissoziation unterworfen sind, gehört auch das Wasser. Es nimmt eine besondere Stellung ein, weil seine Dissoziation außerordentlich gering ist. Diese Dissoziation läßt sich dadurch beweisen, daß ganz reines Wasser eine gewisse, wenn auch geringe Leitfähigkeit für den elektrischen Strom hat. F. Kohlrausch und A. Heydweiller (85) kamen durch wiederholte Destillation des Wassers unter ganz besonderen Kautelen zu einem Grenzwert der Leitfähigkeit, der sich durch weitere Reinigung nicht weiter herabdrücken ließ, und stellten somit zum erstenmal zahlenmäßig die Dissoziation des Wassers fest. Später wurden dann mehrere andere Methoden zur Bestimmung der Dissoziation des Wassers gefunden, die wir sogleich kennen lernen werden, und die die Kohlrauschschen Resultate gut bestätigten.

Die chemische Gleichung, nach der die Dissoziation des Wassers erfolgt, ist

$$H_2O \rightleftarrows H^{\cdot} + OH'$$

wo $H^{\cdot}$ das positiv geladene Wasserstoff-Ion, OH' das negati geladene Hydroxyl-Ion bedeutet.

Die theoretisch ebenfalls denkbare Dissoziation nach der Gleichun

$$H_2O \rightleftarrows 2\,H^{\cdot} + O''$$

tritt dagegen jedenfalls quantitativ so außerordentlich zurück, daß sie nich nachweisbar ist.

Nach dem Massenwirkungsgesetz[1]) geht nun die Dissoziatio

---

[1]) Im folgenden wird das **chemische Massenwirkungsgeset** häufig herangezogen werden. Dasselbe hat folgenden Inhalt:

1. **Einfacher Spezialfall.** Wenn eine chemische Molekülart A i 2 Molekülarten B_1 und B_2 zerfallen („dissoziieren") kann, so ist das Gleich gewicht, d. h. der scheinbare Stillstand der Reaktion, erreicht, sobald

$$\frac{[A]}{[B_1]\cdot[B_2]} = k$$

geworden. Die Klammern bedeuten die molaren Konzentrationen der ein geklammerten Molekülart. Die Konstante k hängt außer von der Natur de chemischen Reaktion auch von der Temperatur ab. Sie heißt di „**Affinitätskonstante**" dieser chemischen Reaktion. Ihren reziproke Wert

$$\frac{[B_1]\cdot[B_2]}{[A]}$$

nennt man auch die „**Dissoziationskonstante**" des Stoffes A.

2. **Allgemeinster Fall.** Wenn 1 Molekül A_1 + 1 Molekül A_2 + ... sich umsetzen können zu 1 Molekül B_1 + 1 Molekül B_2 + ..., so ist Gleich gewicht, wenn

$$\frac{[A_1]\cdot[A_2]\;\ldots\ldots}{[B_1]\cdot[B_2]\;\ldots\ldots} = k.$$

Befinden sich unter den verschiedenen Molekülarten 2 oder mehrer gleichartige, so wird die Regel ganz unverändert angewendet; z. B. di Reaktion

$$\underset{\text{Wasserstoffgas}}{1\text{ Mol. }H_2 + 1\text{ Mol. }H_2} + \underset{\text{Sauerstoffgas}}{1\text{ Mol. }O_2} \rightleftarrows \underset{\text{Wasserdampf}}{1\text{ Mol. }H_2O + 1\text{ Mol. }H_2O}$$

hat ihr Gleichgewicht, wenn

$$\frac{[H_2]\cdot[H_2]\cdot[O_2]}{[H_2O]\cdot[H_2O]} = k$$

oder kürzer geschrieben: Die Reaktion

$$2\text{ Mol. }H_2 + 1\text{ Mol. }O_2 \rightleftarrows 2\text{ Mol. }H_2O$$

hat ihr Gleichgewicht, wenn

$$\frac{[H_2]^2\cdot[O_2]}{[H_2O]^2} = k.$$

Dieses Massenwirkungsgesetz gilt aber nur unter der Voraussetzun daß alle miteinander reagierenden und auch die neu entstehenden Molekü gattungen in homogener Lösung (oder als Gas) nebeneinander besteher Fällt eine der beteiligten Molekülgattungen teilweise aus der Lösung au so darf man unter der „Konzentration" derselben nur die Konzentratio ihres noch gelöst bleibenden Anteiles verstehen.

stets bis zu einem Gleichgewicht, welches dadurch charakterisiert ist, daß

$$\frac{[H^\cdot]\cdot[OH']}{[H_2O]} = k.$$

Die Klammern bedeuten die Konzentrationen der eingeklammerten Molekülart, gemessen in Grammolekül pro Liter, oder in „Molen“ pro Liter. Da nun die Dissoziation des Wassers stets sehr geringfügig ist, so erleidet die Konzentration der undissoziierten Wassermoleküle infolge der Dissoziation keine meßbare Verminderung, und die Konzentration des undissoziierten Wassers ist innerhalb der Fehler unserer Messungen gleich der Gesamt-Konzentration des Wassers; diese aber ist natürlich eine konstante Größe. Bringen wir daher $[H_2O]$ auf die rechte Seite der Gleichung und bezeichnen[1]) wir $[H_2O].k$ als k_w, so lautet die Dissoziationsgleichung des Wassers

$$[H^\cdot].[OH'] = k_w. \qquad (1)$$

k_w nennen wir die Dissoziationskonstante des Wassers. Sie hat bei gegebener Temperatur einen ganz bestimmten Wert, ändert sich aber mit der Temperatur ziemlich bedeutend, sehr viel stärker als etwa die Dissoziation der meisten Säuren, Basen und Salze sich mit der Temperatur ändert.

Diese Konstante beträgt bei 22° C rund 10^{-14}, d. h. ein zehnmillionstel zum Quadrat. Daraus folgt, daß in reinem Wasser sowohl die $H^\cdot$-Ionen wie die OH'-Ionen in einer Konzentration von 10^{-7} oder ein zehnmillionstel Gramm-Ion pro Liter (ein zehnmilliontel „normal“) vorhanden sind. Diese Zahl erscheint ungeheuer klein, sie ist aber trotzdem scharf definiert. Wenn man

[1]) Was man unter der „Konzentration“ der H_2O-Moleküle zu verstehen hat, ist nicht ganz einfach. Denn erstens besteht das Wasser nicht nur aus einfachen, sondern auch aus polymerisierten Molekülen; zweitens darf man bei der Anwendung des Massenwirkungsgesetzes die Konzentrationen an Stelle der Drucke (Gasdruck, osmotischer Druck) nur unter der Bedingung einführen, daß es sich um ein ideales Gas oder um einen in verdünnter Lösung befindlichen Stoff handelt, nicht aber, wenn es sich um das Lösungsmittel selbst handelt. Aus den Untersuchungen von Nernst geht hervor, daß man unter $[H_2O]$ eine Größe zu verstehen hat, welche dem Dampfdruck des Wassers proportional ist. Da nun dieser bei gegebener Temperatur konstant ist und selbst durch den Gehalt des Wassers an gelösten Stoffen in niederer Konzentration relativ nur sehr wenig geändert wird, so folgt daraus, daß die fiktive Größe $[H_2O]$ jedenfalls praktisch bei gegebener Temperatur als konstant zu betrachten ist.

bedenkt, daß 1 Grammol einer beliebigen Substanz mit Sicherheit $6{,}2 \cdot 10^{23}$ Moleküle enthält (Loschmidt'sche Zahl), so folgt daraus daß in reinem Wasser pro Liter doch noch $6{,}2 \cdot 10^{22} \cdot 10^{-7} = 62 \cdot 10^{15}$ Wasserstoffionen, also pro Kubikmillimeter $62 \cdot 10^{9}$ oder 62 Milliarden Wasserstoffionen und ebensoviel Hydroxylionen vorhanden sind.

Löst man in Wasser einen Elektrolyten, so zerfällt dieser mehr oder weniger vollständig in seine Ionen. Ist eins von diesen Ionen ein Wasserstoffion, so wird dadurch in dem Wasser die Konzentration der Wasserstoffionen um ein gewisses Vielfaches vermehrt. Da aber die Gleichung (1) stets bestehen bleiben muß, so folgt daraus, daß gleichzeitig die Konzentration der Hydroxyl-Ionen um das gleiche Vielfache vermindert werden muß. Umgekehrt ist es, wenn der gelöste Elektrolyt Hydroxyl-Ionen abspaltet. Liefert dagegen der Elektrolyt nur andersartige Ionen, aber keine $H^{\cdot}$- oder OH'-Ionen, so hat er auch keinen Einfluß auf die Dissoziation des Wassers. H-Ionen werden von den Säuren und den sauren Salzen geliefert; OH-Ionen von den Basen und den basischen Salzen; Elektrolyte, die keine von beiden Ionen liefern, sind die echten Neutralsalze (z. B. NaCl).

Hieraus folgt, daß jede wässerige Lösung sowohl H-Ionen wie OH-Ionen enthalten muß, mag sie sauer, neutral oder alkalisch reagieren. Eine neutrale Lösung ist dadurch charakterisiert, daß sie gleichviel $H^{\cdot}$- wie OH'-Ionen enthält, und zwar bei 22° je 10^{-7} norm. Eine saure Lösung enthält mehr als 10^{-7} n. $H^{\cdot}$-Ionen und weniger als 10^{-7} n. OH'-Ionen, eine alkalische umgekehrt. Aber keine, noch so stark saure Lösung ist ganz frei von OH'-Ionen, keine noch so alkalische Lösung ganz frei von $H^{\cdot}$-Ionen. Um eine Flüssigkeit auf ihre saure, neutrale oder alkalische Beschaffenheit genau zu charakterisieren, genügt es daher, entweder nur ihre $H^{\cdot}$-, oder nur ihre OH'-Ionenkonzentration anzugeben. Da die Resultate unserer Messungen sich in der Regel auf die $H^{\cdot}$-Ionenkonzentration beziehen, so wollen wir die seit mehreren Jahren eingebürgerte Konvention innehalten, immer nur die Wasserstoff-Ionenkonzentration anzugeben, und wir wollen diese von nun an, zur Vermeidung dieses langen Wortes, **„Wasserstoffzahl"** nennen und mit dem Symbol $[H^{\cdot}]$ bezeichnen. Die Definition der

$$\left.\begin{array}{llll} \text{neutralen Reaktion ist daher:} & [H^{\cdot}] & = & 10^{-7} \\ \text{sauren} \quad ,, \quad ,, & ,, & = & > 10^{-7} \\ \text{alkalischen} \quad ,, \quad ,, & ,, & = & < 10^{-7} \end{array}\right\} \text{ bei } 22^{0}\text{ C}$$

Hinter der Zahl 10^{-7} ist zu denken „normal“ oder „Gramm-Ion pro Liter“.

Die [OH′] ist daher stets von der [H·] abhängig, in der Weise, daß

$$[OH'] = \frac{k_w}{[H^\cdot]}.$$

Stellen wir [OH′] graphisch in einem rechtwinkligen Koordinatensystem als Funktion von [H·] dar, so erhalten wir eine Hyperbel (Abb. 1).

Von gewissem Interesse ist es noch festzustellen, bei welcher Reaktion die Summe der H·- und OH′-Ionen zusammengenommen ein Minimum ist. Die Betrachtung der Abb. 1 zeigt, daß dies bei neutraler Reaktion ([H·] = 10^{-7}) der Fall ist.

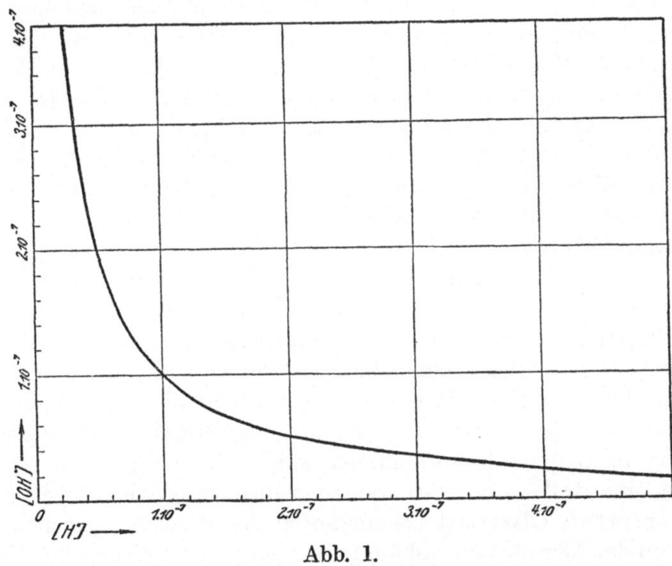

Abb. 1.

Mathematisch kann man das folgendermaßen beweisen. Die gesuchte Größe, [H·] + [OH′], werde als u bezeichnet. Dann ist

$$u = [H^\cdot] + [OH']$$

$$u = [H^\cdot] + \frac{k_w}{[H^\cdot]}$$

$$\frac{d\,u}{d\,[H^\cdot]} = 1 - \frac{k_w}{[H^\cdot]^2}.$$

Dieses = O gesetzt, ergibt als Minimumbedingung

$$[H^{\cdot}] = \sqrt{k_W},$$

d. h.
$$[H^{\cdot}] = [OH'] = \sqrt{k_W},$$

neutrale Reaktion. Daß es ein Minimum und kein Maximum ist, ergibt sich daraus, daß

$$\frac{d^2 u}{d[H^{\cdot}]^2} = +2\frac{k_W}{[H^{\cdot}]^3}$$

unter allen Umständen einen positiven Wert haben muß.

2. Änderung der Dissoziationskonstante des Wassers durch fremde Stoffe. Die Konzentration des Wassers an $H^{\cdot}$- oder OH'-Ionen kann aber durch Auflösung eines fremden Stoffes nicht nur dadurch verändert werden, daß dieser fremde Stoff selbst $H^{\cdot}$ bzw. OH'-Ionen hinzufügt, sondern auch dadurch, daß er die Dissoziationskonstante des Wassers ändert. Es ist bekannt, daß die Dissoziation der Elektrolyte sehr verschieden sein kann je nach dem Lösungsmittel, in dem man sie auflöst. Am größten ist stets die Dissoziation in Wasser, kleiner in Alkohol, noch kleiner in Benzol. So wird aber auch die Dissoziationskonstante des Wassers selber durch Zusatz von Alkohol vermindert. Alkohol vermindert daher sowohl die $H^{\cdot}$- wie die OH'-Ionen des Wassers. So hat im Grunde jeder in Wasser gelöste Stoff einen gewissen Einfluß auf die Dissoziationskonstante des Wassers, jedoch ist dieser Einfluß bei den meisten Stoffen äußerst klein, sobald seine Konzentration gewisse Grenzen nicht überschreitet. Obwohl allgemeine Angaben darüber kaum zulässig sind, können wir es als einen orientierenden Anhaltspunkt betrachten, daß selbst die in dieser Beziehung wirksamsten Stoffe, wie Alkohol, keinen meßbaren Einfluß auf k_W haben, sobald ihre Konzentration nicht mehr als einfach normal ist. Da solche Konzentrationen unter physiologischen Bedingungen niemals vorkommen, spielt dieser Umstand für uns selten eine Rolle, und wir können schlechtweg von einer ganz bestimmten Dissoziationskonstanten des Wassers sprechen, die nur von der Temperatur abhängig ist, nicht aber von den im Wasser gelösten Stoffen.

3. Die Größe der Dissoziationskonstante des Wassers. Wir können an dieser Stelle nur im groben die Prinzipien erläutern, nach denen k_W bestimmt worden ist und die Resultate mitteilen; wir müssen uns dabei auf die notwendigsten Angaben beschränken.

a) F. Kohlrausch und A. Heydweiller (85) bestimmten die elektrische Leitfähigkeit von absolut reinem Wasser. Aus der vorher bekannten Leitfähigkeit der H-Ionen und OH-Ionen ließ sich dann die Konzentration derselben berechnen. Es ergab sich (bei 25°)

$$k_w = 1{,}1 . 10^{-14}$$

b) W. Ostwald (160), in verbesserter Weise W. Nernst (157), bestimmten durch die Methode der Konzentrationsketten (S. 119) die $[H^{\cdot}]$ in einer Natronlauge bekannter Konzentration, in der die $[OH']$ sich auf Grund der bekannten elektrolytischen Dissoziation des NaOH berechnen ließ. Das so berechnete Produkt $[H^{\cdot}].[OH'] = k_w$ ergab (bei 19°) $0{,}8.10^{-14}$; nach Löwenherz (98) (bei 25°) $1{,}41.10^{-14}$.

c) Auf Veranlassung von van 't Hoff bestimmte J. J. A. Wijs (239) die Verseifungsgeschwindigkeit des Methylacetat durch reines Wasser und verglich sie mit der Verseifungsgeschwindigkeit durch eine Natronlauge bekannter Konzentration. Da diese Geschwindigkeit der $[OH']$ proportional ist, so ließ sich daraus $[OH']$ für reines Wasser berechnen; die $[H^{\cdot}]$ ist in reinem Wasser dieser gleich, und das Produkt beider ergab

$$k_w = 1{,}44.10^{-14} \text{ (bei } 25^0\text{)}$$

d) Salze aus einer schwachen Säure und einer starken Base sind in Wasser zum Teil hydrolytisch gespalten in freie Säure und freie Base, welche ihrerseits wiederum elektrolytisch dissoziert sind und $H^{\cdot}$- und OH'-Ionen liefern. Da aber die Base stärker ist, so überwiegt ihre elektrolytische Dissoziation und es ergibt sich daher ein Überschuß der OH'-Ionen über die $H^{\cdot}$-Ionen, der von der Dissoziationskonstante des Wassers zahlenmäßig abgeleitet werden kann, wenn die Dissoziationskonstante der schwachen Säure bekannt ist. Arrhenius (2) untersuchte die Hydrolyse des Natriumacetat und fand

$$k_w = 1{,}21.10^{-14} \text{ (für } 25^0\text{)}$$

Aus der Hydrolyse anderer Salze gewannen mehrere Autoren ähnliche Zahlen. Hier seien die Ergebnisse von Lundén (99) mitgeteilt:

Temperatur	10°	15°	25°	40°	50°
$k_w =$	0,31	0,46	1,05	2,94	$5{,}17.10^{-14}$

Bei der heute so vollkommenen technischen Ausbildung der Nernstschen Konzentrationsketten darf man die Methode nach dem Prinzip von Ostwald und Nernst als die genaueste betrachten. Die zuverlässigsten Messungen mit der Methode wurden von S. P. L. Sörensen (211) ausgeführt und ergaben im Mittel aus zahlreichen Messungen

$$k_w = 0{,}73 . 10^{-14} = 10^{-14{,}14} \text{ (für } 18^0)$$

Ebenfalls mit Konzentrationsketten wurden von mir folgende Werte erhalten. Sie wurden aus zahlreichen Versuchen bei verschiedenen Temperaturen und durch graphische Interpolation zusammengestellt:

Temperatur C⁰	— log k_w	k_w	$\sqrt{k_w}$ (d. h. [H˙] des reinen Wassers)
16	14,200	$0{,}63 . 10^{-14}$	$0{,}79 . 10^{-7}$
17	14,165	0,68	0,82
18	14,130	0,74	0,86
19	14,100	0,79	0,89
20	14,065	0,86	0,93
21	14,030	0,93	0,96
22	13,995	1,01	1,005
23	13,960	1,10	1,05
24	13,925	1,19	1,09
25	13,895	1,27	1,13
26	13,860	1,38	1,17
27	13,825	1,50	1,23
28	13,790	1,62	1,27
29	13,755	1,76	1,33
30	13,725	1,89	1,37
31	13,690	2,04	1,43
32	13,660	2,19	1,48
33	13,630	2,35	1,53
34	13,600	2,51	1,59
35	13,567	2,71	1,65
36	13,535	2,92	1,71
37	13,505	3,13	1,77
38	13,475	3,35	1,83
39	13,445	3,59	1,89
40	13,420	3,80	1,95

Die kleinen Differenzen gegenüber den älteren Angaben mit gleicher Methode beruhen auf einer besseren Ausschaltung der

Fehler, z. B. des Diffusionspotentials. In Anbetracht des Umstandes, daß die Untersuchungen von Sörensen, weil alle bei gleicher Temperatur gemacht, die genauesten sind, die meinigen aber verschiedene Temperaturen umfassen, möchte ich als wahrscheinlichsten Wert für 18° den von Sörensen empfehlen, während meine Zahlen für den Temperaturkoeffizienten zu benutzen sind. Sörensen's Zahl für 18° ist $10^{-14,14}$; die Mittelwerte, die er aus seinen zu verschiedenen Zeiten angestellten Versuchsserien erhielt, schwanken zwischen etwa $10^{-14,11}$ und $10^{-14,15}$; meine zu verschiedenen Zeiten erhaltenen Zahlen für 18° schwanken zwischen $10^{-14,09}$ und $10^{-14,13}$. Der der angeführten Tabelle aus sehr zahlreichen Versuchen aus dem Jahre 1913 zugehörige Mittelwert von $10^{-14,13}$ für 18° steht mit dem Mittelwert von Sörensen $10^{-14,14}$ in sehr befriedigender Übereinstimmung.

4. Die Dissoziation der Säuren und Basen. Die einzige, den heutigen Kenntnissen genügende Definition einer Säure ist folgende: eine Säure ist ein Stoff, welcher in wässeriger Lösung Wasserstoffionen bildet. Und eine Base ist ein Stoff, welcher in wässeriger Lösung Hydroxylionen bildet. Einen Stoff, welcher sowohl H- wie OH-Ionen bilden kann, nennt man einen amphoteren Elektrolyten oder Ampholyten. Alle Säuren enthalten ein Wasserstoffatom (oder deren mehrere). Das Säuremolekül dissoziiert in wässeriger Lösung, indem es durch Aufnahme[1]) eines positiven und eines negativen Elektron einerseits ein positiv geladenes Wasserstoffion, andererseits ein negativ geladenes Säureion bildet, z. B. $HCl \rightleftarrows H^{\cdot} + Cl'$. Diese Dissoziation ist niemals vollkommen, ein Teil der Säuremoleküle bleibt stets undissoziiert. Diese grundlegende, alle Erscheinungen in befriedigender Weise erklärende Hypothese ist in ihren letzten Konsequenzen von Arrhenius begründet worden. Man kann die Ionen wie völlig selbständige Moleküle auffassen. Daher ist auf die Dissoziation der Säuren einfach das Massenwirkungsgesetz anwendbar. Da die Ionenbildung nach der (chemischen) Gleichung

$$SH = H^{\cdot} + S'$$

verläuft, wo S das Säureradikal, SH also die Säure, H˙ das H-

[1]) Es ist auf Grund neuerer Anschauungen gut denkbar, daß die Elektronen nicht bei der Dissoziation erst aufgenommen werden, sondern in dem undissoziierten Molekül präformiert enthalten sind. Dadurch ändert sich aber an den Betrachtungen nichts.

Ion und S' das Säureanion bedeutet, so folgt aus dem Massenwirkungsgesetz, daß zwischen den drei Molekülgattungen SH, S und H' ein Gleichgewicht besteht, entsprechend der Gleichung

$$\frac{[S'] \cdot [H^{\cdot}]}{[SH]} = k. \qquad (2)$$

Die Konstante k ist für jede Säure charakteristisch und hängt sonst nur noch ein wenig von der Temperatur ab, der Temperaturkoeffizient ist im allgemeinen klein. Man nennt sie die Dissoziationskonstante oder die Affinitätskonstante der Säure. Ihre Größe ist, wie Ostwald gezeigt hat, das einzige rationelle Maß für die Stärke einer Säure[1]). Bei den verschiedenen Säuren wechselt die Größe von k von sehr großen Werten bis zu den allerkleinsten. Wahrscheinlich hat jedes Wasserstoffatom die Tendenz, ein Ion zu werden Nur ist diese Tendenz je nach der chemischen Konfiguration, welche das H-Atom im Molekül einnimmt, verschieden groß und kann unter Umständen unmeßbar klein werden. Man kann z. B. den Alkohol oder Zucker als eine Säure mit außerordentlich kleiner Dissoziationskonstante auffassen. Überall aber, wo unsere Methoden die Bestimmung dieser Dissoziationskonstante überhaupt noch gestatten, zeigt es sich, daß diese trotz ihrer Kleinheit eine ganz scharf definierte Größe hat. Die obere Grenze der Dissoziationskonstanten anzugeben, ist nicht möglich, weil bei der Dissoziation der ganz starken Säuren, wie HCl, HNO_3, H_2SO_4 usw. eine in ihrem Wesen noch ungeklärte Abweichung vom Massenwirkungsgesetz eintritt. Bei ihnen ist nämlich der Bruch $\frac{[S'] \cdot [H^{\cdot}]}{[SH]}$ keine konstante Größe; er ändert sich in dem Sinne, daß diese Säuren mit steigender Verdünnung mehr dissoziiert sind, als ihrer aus größeren Konzentrationen berechneten Disso-

[1]) Es ist zur Vermeidung von Mißverständnissen vorzuziehen, sich an die Definition der Fußnote S. 2 zu halten und die Affinitätskonstante als den reziproken Wert der Dissoziationskonstanten zu definieren. Ist z. B. die „Dissoziationskonstante" der Essigsäure $= 1{,}86 \cdot 10^{-5}$, so gibt uns diese Zahl ein Maß für die Kraft, mit der die Essigsäure in ihre Ionen zu zerfallen bestrebt ist; der reziproke Wert $\frac{1}{1{,}86 \,.\, 10^{-5}} = 0{,}538 \cdot 10^{+5}$ gibt ein Maß für die Kraft, mit der die Wasserstoffionen und die Acetat-Ionen sich zu Essigsäure zu vereinigen bestrebt sind und kann daher als die „Affinitätskonstante" dieser Ionen bezeichnet werden. Jene Kraft ist nämlich nach van't Hoff proportional dem Logarithmus dieser Konstanten.

ziationskonstanten entspricht. Man kann also bei diesen Säuren von einer den anderen vergleichbaren Dissoziationskonstanten nicht sprechen. Folgende Tabelle gibt die Dissoziationskonstanten einiger schwächerer Säuren und Basen an.

Tabelle 1[1]).

	k für 18°
Salicylsäure	$1 \cdot 10^{-3}$
Weinsäure	$1 \cdot 10^{-3}$
Hippursäure	$2{,}22 \cdot 10^{-4}$
Acetessigsäure	$1{,}5 \cdot 10^{-4}$
Milchsäure	$1{,}35 \cdot 10^{-4}$
β-Oxybuttersäure	$2 \cdot 10^{-5}$
Essigsäure	$1{,}86 \cdot 10^{-5}$
Harnsäure	$1{,}5 \cdot 10^{-6}$
Kohlensäure	$3{,}04 \cdot 10^{-7}$
Schwefelwasserstoff	$5{,}7 \cdot 10^{-8}$
Borsäure	$1{,}7 \cdot 10^{-9}$
Phenol	$5{,}8 \cdot 10^{-11}$
Glukose	$6 \cdot 10^{-13}$
Saccharose	$2{,}4 \cdot 10^{-13}$
Glycerin	$7 \cdot 10^{-15}$
Ammoniak	$1{,}8 \cdot 10^{-5}$

Ein Beispiel für den geringen Temperatureinfluß auf k gibt folgende Tabelle:

Tabelle 2.

Die Dissoziationskonstante der Essigsäure bei verschiedenen Temperaturen nach H. Lundén (101):

Temperatur	k
8°	$1{,}81_9 \cdot 10^{-5}$
10°	$1{,}81_9 \cdot 10^{-5}$
15°	$1{,}84_3 \cdot 10^{-5}$
18° (interpol.)	$1{,}85_1 \cdot 10^{-5}$

[1]) Ausführlicheres und Literatur bei Lundén, Affinitätsmessungen an schwachen Säuren und Basen. Sammlung chem. u. chem.-techn. Abhandlungen. Stuttgart, F. Enke 1908. Die angegebenen Werte für Acetessigsäure und β-Oxybuttersäure nach Henderson und Spiro (69a); Phenol, Glukose, Saccharose, Glycerin nach Michaelis und Rona (143). Betreffs der Konstanten der Kohlensäure vgl. S. 142.

Temperatur	k
20^0 (interpol.)	$1{,}860 \cdot 10^{-5}$
25^0	$1{,}849 \cdot 10^{-5}$
38^0 (interpol.)	$1{,}814 \cdot 10^{-5}$
40^0	$1{,}797 \cdot 10^{-5}$
50^0	$1{,}728 \cdot 10^{-5}$

5. Wahre und scheinbare Dissoziationskonstante. Bei einigen Säuren und sehr vielen Basen (fast alle N-haltigen Basen) ist die freie Säure bzw. Base in reinem Zustand nicht bekannt, sondern nur ein um 1 Mol. H_2O ärmeres Molekül. So kennen wir die Kohlensäure, H_2CO_3, nicht selbst, sondern nur das Kohlendioxyd CO_2; und statt der Ammoniakbase NH_4OH nur das Ammoniak NH_3. Betrachten wir die Kohlensäure näher. Die Dissoziation derselben geschieht auf folgendem Wege. Lösen wir CO_2-Gas in Wasser, so tritt zunächst in beschränktem Umfang die Reaktion ein

$$CO_2 + H_2O \rightleftarrows H_2CO_3.$$

Das Gleichgewicht dieser Reaktion ist definiert durch die Gleichung

$$\frac{[CO_2 \cdot] \cdot [H_2O]}{[H_2CO_3]} = k_1$$

Da $[H_2O]$ in verdünnten Lösungen nicht merklich durch diese Reaktion vermindert wird, so ist $[H_2O]$ konstant und daher auch:

$$\frac{[H_2CO_3]}{[CO_2]} = k_2$$

k_2 ist ziemlich klein, d. h. es besteht immer nur ein sehr kleiner Bruchteil H_2CO_3 neben viel CO_2. Nun dissoziiert das Molekül H_2CO_3 elektrolytisch:

$$H_2CO_3 \rightleftarrows H^{\cdot} + HCO_3'.$$

Das Gleichgewicht ist gegeben durch

$$\frac{[H^{\cdot}] \cdot [HCO_3']}{[H_2CO_3]} = k_3$$

Nun kennen wir $[H_2CO_3]$ nicht genau, sondern nur $[CO_2]$. Dies ist nämlich einfach die Konzentration der gesamten gelösten Kohlensäure, denn die Molekülart H_2CO_3 ist ja stets nur in verschwindend kleiner Konzentration gegenüber der Molekülart CO_2

vorhanden. Wir können also statt $[H_2CO_3]$ seinen Wert $k_2 \cdot [CO_2]$ einführen und finden

$$\frac{[H^{\cdot}] \cdot [HCO_3{}']}{[CO_2]} = \frac{k_3}{k_2} = k.$$

Dieses k ist es, welches wir allein messen können; es ist also nur eine scheinbare Dissoziationskonstante; die wahre Dissoziationskonstante k_3 der Kohlensäure bleibt uns unbekannt. Wir können aber mit der scheinbaren Dissoziationskonstante wie mit einer wahren operieren.

Nach den Untersuchungen von Thiel (226) ergibt sich, daß die wahre Dissoziationskonstante der Kohlensäure sehr groß ist (mindestens $5 \cdot 10^{-4}$), weit größer als die der Essigsäure und sogar der Ameisensäure. Die scheinbare Schwäche der Kohlensäure kommt nur daher, daß die eigentliche Kohlensäure H_2CO_3 immer nur in äußerst kleiner Menge neben dem gelösten CO_2 vorhanden ist.

Von der Stärke der eigentlichen Kohlensäure H_2CO_3 kann man sich durch folgenden leichten Versuch eine Vorstellung machen, der mir schon seit Jahren bekannt ist, aber erst durch die Untersuchungen von Thiel einer Deutung zugänglich geworden ist. Man versetze eine etwa 0,1 n. Lösung von Natriumbicarbonat mit ein wenig Neutralrot. Dasselbe ist in der alkalischen Lösung hellgelb. Nun füge man etwas 0,1 n HCl hinzu, bis die Farbe nach dem Vermischen rot ist, also saure Reaktion anzeigt. Wartet man nun einige Sekunden, so geht die Farbe wieder nach gelb zurück. Fügt man wieder etwas HCl zu, so wird die Farbe erst rot, dann allmählich wieder gelber. Es handelt sich nicht etwa um ein allmähliches Entweichen des durch die HCl frei gemachten Kohlensäuregases, sondern darum, daß durch die HCl aus dem Bicarbonat zunächst die wahre, starke Kohlensäure H_2CO_3 in Freiheit gesetzt wird, welche erst allmählich überwiegend in $CO_2 + H_2O$ zerfällt. Die Möglichkeit dieses Versuches beruht auf der relativ geringen Geschwindigkeit der Reaktion

$$H_2CO_3 \rightarrow H_2O + CO_2.$$

Ähnliches gilt für die Dissoziation des Ammoniak:

$$NH_3 + H_2O = NH_4OH$$
$$NH_4OH \rightleftarrows NH_4{}^{\cdot} + OH'.$$

NH_4OH ist eine starke Base; es ist nur stets in sehr kleiner Menge neben NH_3 vorhanden, und darum liefert NH_3 immer nur wenig

$NH_4^{\cdot}$-Ionen. Die in Tab. 1 angegebene Dissoziationskonstante $1{,}8 \cdot 10^{-5}$ ist die scheinbare. Von allen Aminen und Aminosäuren (in bezug auf ihren basischen Charakter) gilt dasselbe.

6. Die Wasserstoffzahl in reinen Säurelösungen. Die Wasserstoffionenkonzentration, welche dem Wasser durch Zusatz einer Säure erteilt wird, läßt sich folgendermaßen berechnen. Liegt eine reine Lösung der Säure in Wasser vor, so ist die Konzentration der Säureanionen gleich der der H-Ionen. Dann kann man also statt (2) schreiben

$$\frac{[H^{\cdot}]^2}{[SH]} = k$$

oder

$$[H^{\cdot}] = \sqrt{k[SH]}. \tag{3}$$

Angenommen, es seien A Mole einer Säure im Liter Wasser gelöst, so dissoziiert sie zu einem Teil in H-Ionen und Säureanionen, ein anderer Teil bleibt undissoziiert. Die Konzentration des undissoziierten Teiles ist $[SH] = [A] - [H^{\cdot}]$.

Daraus folgt

$$\frac{[H^{\cdot}]^2}{[A]-[H^{\cdot}]} = k \tag{4}$$

oder

$$[H^{\cdot}] = \sqrt{\frac{k^2}{4} + kA} - \frac{k}{2}. \tag{5}$$

Diese Formel vereinfacht sich für schwache Säuren in folgender Weise. Wenn die Dissoziationskonstante der Säure sehr klein ist, so ist die Dissoziation sehr geringfügig, z. B. weniger als 1 Proz. Wir werden da mit guter Annäherung sagen können, daß die Konzentration der undissoziierten Säure fast gleich der gesamten Säurekonzentration ist. Es ist also annähernd

$$[H^{\cdot}] = \sqrt{k[A]} \tag{6}$$

wie sich direkt aus (3) ergibt, wenn man statt der Konzentration der undissoziierten Säure [SH], die der Gesamtsäure [A], einsetzt.

Alle diese Betrachtungen gelten auch für die Basen, wenn man statt des H-Ions das OH-Ion in Betracht zieht. Es ist also bei einer Base

$$[OH'] = \sqrt{k \cdot [BOH]}$$

und bei einer schwachen Base angenähert

$$[OH'] = \sqrt{k \cdot [B]}. \tag{7}$$

BOH bedeutet den undissoziierten Anteil der Base, B die Gesamtmenge der Base. Da es einheitlicher ist, die Reaktion stets durch die Wasserstoffzahl zu definieren, so können wir überall infolge der Beziehung $[H^{\cdot}] [OH'] = k_w$ den Ausdruck $[OH']$ durch $\frac{k_w}{[H^{\cdot}]}$ ersetzen.

Dann ist in einer Lösung einer Base nach (6) und (7)

$$[H^{\cdot}] = \frac{k_w}{\sqrt{k [BOH]}}$$

und angenähert bei einer schwachen Base

$$[H^{\cdot}] = \frac{k_w}{\sqrt{k \cdot [B]}}.$$

Für die ganz starken Basen, NaOH, KOH, ist das Massenwirkungsgesetz ebensowenig anwendbar wie für die starken Säuren.

Für die allerschwächsten Säuren, deren Dissoziationskonstante von gleicher Größenordnung mit der des Wassers ist, sowie für extrem niedere Konzentrationen mittelstarker Säuren gelten obige Ableitungen nicht mehr streng, weil hier die von dem Wasser gelieferten H-Ionen nicht mehr zu vernachlässigen sind. Die $[H^{\cdot}]$ der Lösung einer solchen Säure läßt sich folgendermaßen berechnen. Wir wissen zunächst aus (2), indem wir $[SH] = [A]$ setzen, wozu wir wegen der sehr geringen Dissoziation berechtigt sind,

$$\frac{[H^{\cdot}] \cdot [S']}{[A]} = k$$

Ferner muß die Summe sämtlicher positiver Ionen gleich der Summe sämtlicher negativer Ionen sein:

$$[H^{\cdot}] = [S'] + [OH'].$$

Ferner ist nach S. 5

$$[OH'] = \frac{k_w}{[H^{\cdot}]}.$$

Aus diesen 3 Gleichungen folgt, wenn wir in der zweiten Gleichung $[S']$ mit Hilfe der ersten und $[OH']$ mit Hilfe der dritten Gleichung eliminieren,

$$[H^{\cdot}] = \frac{k \cdot [A]}{[H^{\cdot}]} + \frac{k_w}{[H^{\cdot}]}$$

oder

$$[H^{\cdot}] = \sqrt{k \cdot [A] + k_w}.$$

Wir erkennen hieraus, daß $[H^{\cdot}]$ niemals, auch bei unendlich kleinem k, unter $\sqrt{k_w}$, d. h. unter die neutrale Reaktion, heruntergehen kann, und daß zweitens Säuren, deren k nur wenig verschieden von k_w ist, die $[H^{\cdot}]$ des

Wassers äußerst wenig erhöhen, so daß z. B. Lösungen von Zucker als „neutral“ betrachtet werden dürfen. Die saure Natur des Zuckers äußert sich erst dadurch, daß er die [H˙] einer Lauge erhöht, d. h. daß er NaOH „bindet“.

7. Gemische von schwachen Säuren mit ihren Alkalisalzen. Während die Säuren und Basen alle möglichen Abstufungen der Dissoziation darbieten können, ist das bei den Alkalisalzen der Säuren und bei den Chlorhydraten (Bromhydraten, Nitraten usw.) der Basen bis auf wenige Ausnahmen nicht der Fall. Beinahe alle Na-Salze, auch die der schwächsten Säuren, und alle Chloride, auch die der schwächsten Basen, verhalten sich in ihrer elektrolytischen Dissoziation wie die starken Säuren, sie sind sehr weitgehend dissoziiert und folgen nicht dem Massenwirkungsgesetz. Wir können daher mit vorläufig ausreichender Annäherung sagen, daß alle diese Salze vollständig dissoziiert seien.

Besonders wichtig sind nun diejenigen Dissoziationsverhältnisse, die sich beim Vermischen einer schwachen Säure mit ihrem Alkalisalz ergeben (oder beim Vermischen einer schwachen Base mit ihrem Chlorhydrat). Durch den Zusatz des Salzes wird die Dissoziation der Säure stark herabgedrückt, und mit steigender Salzmenge immer stärker.

Wenn wir also Essigsäure mit wechselnden Mengen Natriumacetat vermischen, haben wir es in der Hand, ganz willkürlich alle möglichen, sehr niederen Wasserstoffzahlen herzustellen, und dasselbe können wir natürlich mit vielen anderen derartigen Säure-Salz-Paaren machen.

Ebenso kann man auch Basen mit ihren Chloriden mischen und die gleichen Betrachtungen für die OH-Ionen anstellen.

Von ganz besonderer Bedeutung ist die Berechnung der Wasserstoffzahl in einem solchen Gemisch z. B. von Essigsäure und Natriumacetat. Greifen wir zunächst zurück auf die Formel (2), welche allgemein gültig ist, so folgt aus ihr

$$[H^{\cdot}] = \frac{k \cdot [SH]}{[S']} = k \cdot \frac{[\text{undissoziierte Säure}]}{[\text{Säure-Ion}]} \qquad (8)$$

In einem Gemisch von Natriumacetat und Essigsäure ist nun die Konzentration der undissoziierten Säure fast genau gleich der Konzentration der freien Essigsäure, weil der dissoziierte Anteil der freien Essigsäure verschwindend klein ist; und die Konzentration der Säure-Ionen ist fast genau gleich der des Natriumacetats, weil das Natriumacetat fast vollständig dissoziiert ist. Wir erhalten so als erste Näherungsformel

$$[H^{\cdot}] = k \cdot \frac{[\text{Essigsäure}]}{[\text{Natriumacetat}]} \tag{9}$$

Genauer wird die Formel, wenn wir berücksichtigen, daß das Natriumacetat nicht vollkommen dissoziiert ist. Nennen wir seinen Dissoziationsgrad α, so ist die zweite Näherungsformel, welche praktisch stets genügen dürfte:

$$[H^{\cdot}] = \frac{k}{\alpha} \cdot \frac{[\text{Essigsäure}]}{[\text{Natriumacetat}]} \tag{10}$$

α hängt von der Konzentration der Lösung an Natriumacetat ab und beträgt für einen Natriumacetatgehalt von 0,1 n = 0,79, für 0,01 n etwa = 0,87.

Die α-Werte für die Na-Salze der verschiedenen gebräuchlichen Säuren sind annähernd alle dieselben. Sie können aus der Leitfähigkeit der Salze berechnet werden. Ist Λ die molare Leitfähigkeit eines Salzes in der Konzentration c, und Λ_∞ die molare Leitfähigkeit desselben Salzes bei extrem starker Verdünnung, so ist der Dissoziationsgrad α der Konzentration c

$$\alpha = \frac{\Lambda}{\Lambda_\infty}$$

Die Werte von Λ findet man in F. Kohlrausch und L. Holborn, Das Leitvermögen der Elektrolyte, 1898, oder Landolt-Börnstein, Physikochemische Tabellen.

Diese Formel (10) ist nicht mehr völlig zutreffend, wenn die Dissoziation der freien Säure nicht mehr zu vernachlässigen ist, also bei etwas stärkeren Säuren, wie Weinsäure. Die exakte Formel läßt sich folgendermaßen entwickeln:

Die Formel (8) behält ihre Gültigkeit; aber wir dürfen die Konzentration der undissoziierten Säure (SH], nicht einfach gleich der der freien Essigsäure [E] setzen, sondern = [E] — [H·]; und die Konzentration der Acetationen ist nicht genau gleich α.[Natriumacetat], sondern einige Acetationen werden auch von der freien Säure geliefert, in einer Menge, welche = [H·] sein muß. Daher wird aus (8)

$$[H^{\cdot}] = \frac{k \cdot ([E] - [H^{\cdot}])}{\alpha [\text{Na-salz}] + [H^{\cdot}]}.$$

Hieraus erhält man eine quadratische Gleichung für $[H^{\cdot}]$, deren Lösung ist:

$$[H^{\cdot}] = -\frac{\alpha \cdot [\text{Na-salz}] + k}{2} + \sqrt{\left(\frac{\alpha \cdot [\text{Na-salz}] + k}{2}\right)^2 + k \cdot [E]}. \quad (11)$$

8. Der Dissoziationsgrad und der Dissoziationsrest der Säuren.

Unter dem Dissoziationsgrad einer Säure in reiner wässeriger Lösung versteht man das Verhältnis des dissoziierten Anteils zu der Gesamtmenge der Säure. Wir wollen diese Definition jetzt etwas erweitern, so daß sie auch für Gemische der Säuren mit ihren Salzen anwendbar ist (127). Unter Dissoziationsgrad einer Säure verstehen wir dann das Verhältnis der Säureanionen zur Gesamtmenge der Säureradikale, gleichgültig in welcher Form, überhaupt. Der Dissoziationsgrad der Essigsäure in einem Essigsäure-Natriumacetatgemisch ist also das Verhältnis der Essigsäureanionen zur Gesamtmenge der Essigsäure, sowohl in Form der freien Essigsäure wie in Form des Natriumacetats. Und unter dem Dissoziationsrest verstehen wir, in Ergänzung dazu, das Verhältnis der undissoziierten Säure zur Gesamtmenge der Säureradikale. Von diesen Begriffen werden wir später eine nutzbringende Anwendung machen. Wir werfen jetzt mit Rücksicht auf diese späteren Probleme die Frage auf: wie hängt der Dissoziationsgrad (bzw. der Dissoziationsrest) von der Wasserstoffzahl ab? Wir denken uns also, anders als vorher, die H-Konzentration als das gegebene, als die unabhängige Variable. Da wir in den Säure-Salzmischungen ein Mittel kennen gelernt haben, um eine gewünschte $H^{\cdot}$-Konzentration in irgend einer Lösung in beliebiger Weise praktisch herzustellen, so gewinnt die Annahme der $[H^{\cdot}]$ als der unabhängigen Variablen jetzt eine greifbare Bedeutung.

Der Dissoziationsgrad α ist also gleich $\frac{[S']}{[A]}$. Wir finden durch einfache Rechnung aus der Gleichung (8), indem wir für [SH] schreiben [A]—[S'], daß $\frac{[S']}{[A]}$ oder α ist:

$$\alpha = \frac{k}{k + [H^{\cdot}]}.$$

oder auch

$$\alpha = \frac{1}{1 + \frac{[H^{\cdot}]}{k}}. \quad (12)$$

Diese Gleichung stellt also α als Funktion von [H.] dar, und k können wir als den **Parameter** dieser Funktion bezeichnen. Wir stellen sie zunächst in Abb. 2 graphisch dar. Sie stellt eine Hyperbel dar, welche die Nullpunktsordinate spitzwinklig schneidet.

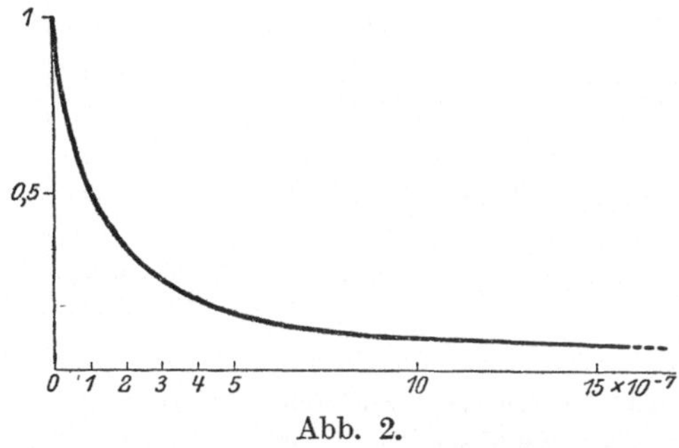

Abb. 2.

Dissoziationsgrad einer Säure, deren Dissoziationskonstante $= 1 \cdot 10^{-7}$ ist. Abszisse: die Wasserstoff-Ionenkonzentration. Ordinate: der Dissoziationsgrad.

Viel mehr Einblick in das Eigentümliche dieser Funktion erhalten wir aber, wenn wir als Abszisse nicht die Wasserstoffzahl selbst, sondern ihren Logarithmus wählen (Abb. 3). Wir wollen also die Abszisse unserer Kurve logarithmisch transformieren Bezeichnen wir den Logarithmus von [H·] mit h, so wollen wir jetzt α als Funktion von h darstellen. Wir erhalten, da $[H^\cdot] = 10^h$ ist, die Funktion

$$\alpha = \frac{k}{k + 10^h}.$$

Da es für die mathematische Behandlung einer exponentiellen Funktion stets vorteilhafter ist, als Basis des Exponenten die Zahl e zu wählen, so wollen wir 10 durch e^p ersetzen, wo p den Modulus des dekadischen Logarithmensystems $= 2{,}303$ bedeutet. und es ist dann

$$\alpha = \frac{k}{k + e^{ph}}.$$

Das Charakteristische der **Dissoziationskurve** ist also:

1. Anfang und Ende ist eine Asymptote zur Abszisse bzw. einer zur Abszisse parallelen Linie.

2. Der mittlere Teil stellt eine fast geradlinig verlaufende Strecke dar. Die Mitte dieser annähernd geraden Linie schneidet

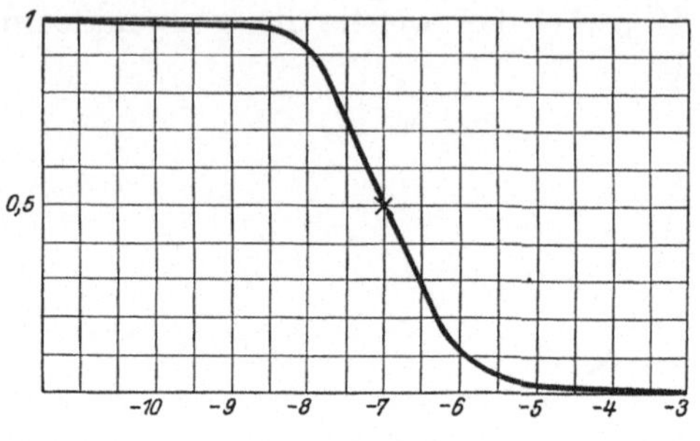

Abb. 3.

Dissoziationskurve einer Säure mit der Dissoziationskonstante $1 \cdot 10^{-7}$.

Abszisse: der dekadische Logarithmus der Wasserstoff-Ionenkonzentration.

Ordinate: der Dissoziationsgrad, α.

Der Maßstab der Ordinate ist um das 5fache gegenüber dem der Abszisse vergrößert.

In dem mit $\times$ bezeichneten Punkt ist $\alpha = {}^1/_2$, und der Fußpunkt der Ordinate gibt den Logarithmus der Dissoziationskonstanten an.

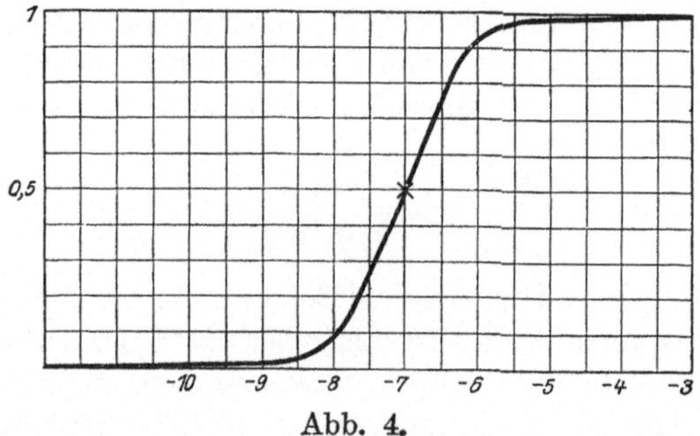

Abb. 4.

Dissoziationsrestkurve einer Säure unter gleichen Bedingungen wie Abb. 3. Stellt gleichzeitig die Dissoziationskurve einer Base mit der Dissoziationskonstanten $1 . 10^{-7}$ dar.

die zugehörige Ordinate unter einem charakteristischen Winkel (s. weiter unten). Diese Mitte stellt zugleich einen Wendepunkt der Kurve dar.

Zeichnen wir die Kurve z. B. für $k = 10^{-7}$, so erhalten wir folgendes Bild (Abb. 3). Charakteristisch für den Verlauf dieser Kurve ist, daß sie sich bis fast zu dem Abszissenpunkt -8 kaum von dem Wert 1 entfernt, dann steil, fast geradlinig abfällt und von dem Abszissenpunkt -6 an kaum mehr von 0 verschieden ist und sich weiterhin nicht mehr merklich ändert. Eine praktisch ins Gewicht fallende Abhängigkeit des α von h ist also nur in dem engen Intervall -6 bis -8, allenfalls noch $-5{,}5$ bis $-8{,}5$ bemerkbar. Der Kurvenpunkt, entsprechend dem Abszissenpunkt -7 ($= \log k$) ist ein singulärer Punkt und stellt einen Wendepunkt der Kurve dar, indem er den Übergang des nach oben konkaven in den nach oben konvexen Teil der Kurve darstellt. Dieser singuläre Punkt, auf die Abszisse projiziert, (-7), hat die Bedeutung, daß er den Parameter unserer Funktion anzeigt, indem dieser $= 10^{-7}$ ist.

Das Verhältnis des undissoziierten Anteils der Säure zur Gesamtmenge der Säure wollen wir als den **Dissoziationsrest**, ϱ, bezeichnen. ϱ ist $= 1 - \alpha$ und daher folgt aus (8) oder aus (12)

$$\varrho = \frac{[H^\cdot]}{k + [H^\cdot]} = \frac{1}{1 + \frac{k}{[H^\cdot]}} \tag{13}$$

oder
$$\varrho = \frac{e^{ph}}{k + e^{ph}} \tag{14}$$

Diese Funktion ist, graphisch dargestellt, ein genaues Spiegelbild der vorigen. Sie hat an derselben Stelle wie die vorige ihren Wendepunkt (Abb. 4).

Daß dieser Punkt ein Wendepunkt ist, ergibt sich mathematisch aus folgendem. Differenzieren wir die Funktion $\alpha = \frac{k}{k + e^{ph}}$, wo $e^p = 10$ und e die Basis des natürlichen Logarithmensystems ist, zweimal hintereinander nach h, so ist

$$\frac{d\alpha}{dh} = \frac{-k\,p\,e^{ph}}{(k + e^{ph})^2} \tag{15}$$

$$\frac{d^2\alpha}{dh^2} = \frac{-k \cdot p^2 \cdot e^{ph}(k + e^{ph})^2 - 2k\,p^2\,e^{2ph}(k + e^{ph})}{(k + e^{ph})^4}. \tag{16}$$

Wird nun $k = e^{ph}$, so wird dieser zweite Differentialquotient $= 0$, d. h. für $k = e^{ph}$ oder für $\log [H^\cdot] = \log k$ hat die Kurve einen Wendepunkt.

Dieser Wendepunkt hat noch eine andere Bedeutung. Da in ihm $k = e^{ph}$, so wird $\alpha = \frac{1}{2}$, und ebenso $\varrho = \frac{1}{2}$.

Wo also die Ordinate die Hälfte der maximalen Höhe hat, gibt ihr Fußpunkt in der Abszisse den Logarithmus der Dissoziationskonstanten an. Der Parameter unser Funktion hat also physikalisch die Bedeutung, daß er die Dissoziationskonstante darstellt.

Für andere Werte von k verläuft die Kurve dieser eben beschriebenen vollkommen parallel. Man braucht nur den Maßstab der Abszisse so weit nach rechts oder links zu verschieben, daß die zu dem Punkte log k der Abszisse gehörige Ordinate $= \frac{1}{2}$ ist.

Von Interesse ist nun noch der Winkel, unter dem der mittlere Teil der Kurve, der also ziemlich genau eine Gerade darstellt, die Ordinate schneidet. Nach den Grundsätzen der Differentialrechnung stellt der Differentialquotient die Tangente des von uns gesuchten Winkels dar. Bedenken wir ferner, daß in diesem Punkt $e^{ph} = k$, so folgt durch Einsetzen in (15)

$$\frac{d\alpha}{dh}_{\text{für } h = p.\ \ln k = \log^{10} k} = \frac{p}{4}$$

und der Neigungswinkel selbst $= \operatorname{arc\,tg} \frac{p}{4}$.

Da $p = 2{,}303$, so ist $\frac{p}{4} = 0{,}576$ und $\operatorname{arc\,tg} \frac{p}{4}$ fast genau 30^{0}. Man muß, damit dieser Neigungswinkel realisiert wird, darauf achten, daß die Ordinate graphisch in dem gleichen Maßstab gemessen wird wie die Abszisse. Ist der Maßstab der Ordinate graphisch um das n-fache gegenüber der Abszisse vergrößert, so ist auch die Tangente des Neigungswinkels um das n-fache größer als soeben angegeben. (In unseren Zeichnungen, Abb. 3 und 4, ist $n = 5$ und daher die Tangente $= 2{,}88$ und der Neigungswinkel selbst = etwa 71^{0}.)

9. Der Wasserstoffexponent. Es ist also für die graphische Darstellung vorteilhaft, mit dem Logarithmus der Wasserstoffzahl statt mit ihr selbst zu operieren. Aber auch die Methode der Konzentrationsketten gibt in direkter Weise zunächst nur diesen Logarithmus. Es hat sich daher mit Recht der Vorschlag von S. P. L. Sörensen (211) eingebürgert, zur Charakterisierung einer Lösung statt ihrer Wasserstoffzahl selbst deren Logarithmus anzugeben, und zwar, da dieser nur in extrem seltenen Fällen, in biologisch in Betracht kommenden Fällen niemals, ein positives Vorzeichen hat, ohne das selbstverständliche Minuszeichen.

Diese Zahl nennt Sörensen den Wasserstoffexponenten p_H. Um die Beziehung zwischen Wasserstoffzahl und Wasserstoffexponent geläufig zu machen, gebe ich einige Beispiele.

Es ist identisch

$[H^{\cdot}] = 1{,}00$ mit $p_{[H]} = 0{,}00$
$[H^{\cdot}] = 1{,}00 . 10^{-5}$ mit $p_{[H]} = 5{,}00$
$[H^{\cdot}] = 2{,}00 . 10^{-5}$ mit $p_H = 4{,}70$
denn $\log 2 . 10^{-5} = 0{,}30 - 5 = -4{,}70$
$[H^{\cdot}] = 5{,}00 . 10^{-10}$ mit $p_H = 9{,}30$

p_H wird mit steigender Säuerung kleiner, $[H^{\cdot}]$ größer.

Es mögen hier für einige gebräuchlichere Lösungen die $[H^{\cdot}]$ und p_H angegeben werden.

	$[H^{\cdot}]$	p_H (bei 18⁰)
n. HCl	0,8	0,10
0,1 n HCl	0,084	1,071
0,01 n HCl	0,0095	2,022
0,001 n HCl	$9{,}7 . 10^{-4}$	3,013
0,0001 n HCl	$9{,}8 . 10^{-5}$	4,009
n Essigsäure	$4{,}3 . 10^{-3}$	2,366
0,1 n Essigsäure	$1{,}36 . 10^{-3}$	2,866
0,01 n Essigsäure	$4{,}3 . 10^{-4}$	3,366
0,001 n Essigsäure	$1{,}36 . 10^{-4}$	3,866
n NaOH	$0{,}90 . 10^{-14}$	14,05
0,1 n NaOH	$0{,}86 . 10^{-13}$	13,07
0,01 n NaOH	$0{,}76 . 10^{-12}$	12,12
0,001 n NaOH	$0{,}74 . 10^{-11}$	12,13
n NH_3	$1{,}7 . 10^{-12}$	11,77
0,1 n NH_3	$5{,}4 . 10^{-12}$	11,27
0,01 n NH_3	$1{,}7 . 10^{-11}$	10,77
0,001 n NH_3	$5{,}4 . 10^{-10}$	10,27

10. Abhängigkeit der Wasserstoffzahl von der Temperatur.

Da die Dissoziationskonstante der allermeisten Säuren mit der Temperatur sich nur sehr unbedeutend ändert, können die auf die Säuren bezüglichen Werte zwischen 18⁰ und 40⁰ meist ohne merklichen Fehler in gleicher Weise benutzt werden. Die $[OH']$ der gleichen Flüssigkeiten muß dagegen, da k_w von der Temperatur stark abhängig ist, stark von der Temperatur abhängen. So ist:

	bei	$[OH']$	p_{OH}
in 0,01 n HCl	18⁰	$7{,}6 . 10^{-13}$	12,12
	38⁰	$3{,}6 . 10^{-12}$	11,44

Umgekehrt ist bei den Basen die [OH′] in einer von der Temperatur nur wenig abhängigen Weise definiert; infolgedessen muß hier die [H·] von der Temperatur stark abhängen, z. B.

	bei	[H·]	p_H
in 0,1 n NH_3	18°	$5{,}4 . 10^{-12}$	11,27
	38°	$2{,}5 . 10^{-11}$	10,60

11. Anwendung auf die Berechnung des Dissoziationszustandes der Säuren in physiologischen Flüssigkeiten, insbesondere der Kohlensäure im Blut. Mit Hilfe dieser Betrachtungen sind wir nun in den Stand gesetzt, eine für die Physiologie höchst wichtige Frage restlos zu lösen, deren Beantwortung auf Grund der älteren Anschauungen zu großen und unfruchtbaren Debatten geführt hat. Wenn wir die Gesamtkonzentration irgend einer Säure in einer physiologischen Flüssigkeit kennen, d. h. wenn wir wissen, wieviel von der Säure in irgendwelcher Form, als freie Säure und als Salz zusammengenommen vorhanden ist, und wenn wir außerdem die Wasserstoffzahl dieser Flüssigkeit bestimmen, so können wir daraus berechnen, wieviel Säure in undissoziiertem Zustand und wieviel dissoziiert vorhanden ist. Da die freien Säuren, wenn sie schwache Säuren sind und wenn gleichzeitig ihr Alkalisalz zugegen ist, praktisch ganz undissoziiert sind, und da die Salze dieser Säuren in den hier in Betracht kommenden Verdünnungen beinahe völlig dissoziiert sind, so kommt das auf dasselbe heraus, wenn wir sagen: wir können feststellen, wieviel von der Säure in freiem Zustande und wieviel in gebundenem Zustande, als Salz, vorhanden ist. Auf diese Nutzanwendung haben zuerst Henderson und Spiro (69, 69a) hingewiesen.

Als typisches Beispiel einer solchen Nutzanwendung behandeln wir die Frage, wieviel von der im Blut vorhandenen Kohlensäure frei und wieviel als Bikarbonat enthalten ist. Hier wird sich sofort die Überlegenheit dieser physiko-chemischen Anschauungen über die älteren Vorstellungen zeigen. Die Dissoziationskonstante der Kohlensäure ist für $18^0 = 3{,}04 . 10^{-7}$. Hieraus wurde sie für 38° zu etwa $4 . 10^{-7}$ von Henderson berechnet. (Eine genaue experimentelle Nachprüfung dieses Wertes wäre erwünscht.) Ferner ergebe z. B. die Messung venösen Blutes mit Gasketten für 38° $[H^·] = 4{,}5 . 10^{-8}$. Wir entwerfen also eine Dissoziationsrestkurve für eine Säure, deren $k = 4 . 10^{-7}$ oder $\log k = -6{,}40$ ist und entnehmen dieser Kurve, wie groß der Dissoziationsrest ϱ

für $[H^{\cdot}] = 4{,}5 . 10^{-8}$ bzw. für $\log [H^{\cdot}] = -7{,}35$ ist. Oder wir benutzen die Formel

$$\varrho = \frac{[H^{\cdot}]}{k + [H^{\cdot}]}$$

nur rechnerisch und finden durch Einsetzen der Werte

$$\varrho = \frac{0{,}45 \cdot 10^{-7}}{4 \cdot 10^{-7} + 0{,}45 \cdot 10^{-7}} = 0{,}101,$$

d. h. es ist rund $^1/_{10}$ der Gesamtkohlensäure frei, $^9/_{10}$ als Bikarbonat vorhanden.

Diese und alle ähnlichen Rechnungen bedürfen nun noch einer kleinen Korrektur.

Ein Teil des Bikarbonat ist nämlich auch in undissoziierter Form als $NaHCO_3$ vorhanden, und diese Molekülart haben wir bisher ganz vernachlässigt. Die sinngemäße Definition des Dissoziationsrestes ϱ' wäre das Verhältnis von CO_2-Molekülen zur gesamten Kohlensäuremenge:

$$\varrho' = \frac{[CO_2]}{[CO_2] + [HCO_3'] + [NaHCO_3]}.$$

Nun steht die Konzentration der Bikarbonationen zum undissoziierten Bikarbonat in einem ganz bestimmten Verhältnis, welches durch den Dissoziationsgrad des Natrium-Bikarbonats bestimmt ist. Alle Natriumsalze sind sehr stark dissoziiert, und zwar hängt ihr Dissoziationsgrad von der Gesamt-$Na^{\cdot}$-Konzentration ab. So ist z. B. ClNa bei einem Na-Gehalt von 0,1 n zu etwa 90 Proz., bei einem Na-Gehalt von $n/_{100}$ zu 95 Proz. dissoziiert. Der Dissoziationsgrad hängt also nur ziemlich wenig von der Na-Konzentration ab. Bei Na-Salzen schwächerer Säuren ist die Dissoziation ein wenig geringer. Von dem Natriumbikarbonat kann man, obwohl der Wert ganz genau noch nicht bekannt ist, mit einer den Bedürfnissen vorläufig genügend entsprechenden Genauigkeit den Dissoziationsgrad δ im Blut zu 0,8 ansetzen.

D. h. in einer dem Blute entsprechenden Bikarbonatlösung ist

$$\frac{[HCO_3']}{[HCO_3'] + [NaHCO_3]} = \delta = 0{,}8.$$

Hieraus ergibt sich $[HCO_3'] + [NaHCO_3] = \frac{[HCO_3']}{\delta}$ und dieses in die Definitionsgleichung von ϱ' eingesetzt, ergibt

$$\varrho' = \frac{[CO_2]}{[CO_2] + \frac{1}{\delta} \cdot [HCO_3']}.$$

Um nun festzustellen, wie man aus dem gemäß der [H·] berechneten ϱ zu dem korrigierten Werte ϱ' gelangen kann, schreiben wir

$$\varrho' = \frac{[CO_2]}{[CO_2] + [HCO_3'] + \left(\frac{1}{\delta} - 1\right)[HCO_3']}$$

$$\frac{1}{\varrho'} = \frac{[CO_2] + [HCO_3']}{CO_2} + \left(\frac{1}{\delta} - 1\right)\frac{[HCO_3']}{[CO_2]}$$

$$\frac{1}{\varrho'} = \frac{1}{\varrho} + \left(\frac{1}{\delta} - 1\right)\left(\frac{1}{\varrho} - 1\right)$$

$$\frac{1}{\varrho'} = \frac{1}{\delta \cdot \varrho} - \frac{1}{\delta} + 1$$

$$\varrho' = \frac{\delta \cdot \varrho}{1 - \varrho \cdot (1 - \delta)}. \qquad (17)$$

Im speziellen Fall für $\varrho = 0{,}101$ und $\delta = 0{,}8$ ist

$$\varrho' = 0{,}082_4.$$

D. h. 8,2 Proz. der Gesamtkohlensäure sind frei, und
daher 91,8 „ sind als Bikarbonat vorhanden,
und zwar 73,4 „ als Bikarbonat-Ion,
und 18,4 „ als undissoziiertes Natriumbikarbonat.

Die Genauigkeit dieser Zahlen hängt nur davon ab, mit welcher Genauigkeit [H·], k und δ bekannt sind. [H·] ist heute mit großer Genauigkeit bekannt, δ und k für 38° aber wohl noch nicht so gut.

Was die Dissoziationskonstante der Kohlensäure betrifft, so zeigten meine eigenen Untersuchungen (137), daß ihr Wert von der Temperatur noch weniger abhängig ist, als Henderson vermutete, so daß Gemische von Natriumbikarbonat und Kohlensäure bei 18° und bei 38° innerhalb der Fehlergrenzen der Messung die gleiche [H·] haben. Um so auffälliger ist die von mir beobachtete Tatsache, daß beim Blut und Serum p_H für 18° stets um 0,21 (nach Hasselbalch (64) um den nur wenig davon abweichenden Wert von 0,17) kleiner ist als bei 38°. Dies kann vielleicht auf einen noch nicht genauer bekannten Einfluß des Eiweißes zurückgeführt werden; sei es, daß die Säuredissoziationskonstante des Eiweißes stark von der Temperatur abhängig ist, sei es, daß das Eiweiß einen kleinen, aber stark von der Temperatur abhängigen Teil der Kohlensäure in komplexer Weise (analog den Carbaminosäuren?) bindet. Genauere Untersuchungen hierüber fehlen noch. Es sei ferner daran erinnert, daß es sich hier überall um die „scheinbare" Dissoziationskonstante der Kohlensäure handelt, während die „wahre" Konstante hier ohne Interesse ist. Es ist übrigens sehr wahrscheinlich, daß die scheinbare Konstante etwas größer als die hier gebrauchte ($3{,}04 \cdot 10^{-7}$) ist. Das entspricht sowohl einem neueren Befunde von Thiel (225), wie meinen eigenen, gemeinschaftlich mit Rona vorgenommenen, noch nicht publizierten Messungen. k dürfte zum Mindesten etwas mehr als $4 \cdot 10^{-7}$ betragen, und danach wären die obigen Rechnungen zu korrigieren. Ferner dürfte δ eher ein weniger kleiner als 0,8 sein. Hier gilt es also nur noch, die Kenntnis der notwendigen Konstanten zu verbessern.

In derselben Weise läßt sich der Dissoziationszustand der anderen Säuren im Blut oder Harn bestimmen, wenn wir die [H·] dieser Flüssigkeiten kennen, was Henderson zuerst bestimmt ausgesprochen hat.

[H·] =	Acetessigsäure	Milchsäure	β-Oxybuttersäure	Phosphorsäure	Kohlensäure	Traubenzucker
$4{,}5 \cdot 10^{-8}$ (Blut)	0,0003	0,0003	0,0023	0,18	0,10	1,00
$1{,}5 \cdot 10^{-7}$ (Organsäfte)	0,001	0,0011	0,0075	0,43	0,27	1,00
$1 \cdot 10^{-6}$ (Saft d. spontan gesäuerten isolierten Muskels oder saurer Harn)	0,0066	0,0074	0,048	0,83	0,71	1,00
$1 \cdot 10^{-5}$ (sehr saurer Harn)	0 063	0,069	0,33	0,98	0,96	1,00
$1{,}7 \cdot 10^{-2}$ (Magensaft)	1,00	1,00	1,00	1,00	1,00	1,00

Umstehende Tabelle gibt den Wert für ϱ von einigen physiologisch wichtigen Säuren bei einigen physiologisch wichtigen [H·]. ϱ bedeutet den nach der angenäherten Formel berechneten, unkorrigierten Wert. Es bedeutet die Menge der freien Säure, wenn die Menge der betreffenden Gesamt-Säure = 1 gesetzt wird. Unter „freier Säure" ist bei Phosphorsäure das primäre Phosphat zu verstehen.

D. h. also: Milchsäure kann in Blut von physiologischer Alkalität nur zu 0,03% als freie Säure, zu 99,97% als Salz enthalten sein; Traubenzucker ist vollkommen frei, die Alkalität des Blutes reicht nicht aus, um das Glukose-Natrium-Salz zu bilden; die Milchsäure im Safte des spontan gesäuerten Muskels ist nur zu 7,4% als freie Säure vorhanden, usw.

12. Anwendung der Formeln auf mehrwertige Säuren und Basen. Wir gehen einen Schritt weiter und betrachten die mehrbasischen Säuren bzw. die mehrsäurigen Basen. Z. B. die Phosphorsäure ist imstande, drei H-Atome als Ionen abzudissoziieren, nämlich

$$H_3PO_4 = H^{\cdot} + H_2PO_4{}' \qquad (18\,A)$$

$$H_2PO_4{}' = H^{\cdot} + HPO_4{}'' \qquad (18\,B)$$

$$HPO_4{}'' = H^{\cdot} + PO_4{}'''. \qquad (18\,C)$$

Es gibt kaum mehrbasische Säuren, bei denen die Tendenz, das eine oder das andere H-Ion abzudissoziieren, ganz gleich groß ist. In der Regel ist die Tendenz, ein H-Ion abzudissoziieren, viel größer, als die, das zweite abzudissoziieren, und diese wiederum viel größer, als die Dissoziationstendenz des dritten H-Ions. Solche Säuren dissoziieren, wie Ostwald sich ausdrückt, stufenweise. Zahlenmäßig kann man diese verschiedenen Tendenzen so angeben, daß man für jede dieser Dissoziationsstufen ihre eigene Dissoziationskonstante angibt.

So ist

$$\frac{[H^{\cdot}]\cdot[H_2PO_4{}']}{[H_3PO_4]} = k_1 \text{ sehr groß, nicht konstant, wie bei starken Mineralsäuren} \qquad (19\,A)$$

$$\frac{[H^{\cdot}]\,[HPO_4{}'']}{[H_2PO_4{}']} = k_2 = 2{,}0\cdot 10^{-7} \text{ für } 18^{0} \text{ bzw. } 2{,}4\cdot 10^{-7} \text{ für } 38^{0}. \qquad (19\,B)$$

$$\frac{[H^{\cdot}]\,[PO_4{}''']}{[HPO_4{}'']} = k_3 = \text{ca. } 10^{-12}. \qquad (19\,C)$$

Dieser Umstand erleichtert nun unsere Betrachtungen sehr erheblich. Angenommen, wir hätten die Aufgabe, den Dissoziationsgrad der Phosphorsäure bei einer $[H^\cdot] = 10^{-7}$ zu bestimmen, und zwar das Verhältnis der HPO_4''-Ionen zur Gesamt-Phosphorsäure. Aus der Formel (18 B) können wir aber, wenn wir eine Umformung analog der Gleichung (12) (S. 18) vornehmen, nur das Verhältnis der zweiwertigen Phosphorsäureionen zu der der Summe der einwertigen und der zweiwertigen Phosphorsäureionen bestimmen. Gesucht ist aber

$$\alpha = \frac{[HPO_4'']}{[H_3PO_4] + [H_2PO_4'] + [HPO_4''] + [PO_4''']}. \qquad (20)$$

Von dem Molekül H_3PO_4 wissen wir nun, daß es niemals in erheblichen Mengen existieren kann, da es als starke Säure unter allen Umständen im Sinne der Gleichung (18 A) weitgehend dissoziiert ist. Andererseits können wir die Menge des PO_4''' aus der Gleichung (18 C bzw. 19 C) abschätzen. Denn wiederum unter Anwendung der obigen Betrachtungen entnehmen wir, daß der Dissoziationsgrad

$$\alpha_2 = \frac{[PO_4''']}{[HPO_4''] + [PO_4''']}$$

bei einer $[H^\cdot]$ von 10^{-12} (= dritte Dissoziationskonstante der Phosphorsäure) $= 0{,}5$ ist, daß er also bei $[H^\cdot] = 10^{-10}$ schon sehr klein sein muß und von 10^{-9} an praktisch überhaupt zu vernachlässigen ist. D. h. bei einer H-Konzentration von 10^{-7} sind überhaupt keine PO_4'''-Ionen in meßbarer Menge vorhanden. Die gesamte gelöste Phosphorsäure setzt sich also für $[H^\cdot] = 10^{-7}$ zusammen nur aus HPO_4''- und H_2PO_4'-Ionen.

Wir können daher in (20) das Glied $[H_3PO_4]$ und das Glied $[PO_4''']$ vernachlässigen, und der Dissoziationsgrad α läßt sich daher allein mit Hilfe der zweiten Dissoziationskonstante k_2 aus Gleichung (19 B) berechnen und ist, wenn $[H^\cdot] = 0{,}45 . 10^{-7}$

$$\alpha = \frac{k_2}{k_2 + [H^\cdot]} = \frac{2{,}4 \cdot 10^{-7}}{2{,}4 \cdot 10^{-7} + 0{,}45 \cdot 10^{-7}} = 0{,}842.$$

D. h. von den gesamten im Blute vorhandenen Phosphorsäure-Ionen ist $84\,^0/_0$ als HPO''_4-Ion und $16\,^0/_0$ als H_2PO_4'-Ion enthalten. Daneben ist noch ein kleiner Teil als undissoziiertes primäres, ein anderer als undissoziiertes sekundäres Natriumphosphat vorhanden, der ganz genau noch nicht angegeben werden kann, da der Dissoziationsgrad des primären und des sekundären Natriumphosphats nicht genau genug bekannt sind. Sollte das später der Fall sein, so kann man ähnliche Korrekturen anbringen, wie es oben für das Bikarbonatgemisch gegeben wurde. Den Dissoziationsgrad des primären Phosphats können wir mit Henderson übrigens zu angenähert 0,8, den des sekundären zu 0,64 schätzen. Wir werden also wahrscheinlich durch unsere angenäherte Rechnung das Verhältnis von primärem zu sekundärem Phosphat ein wenig zu klein finden und es wird dieses Verhältnis daher möglicherweise nicht wie 1 : 5,33, wie aus dem obigen Ansatz folgen würde, sondern wie etwa 1 : 5,7 sein. Auch experimentell ließe sich diese Zahl genau feststellen, indem man ausprobierte, wieviel primäres und sekundäres Phosphat man mischen muß, um bei einer dem Blute gleichen Konzentration an Na und an Gesamtphosphaten bei 38^0 die $[H^\cdot] = 0{,}45 . 10^{-8}$ zu erhalten.

13. Dissoziationsgrad und Dissoziationsrest bei zweibasischen Säuren. Das klare Verständnis der Dissoziationsverhältnisse zweibasischer Säuren im allgemeinen hängt nur von der Anwendung günstig gewählter Funktionen ab. Ich glaube, durch die Einführung des „Dissoziationsgrades" in seinem erweiterten Sinne und des „Dissoziationsrestes" als Funktion der Wasserstoffionenkonzentration auch hier das Verständnis am besten zu erleichtern. Wir werden nunmehr dieselben Funktionen für eine zweiwertige Säure entwickeln.

Wir definieren hier: der primäre Dissoziationsgrad α_1 einer zweiwertigen Säure ist das Verhältnis der einfach geladenen Ionen zur Gesamtmenge der Säure; der sekundäre Dissoziationsgrad α_2 ist das Verhältnis der doppelt geladenen Ionen zur Gesamtmenge der Säure; der Dissoziationsrest ϱ ist das Verhältnis der undissoziierten Säuremoleküle zur Gesamtmenge der Säure. Von dem undissoziierten Anteil der Salze sehen wir zunächst wieder ganz ab. Ist [A] die Konzentration der undissoziierten Säure, [A′] und [A″] die der beiden möglichen Ionenarten, so ist also

$$\alpha_1 = \frac{[A']}{[A] + [A'] + [A'']}$$

$$\alpha_2 = \frac{[A'']}{[A] + [A'] + [A'']}$$

$$\varrho = \frac{[A]}{[A] + [A'] + [A'']}.$$

Nun ist nach dem Massenwirkungsgesetz

$$\frac{[A']\cdot[H^{\cdot}]}{[A]} = k_1$$

$$\frac{[A''\cdot][H^{\cdot}]}{[A']} = k_2$$

wo k_1 die erste, k_2 die zweite Dissoziationskonstante der Säure bedeutet.

Aus den Definitionsgleichungen folgt:

$$\frac{1}{\alpha_1} = \frac{[A]}{[A']} + 1 + \frac{[A'']}{[A']}$$

$$\frac{1}{\alpha_2} = \frac{[A]}{[A'']} + \frac{[A']}{[A'']} + 1$$

$$\frac{1}{\varrho} = 1 + \frac{[A']}{[A]} + \frac{[A'']}{[A]}$$

und durch Elimination von [A], [A'] und [A''] folgt schließlich:

$$\alpha_1 = \frac{1}{1 + \frac{[H^{\cdot}]}{k_1} + \frac{k_2}{[H^{\cdot}]}} \tag{21}$$

$$\alpha_2 = \frac{1}{1 + \frac{[H^{\cdot}[}{k_2} + \frac{[H^{\cdot}]^2}{k_1\cdot k_2}} \tag{22}$$

$$\varrho = \frac{1}{1 + \frac{k_1}{[H^{\cdot}]} + \frac{k_1\cdot k_2}{[H^{\cdot}]^2}}. \tag{23}$$

Wenn wir diese Funktionen für bestimmte Fälle graphisch darstellen, indem wir wie früher den Logarithmus der $[H^{\cdot}]$ als unabhängige Variable wählen, so ergibt sich folgendes Bild (Abb. 5, 6, 7). Die Dissoziationsrestkurve (ϱ) verläuft kaum anders als bei einer einbasischen Säure. Die sekundäre Dissoziationskurve (α_2) hat die übliche Form einer Dissoziationskurve. Die bedeutendste Veränderung erfährt die primäre Dissoziationskurve (α_1). Sie hat denselben Verlaufstypus wie die später zu entwickelnde Dissoziationsrestkurve eines amphoteren Elektrolyten, indem sie ein Maximum zeigt. Wie bei dieser, ist die Art dieser Maximumbildung von der Größe der beiden Dissoziationskonstanten abhängig. Ist k_1 und k_2 sehr

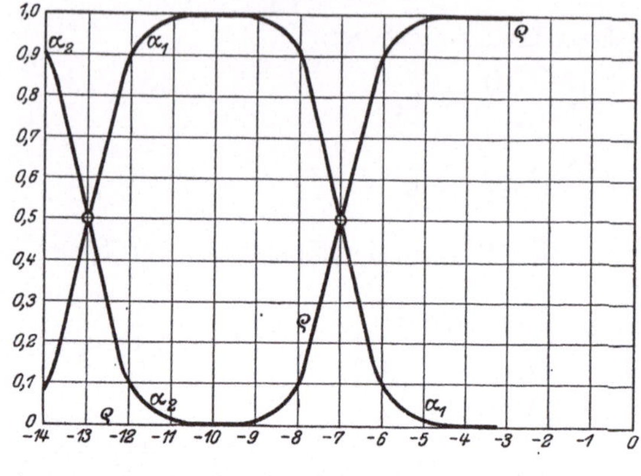

Abb. 5.
Abb. 5 gilt für
$k_1 = 10^{-7}$, $k_2 = 10^{-13}$

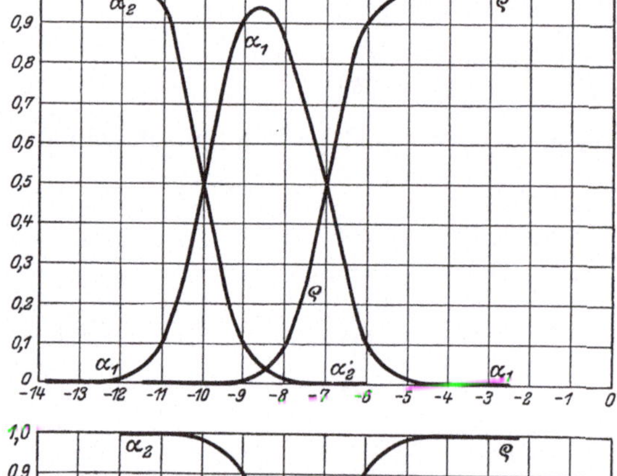

Abb. 6.
Abb. 6 gilt für
$k_1 = 10^{-7}$, $k_2 = 10^{-1}$

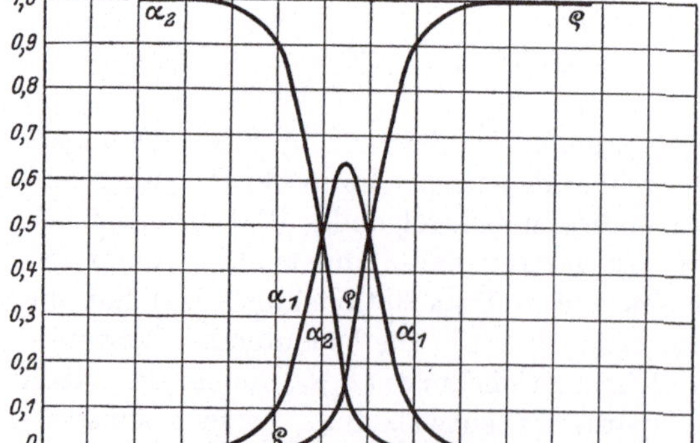

Abb. 7.
Abb. 7 gilt für
$k_1 = 10^{-7}$, $k_2 = 10^{-}$

Gemeinschaftliche
zeichnung für Abb. 5-
ϱ Dissoziationsrestkurve
α_1 Primäre Dissoziations
kurve,
α_2 Sekundäre Dissoziati
kurve einer zweibasis
Säure.

Abszisse: Der Logarithmus der Wasserstoffionenkonzentration.
Ordinate: Der Dissoziationsrest (für die Kurve ϱ); bzw. der primäre Dissoziati grad (für die Kurve α_1); bzw. der sekundäre Dissoziationsgrad (für die Kurve

verschieden voneinander (Abb. 5), so bildet sich ein breites und unscharfes Maximum, welches praktisch den Wert 1 erreicht. Ist k_1 und k_2 näher beieinander (Abb. 6), so wird erstens das Maximum schärfer, zweitens erreicht es nicht ganz den Wert 1; und diese beiden Merkmale treten bei sehr großer Nachbarschaft von k_1 und k_2 (Abb. 7) immer deutlicher hervor. Als extremsten Fall können wir den betrachten, daß $k_1 = k_2$, d. h. daß wir eine Säure mit zwei ganz gleichwertigen ionisierbaren H-Atomen haben. Dann bleibt α_1 stets $= 0$, d. h. es bilden sich immer nur undissoziierte Säuremoleküle und doppelt geladene Säureionen, niemals aber einfach geladene Ionen. Ein solcher Fall ist aber kaum zu erwarten.

Von besonderem Interesse ist nun noch die Lage des **Maximums** der primären Dissoziationskurve. Um das Maximum zu charakterisieren, werden wir die Funktion

$$\alpha_1 = \frac{1}{1 + \frac{[H^{\cdot}]}{k_1} + \frac{k_2}{[H^{\cdot}]}}$$

differenzieren und ihren Differentialquotienten gleich 0 setzen. Rechnerisch einfacher ist es, das Minimum der inversen Funktion

$$\frac{1}{\alpha_1} = 1 + \frac{[H^{\cdot}]}{k_1} + \frac{k_2}{[H^{\cdot}]}$$

zu bestimmen, indem wir ihren Differentialquotienten

$$\frac{d\left(\frac{1}{\alpha_1}\right)}{d\,[H^{\cdot}]} = \frac{1}{k_1} - \frac{k_2}{[H^{\cdot}]^2}$$

gleich 0 setzen. Alsdann ist[1])

$$[H^{\cdot}] = \sqrt{k_1 \cdot k_2} \tag{24}$$

und diese Gleichung **stellt** die Maximumbedingung für α_1 dar. Der Betrag dieses **Maximalwertes** von α_1 ergibt sich, wenn wir

[1]) Man beachte die Analogie zu dem Maximumwert des Dissoziationsrestes eines Ampholyten (dem isoelektrischen Punkt), S. 39, Gleichung (29). Man braucht nur k_1 für ka und k_2 für $\frac{kw}{kb}$ zu setzen. Dasselbe gilt für die Gleichung (23), welche der Gleichung (28), S. 36 entspricht. Daselbst möge man auch für ϱ maxim. eine der Gleichung (25) in demselben Sinne analoge Gleichung nachtragen.

den soeben gefundenen Wert von [H·] in die Gleichung für α einsetzen, und zwar ergibt sich

$$\alpha_{1\,\text{maxim.}} = \frac{1}{1 + 2\sqrt{\frac{k_2}{k_1}}}. \tag{25}$$

Ist $2\sqrt{\frac{k_2}{k_1}}$ klein gegen 1, so wird der Maximalwert von α_1 praktisch = 1 zu setzen sein, gleichzeitig ist das Maximum breit. Ist jener Ausdruck aber gegen 1 nicht zu vernachlässigen, so erhebt sich der Maximalwert nicht so hoch, sondern wie in Abb. 6 und 7. Ist k_2 sehr verschieden von k_1, d. h. ist $\frac{k_2}{k_1}$ etwa $> 10^{-3}$, so stellt der ansteigende und der absteigende Ast je ein Stück einer Dissoziationsrest- bzw. einer Dissoziationskurve dar, und die beiden Ordinaten, welche die Höhe $^1/_2$ haben, zeigen in ihrem Fußpunkt auf der Abszisse die Logarithmen von k_1 und k_2 an. Diese beiden charakteristischen Punkte sind in Abb. 5 mit einem Kreis umzogen.

Nunmehr bietet es keinerlei Schwierigkeit, im Bedarfsfalle auch die etwas komplizierteren Funktionen bei mehrwertigen Säuren zu berechnen. Sobald das Verhältnis zweier aufeinanderfolgender Dissoziationskonstanten $>$ etwa 10^{-3} ist, kann man ohne merklichen Fehler die Kurven aus einfachen Dissoziations- und Dissoziationsrestkurven zusammensetzen.

Für mehrsäurige Basen gilt alles ebenso, wenn man [OH'] für [H·] setzt.

Eine Folge der stufenweisen Dissoziation ist es, daß bei mehrwertigen Säuren drei- oder gar vierwertige Ionen nur bei extrem alkalischer Reaktion existenzfähig sind. So ist z. B. im Blut das CO_3''-Ion (d. h. Soda) und das PO_4'''-Ion (d. h. tertiäres Phosphat) nicht in praktisch in Betracht kommendem Grade existenzfähig.

Einige Dissoziationskonstanten zweibasischer Säuren (aus Landolt-Börnstein, Physik.-chem. Tabellen)

	k_1	k_2	$\frac{k_1}{k_2}$
Oxalsäure	$3{,}8 \cdot 10^{-2}$	$4{,}9 \cdot 10^{-5}$	780
Malonsäure	$1{,}5 \cdot 10^{-3}$	$2{,}1 \cdot 10^{-6}$	710
Bernsteinsäure	$6{,}6 \cdot 10^{-5}$	$2{,}7 \cdot 10^{-6}$	25
Fumarsäure	$9{,}4 \cdot 10^{-4}$	$3{,}2 \cdot 10^{-5}$	29
Maleinsäure	$1{,}4 \cdot 10^{-2}$	$2{,}6 \cdot 10^{-7}$	5400
Kohlensäure[1])	$3 \cdot 10^{-7}$	$6 \cdot 10^{-11}$	5000

[1]) Bezüglich k_1 vgl. S. 12; k_2 nach (4a).

14. Die Dissoziation der amphoteren Elektrolyte. Amphotere Elektrolyte sind solche, welche sowohl als Säuren auftreten und daher mit Basen Salze bilden, wie auch als Basen auftreten und daher mit Säuren Salze bilden. Glykokoll ist vermöge der NH_2-Gruppe eine Base und gleichzeitig vermöge seiner COOH-Gruppe eine Säure. Es ist seit langem bekannt, daß es mit Salzsäure ein Chlorhydrat, mit NaOH ein Na-Salz bildet. Um seine basische Natur zu entfalten, muß man es also in eine stark saure Lösung bringen, um seine saure Natur zu entfalten, muß man es in eine stark alkalische Lösung bringen. In neutraler Lösung ist es ein sehr schwacher Elektrolyt und zeigt eine gerade eben nachweisbare saure Eigenschaft infolge des Überwiegens der sauren Eigenschaft der COOH-Gruppe über die basische der Aminogruppe. Ist der Ampholyt in der Gesamtkonzentration A vorhanden, so bildet er erstens Anionen von der Konzentration [A·], weil er eine Säure (und zwar mit der Dissoziationskonstante k_a) ist; zweitens bildet er Kationen in der Konzentration [A′], weil er eine Base (mit der Dissoziationskonstante k_b) ist. Die beiden Dissoziationskonstanten eines Ampholyten pflegen voneinander verschieden zu sein, es überwiegt also entweder seine saure oder seine basische Natur.

Wenn wir die etwas komplizierten Dissoziationsverhältnisse der Ampholyte betrachten wollen, so beginnen wir am einfachsten mit der Betrachtung des D i s s o z i a t i o n s r e s t e s ϱ, den wir wieder definieren als das Verhältnis des undissoziierten Anteiles zur Gesamtmenge [A] des Ampholyten

$$\varrho = \frac{[A] - [A^{\cdot}] - [A']}{[A]}. \tag{26}$$

Demgegenüber steht wieder der D i s s o z i a t i o n s g r a d, der erstens in bezug auf die Kationen, zweitens in bezug auf die Anionen angegeben werden muß. Die Definition des Dissoziationsgrades in bezug auf die Kationen (bzw. Anionen) wird nach Analogie unserer früheren Definitionen derart gefaßt, daß man darunter das Verhältnis der Kationen (bzw. Anionen) zur Gesamtmenge des Ampholyten versteht. Auch hier verbindet das Massenwirkungsgesetz die einzelnen Molekülarten der Menge nach untereinander.

Nach dem Massenwirkungsgesetz ist nämlich

$$[A'] \cdot [H^{\cdot}] = k_a \cdot x$$ wo x der undissoziierte Anteil des gesamten Ampholyten ist,

und $$[A^{\cdot}] \cdot [OH'] = k_b \cdot x$$

Also ist $$[A'] = k_a \cdot \frac{x}{[H^\cdot]}$$

$$[A^\cdot] = k_b \cdot \frac{x}{[OH']}$$

also ist $$[A] - [A^\cdot] - [A'] = x = [A] - \frac{k_a \cdot x}{[H^\cdot]} - \frac{k_b \cdot x}{[OH']}.$$

Hieraus folgt $$x = \frac{A}{1 + \frac{k_a}{[H^\cdot]} + \frac{k_b}{[OH']}}$$

und der gesuchte Wert

$$\frac{x}{A} = \varrho = \frac{1}{1 + \frac{k_a}{[H^\cdot]} + \frac{k_b}{[OH']}} \qquad (27)$$

wo wir auch $[OH']$ durch $\frac{k_w}{[H^\cdot]}$ ersetzen können:

$$\varrho = \frac{1}{1 + \frac{k_a}{[H^\cdot]} + \frac{k_b}{k_w} \cdot [H^\cdot]}. \qquad (28)$$

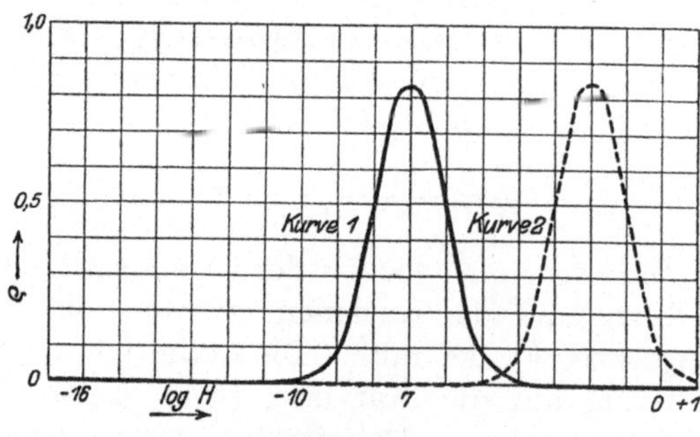

Abb. 8.

Dissoziationsrestkurven von amphoteren Elektrolyten, für welche $k^a \times k^b = 10^{-16}$, und zwar:
Kurve 1, wenn $k_a = k_b = 10^{-8}$.
Kurve 2 (die gestrichelte Kurve), wenn $k_a = 10^{-3}$ und $k_b = 10^{-13}$.

Betrachtet man k_a und k_b als gegeben, so stellt diese Gleichung den Dissoziationsrest eindeutig als Funktion der Wasserstoffionenkonzentration dar. Es ist nun eine wichtige Frage, wie der Gang einer solchen Kurve ist, und vor allem, wie er durch die verschiedenen Größen der beiden Parameter k_a und k_b beeinflußt wird. Wir werden nun wieder wie oben zu anschaulicheren Bildern kommen, wenn wir als Variable nicht [H·], sondern log [H·] wählen. Nehmen wir als erstes Beispiel die graphische Darstellung von ϱ unter

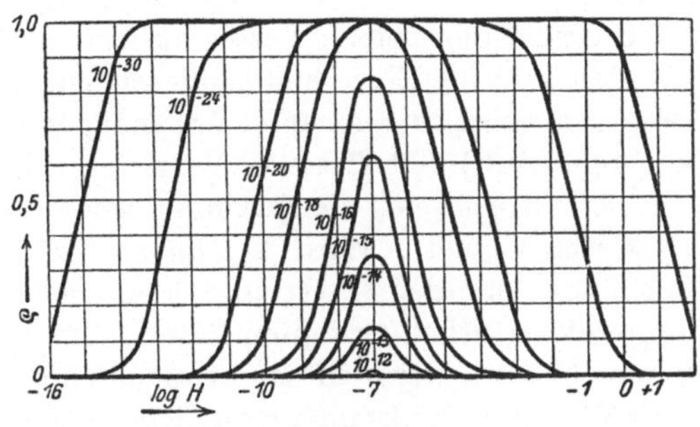

Abb. 9.

Dissoziationsrestkurven für verschiedene amphotere Elektrolyte, für welche das Produkt $k_a \cdot k_b$ verschieden groß ist. Jede Kurve ist mit demjenigen Wert von $k_a \cdot k_b$ bezeichnet, für den sie gilt.
Es ist überall angenommen, daß $k_a = k_b$.

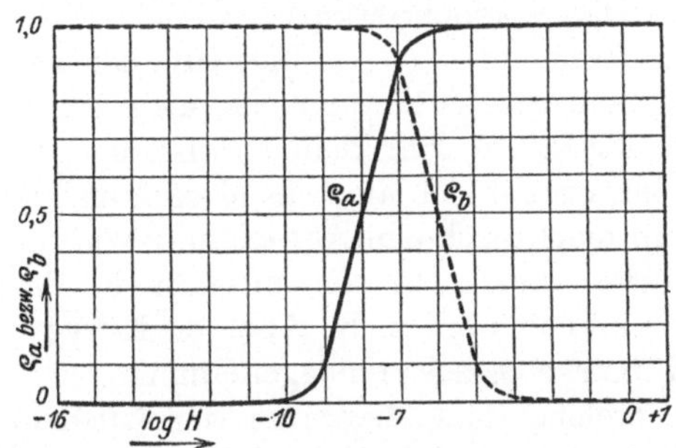

Abb. 10.

Gleichzeitige Darstellung der Dissoziationsrestkurve (ϱ_a) einer Säure, deren $k_a = 10^{-8}$ und (ϱ_b) einer Base, deren k_b ebenfalls $= 10^{-8}$ ist. Verfolgt man ϱ_a bis zum Schnittpunkt mit ϱ_b und verfolgt von hier ϱ_b weiter, so erhält man fast genau die Kurve 1 der Abb. 8.

der Voraussetzung, daß $k_a = k_b = 10^{-8}$ ist. Die Dissoziationskonstante des Wassers setzen wir der Einfachheit $= 1.10^{-14}$, ein Wert, der den wirklichen Verhältnissen für eine Temperatur von etwa 22° auch entspricht. Wir erhalten dann folgendes Bild (Kurve 1, Abb. 8). Bis zu dem Abszissenpunkt —10 erhebt sich die Kurve nicht merklich über die x-Achse, dann steigt sie steil bis zu einem Maximum, fällt dann ebenso steil wieder ab und kriecht von dem Abszissenpunkt —4 wieder auf der Abszisse. Wenn dagegen $k_a = 10^{-3}$, $k_b = 10^{-13}$ ist (das Produkt $k_a \cdot k_b$ also wie vorher $= 10^{-16}$), so verschiebt sich die ganze Kurve einfach wie Kurve 2, Abb. 8.

Je nach der Größe der beiden Dissoziationskonstanten eines Ampholyten werden nun die Einzelheiten dieser Kurve in charakteristischer Weise verändert, und zwar ist das maßgebende Moment das Produkt $k_a \cdot k_b$ (Abb. 9). Ist dieses im Vergleich zu k_w sehr klein, also etwa 10^{-30}, so erstreckt sich die Maximumerhebung der Kurve über ein sehr weites Gebiet. Wird $k_a \cdot k_b$ größer, etwa 10^{-18}, so wird die Erhebungszone der Kurve immer kleiner, so daß man einen Maximumpunkt deutlich erkennen kann. Bei noch weiterer Vergrößerung von $k_a \cdot k_b$, wenn dieses etwa $= k_w = 10^{-14}$ wird, erhebt sich dieser Maximumpunkt immer weniger, solche Ampholyte und auch solche mit noch größerem $k_a \cdot k_b$ scheinen aber in der Natur nicht vorzukommen.

Betrachten wir eine einzelne solche Kurve, so unterscheiden wir einen aufsteigenden und einen absteigenden Ast. Der erste ist ziemlich die Dissoziationsrestkurve, wenn wir den Ampholyten als reine Säure betrachten (ϱ_a in Fig. 10), der zweite die Dissoziationskurve, wenn wir den Ampholyten als reine Base betrachten (ϱ_b in Abb. 10). Ist $k_a \cdot k_b$ sehr klein, so trifft das praktisch ganz zu. Ist $k_a \cdot k_b$ größer, erhebt sich also das Maximum nicht ganz bis zu dem Werte 1, so macht sich eine Abweichung von der reinen Säure- und Basen-Kurve, und zwar am meisten in der Gegend des Maximums bemerkbar (vgl. z. B. Abb. 8, Kurve 1 mit Abb. 10, Kurve ϱ_a und Kurve ϱ_b zusammengenommen.

Die $[H^{\cdot}]$, welche dem Maximum der Dissoziationsrestkurve eines Ampholyten entspricht, bezeichnet man treffend als den isoelektrischen Punkt[1]) desselben. Seine Lage wird also durch eine analytische Maximalumrechnung bestimmt.

Da nämlich
$$\varrho = \frac{1}{1 + \frac{k_a}{[H^{\cdot}]} + \frac{k_b \cdot [H^{\cdot}]}{k_w}}$$
so hat ϱ ein Maximum, wenn $\frac{d\varrho}{d[H^{\cdot}]} = 0$ ist.

[1]) Das Wort stammt von Hardy (58), wurde jedoch von ihm weder so definiert noch von der neutralen Reaktion unterschieden.

Für die Rechnung ist es einfacher, nicht nach dem Maximum von ϱ, sondern nach dem Minimum von $\frac{1}{\varrho}$ zu fragen.

Es ist
$$\frac{1}{\varrho} = 1 + \frac{k_a}{[H^\cdot]} + \frac{k_b \cdot [H^\cdot]}{k_w}$$

$$\frac{d\left(\frac{1}{\varrho}\right)}{d\,[H^\cdot]} = -\frac{k_a}{[H^\cdot]^2} + \frac{k_b}{k_w}.$$

Dieses $= 0$ gesetzt, ergibt das Minimum für $\frac{1}{\varrho}$ bzw. das Maximum für ϱ. Dann ist

$$-\frac{k_a}{[H^\cdot]^2} + \frac{k_b}{k_w} = 0 \text{ oder}$$

$$[H^\cdot] = \sqrt{\frac{k_a}{k_b} \cdot k_w}. \qquad (29)$$

Der isoelektrische Punkt J eines amphoteren Elektrolyten ist also definiert durch die Gleichung

$$J = \sqrt{\frac{k_a}{k_b} \cdot k_w} \qquad (30)$$

Der isoelektrische Punkt eines Ampholyten ist durch folgende Eigenschaften charakterisiert:

1. Im isoelektrischen Punkt ist die Summe der Anionen und der Kationen des Ampholyten zusammengenommen bei gegebener Gesamtampholytmenge ein Minimum.

2. Im isoelektrischen Punkt ist die Konzentration der Anionen des Ampholyten gleich der der Kationen desselben.

3. Ein amphoterer Elektrolyt verhält sich, wenn man ihn in eine Flüssigkeit bringt, deren [H·] größer ist als der isoelektrische Punkt, wie eine Base, d. h. er vermindert die [H·] der Lösung; wenn man ihn in eine Lösung bringt, deren [H·] kleiner als der isoelektrische Punkt ist, verhält er sich wie eine Säure. Dies läßt sich z. B. leicht für das Glykokoll und das Phenylalanin experimentell bestätigen (140). Z. B.

Phenylalanin: Isoelektrischer Punkt bei $[H^\cdot] = 3{,}3 \cdot 10^{-5}$ oder bei $p_H = 4{,}48$. Es wird stets die gleiche Menge Phenylalanin in eine wässerige Lösung gebracht, die durch Essigsäure und Natriumacetat in verschiedener Weise angesäuert ist. Die elektrometrische Messung von p_H in diesen Lösungen ergaben:

	p_H vor	p_H nach	Differenz der p_H
	Zusatz des Phenylalanin		
Phenylalanin als Base	3,75	4,01	+ 0,28
	4,10	4,22	+ 0,12
	4,27	4.43	+ 0,16
	Isoelektr. Punkt berechnet bei $p_H = 4,48$		
	4,58	4,57	+ 0,01
Phenylalanin als Säure	4,66	4,55	— 0,11
	5,07	4,78	— 0,29
	5,26	4,74	— 0,52
	5,45	4,72	— 0,73
	5,73	4,77	— 0,96

Wir werden weiterhin noch für einige spezielle Ampholyte lernen, daß der isoelektrische Punkt ein Fällungsoptimum, ein Löslichkeitsminimum, ein Viskositätsminimum, ein Quellungsminimum, ein Agglutinationsoptimum u. a. darstellen kann. Alle diese Besonderheiten des isoelektrischen Punktes müssen sich je nach der Größe des Produktes $k_a \cdot k_b$ schärfer oder unschärfer herausheben. In Fällen, wo das Maximum der Dissoziationsrestkurve eine breite Erhebung bildet, spricht man besser nur von einer isoelektrischen Zone statt vom isoelektrischen Punkt.

Tabelle über die Dissoziationskonstanten einiger amphoterer Elektrolyte nach Lundén (100) bei 25°.

	k_a	k_b	Aus k_a u. k_b berechneter Isoelektrischer Punkt[1])
Leucin[2])	$1,8 \cdot 10^{-10}$	$2,3 \cdot 10^{-12}$	$2,9 \cdot 10^{-7}$
Glykokoll[2])	$1,8 \cdot 10^{-10}$	$2,7 \cdot 10^{-12}$	$2,6 \cdot 10^{-7}$
Alanin[2])	$1,9 \cdot 10^{-10}$	$5,1 \cdot 10^{-12}$	$1,9 \cdot 10^{-7}$
Histidin[3])	$2,2 \cdot 10^{-9}$	$5,7 \cdot 10^{-9}$	$6,2 \cdot 10^{-8}$
Phenylalanin[3])	$2,5 \cdot 10^{-9}$	$1,3 \cdot 10^{-12}$	$4,4 \cdot 10^{-6}$
Tyrosin[3])	$4 \cdot 10^{-9}$	$2,6 \cdot 10^{-12}$	$3,9 \cdot 10^{-6}$
Leucylglycin[4])	$1,5 \cdot 10^{-8}$	$3 \cdot 10^{-11}$	$2,2 \cdot 10^{-6}$
Alanylglycin[4])	$1,8 \cdot 10^{-8}$	$2 \cdot 10^{-11}$	$3,0 \cdot 10^{-6}$
Asparaginsäure[2]) [5])	$1,5 \cdot 10^{-4}$	$1,2 \cdot 10^{-12}$	$1,1 \cdot 10^{-3}$

[1]) k_W ist $= 1 \cdot 10^{-14}$ angenommen.

[2]) Winkelblech (246). — [3]) A. Kanitz (81). — [4]) H. Euler (37). — [5]) H. Lundén (101).

15. Der Einfluß der Wasserstoffzahl auf die Löslichkeit schwer löslicher Elektrolyte (125, 140). Es ist eine häufige Erscheinung, daß freie Säuren schwerer löslich sind als ihre Alkalisalze und freie Basen schwerer löslich sind als ihre Chlorhydrate. Da nun die Menge der freien Säure und ihrer Ionen bzw. Salze in einer Lösung, wie wir sahen, von der Wasserstoffzahl abhängig ist, so folgt daraus, daß die Wasserstoffzahl einer Lösung von Einfluß sein muß auf die Löslichkeit dieser Elektrolyte. Wir müssen nun zunächst den Begriff der Löslichkeit definieren. Wählen wir ein Beispiel, und zwar irgend eine ziemlich schwer lösliche Säure. Wenn wir feste Benzoesäure in Wasser bis zur Sättigung lösen, so haben wir schließlich ein System von folgender Zusammensetzung vor uns: Als Bodenkörper feste Benzoesäure, welche nicht in meßbarem Grade elektrolytisch dissoziiert ist. In Lösung: Moleküle von undissoziierter Benzoesäure, H˙-Ionen und Benzoesäureionen. (Außer H˙-Ionen müssen natürlich auch stets OH-Ionen in Lösung sein, nach Maßgabe der oben entwickelten Gesetze. Da diese jedoch für unsere Betrachtungen keine gesonderte Rolle spielen, sehen wir von ihnen ab.) Unter der „Löslichkeit der festen Benzoesäure" könnte man nun von vornherein zweierlei verstehen: entweder die Konzentration derjenigen Moleküle von undissoziierter Benzoesäure, welche in der gesättigten Lösung vorhanden sind, d. h. die Konzentration der gesättigten Lösung an derjenigen Molekülart, aus welcher der Bodenkörper besteht. Zweitens kann man unter Löslichkeit diejenige Konzentration betrachten, welche die gesamten, in irgendwelcher Form gelösten Benzoesäuremoleküle in der gesättigten Lösung haben. Die erste Löslichkeit wollen wir als die „partielle Löslichkeit" λ der Benzoesäure bezeichnen, die zweite als die „totale Löslichkeit" Λ.

Hier müssen wir zunächst eine Aufklärung geben, welche durchaus nicht genügend bei den Physiologen verbreitet ist. Man könnte nämlich noch von der „Löslichkeit der Benzoesäureionen" sprechen. Die Erfahrung lehrt scheinbar, daß Benzoesäureionen sehr viel leichter in Wasser löslich sind als freie Benzoesäure, was die leichtere Löslichkeit der benzoesauren Alkalisalze zu zeigen scheint. Man sagt deshalb wohl auch, daß in einer reinen Benzoesäurelösung die Sättigung nur die undissoziierte Säure betrifft, daß dagegen die Benzoesäureionen in einer gesättigten Benzoesäurelösung nicht zur Sättigung gelöst seien. In dieser Ausdrucksweise liegt aber eine völlige Verkennung des Begriffes der Löslichkeit. Unter Löslichkeit muß man nämlich verstehen die Konzentration, bis zu welcher ein Körper in Lösung geht bei Berührung mit dem festen Bodenkörper. Zur Definition der Löslichkeit gehören also zwei sich berührende Phasen, und die Löslichkeit stellt den Gleichgewichtszustand der beiden Phasen dar. Ohne daß eine Berührung mit einem Bodenkörper stattfindet, ist eine Löslichkeit überhaupt nicht definiert. Unter Umständen kann es sich um eine metastabile, übersättigte Lösung handeln, wenn kein Bodenkörper zugegen ist. Sobald aber etwas von der festen Phase der Lösung hinzugefügt wird, scheidet sich die vorher übersättigte Substanz so weit ab, daß die sog. Sättigung genau erreicht wird. Deshalb kann man nicht sagen, daß in einer gesättigten Benzoesäurelösung die Ionen in der Lösung nicht gesättigt seien. Nur die Löslichkeit der undissoziierten Säure ist hier definiert, aus welcher der Bodenkörper besteht, und die Menge der Säureionen ist derart, daß die geforderte Massenbeziehung zwischen der Konzentration der undissoziierten Säure, der Säureanionen und der Wasserstoffionen gewahrt wird, derart, daß

$$\frac{[\text{Säureanionen}] \times [\text{H}^{\cdot}]}{[\text{undissoz. Säure}]} = \text{k}.$$

Hier ist k die Dissoziationskonstante der Säure. Die Konzentration der undissoziierten Säure ist nun gleich der „partiellen Löslichkeit" der Säure, λ, und daher

$$[\text{Säureanionen}] = \frac{\text{k} \,.\, \lambda}{[\text{H}^{\cdot}]}.$$

Die „totale Löslichkeit" der Säure $\varLambda$ ist also

$$\varLambda = \lambda + \frac{\text{k}\lambda}{[\text{H}^{\cdot}]} = \lambda \cdot \frac{[\text{H}^{\cdot}] + \text{k}}{[\text{H}^{\cdot}]}$$

oder mit Benutzung von (13), S. 21:

$$\varLambda = \frac{\lambda}{\varrho} \tag{31}$$

Die totale Löslichkeit $\varLambda$ ist daher von der $[\text{H}^{\cdot}]$ der Lösung abhängig, während die partielle Löslichkeit λ (für eine gegebene Temperatur) konstant ist. Dieser Rechnung ist die nur annähernd zutreffende Annahme zugrunde gelegt, daß undissoziiertes Salz der Säure nicht zugegen ist. In Fällen, wo es auch hierauf genau ankommt, kann man eine ähnliche Korrektur anbringen, wie oben

S. 25. Für unsere allgemeinen Betrachtungen kommt es nicht darauf an.

Man kann diese Verhältnisse auch noch etwas anders auffassen. Die Erfahrung an geeigneten festen Salzen (z. B. Silbersalzen) hat gezeigt, daß diese auch in festem Zustand in einem sehr kleinen, bei höherer Temperatur schon merklicheren Grade den elektrischen Strom leiten, und zwar nicht wie Metalle, sondern wie Lösungen, also auf elektrolytischem Wege und verbunden mit materiellen Transporten von Ionen. Man darf daher annehmen, daß auch ein fester Elektrolyt zu einem äußerst kleinen Teil elektrolytisch dissoziiert ist, d. h. aus einzeln transportierbaren Ionen besteht. Haben wir eine gesättigte Lösung von Benzoesäure in Wasser, so besteht demnach die feste und die flüssige Phase je sowohl aus undissoziierter Säure wie aus $H^{\cdot}$- und Säure-Ionen. Nach dem Henry - Nernstschen Verteilungsgesetz kommt jeder dieser 3 Molekülgattungen ein besonderer Teilungskoeffizient zwischen den beiden Phasen zu, und eigentlich müßte die gesättigte Lösung diese 3 Molekülgattungen in der durch die 3 verschiedenen Teilungskoeffizienten vorgeschriebenen Menge enthalten. Das würde aber im allgemeinen dazu führen müssen, daß die Lösung verschiedene Mengen von positiven $H^{\cdot}$-Ionen und negativen Säure-Ionen enthält, was wegen der entstehenden elektrostatischen Kräfte nicht möglich ist. So stellt sich ein Gleichgewicht her, indem gleiche Mengen positiver und negativer Ionen gelöst werden und dafür eine elektrische Potentialdifferenz zwischen der festen Phase und der Lösung entsteht[1]). Diese Auffassung führt also den Zustand der gesättigten Lösung auf die verschiedenen Teilungskoeffizienten der beteiligten Molekülgattungen zurück. Unsere erste Auffassung führt den Zustand der gesättigten Lösung nur auf den Teilungskoeffizienten der einen Molekülgattung (der undissoziierten Benzoesäure) zurück, welcher ja die „partielle Löslichkeit" der Benzoesäure bestimmt, und auf das Massenwirkungsgesetz, welches vorschreibt, wieviel von den anderen Molekülgattungen neben dieser in Lösung vorhanden sein müssen, wenn Gleichgewicht herrschen soll.

Nunmehr folgt die Betrachtung der Löslichkeit eines amphoteren Elektrolyten ohne Schwierigkeit. Die totale Löslichkeit

---

[1]) Genaueres u. Lit. bei L. Michaelis, Dynamik der Oberflächen. Dresden 1909, S. 52.

ist hier gleich der partiellen Löslichkeit, vermehrt um die Konzentration der Anionen [A'] und um die der Kationen [A·] in der gesättigten Lösung des Ampholyten.

Es ist also

$$\Lambda = \lambda + [A^{\cdot}] + [A'].$$

Und wenn wir uns nun die Frage vorlegen, unter welcher Bedingung Λ ein Minimum ist, so müssen wir diese, weil ja λ konstant ist, dahin beantworten: wenn [A·] + [A'] ein Minimum ist. Das ist nun, wie wir oben sahen, im isoelektrischen Punkt der Fall. Daher hat ein amphoterer Elektrolyt ein Minimum an Löslichkeit bei derjenigen [H·], welche gleich seinem isoelektrischen Punkt ist[1]). Je nach der Größe des Produktes $k_a \cdot k_b$ wird sich ein scharfes Löslichkeitsminimum finden (p-Aminobenzoesäure, für die $k_a . k_b = 3 \cdot 10^{-17}$, und m-Aminobenzoesäure, für die $k_a \cdot k_b = 2 \cdot 10^{-16}$ ist) oder eine breite Zone von Schwerlöslichkeit statt desselben (arsenige Säure, für die $k_a \cdot k_b = 6 \cdot 10^{-24}$ ist, oder Tyrosin, wo $k_a \cdot k_b = 1 \cdot 10^{-20}$; oder Leucin mit $k_a \cdot k_b = 6 \cdot 10^{-24}$).

16. Experimentelle Bestätigung der Koinzidenz von Löslichkeitsminimum und isoelektrischem Punkt (125). Eine überall gleich bemessene Menge p-Aminobenzoesäure in Wasser, welche die Löslichkeitsgrenze im Löslichkeitsminimum überschritt, wurde, bei gleichem Gesamtvolumen, durch passend abgestuften Zusatz von Essigsäure und Natriumacetat, in eine Umgebung von abgestuften [H·] gebracht. Je nach dem Grade der dadurch hervorgerufenen Übersättigung tritt dann eine kristallinische Abscheidung des Phenylalanin in verschiedener Menge und mit verschiedener Kristallisationsgeschwindigkeit ein.

[H·]	$4{,}3 \cdot 10^{-6}$	$3{,}2 \cdot 10^{-5}$	$6{,}9 \cdot 10^{-5}$	$\mathbf{1.6 \cdot 10^{-4}}$	$3{,}0 \cdot 10^{-4}$
Kristallisation ist deutlich:	gar nicht	gar nicht	nach 3 Min.	**nach 1 Min.**	gar nicht.

Isoelektrischer Punkt, aus den Dissoziationskonstanten berechnet, = $\mathbf{1{,}7 \cdot 10^{-4}}$.

[1]) In einer brieflichen Mitteilung hat sich Sörensen jetzt meiner Ansicht ganz angeschlossen und die a. a. O. (214) geäußerten Bedenken fallen gelassen.

Dasselbe mit m-Aminobenzoesäure:

$[H^{\cdot}] =$	$0{,}8 \cdot 10^{-5}$	$1{,}8 \cdot 10^{-5}$	$2{,}5 \cdot 10^{-5}$	$\mathbf{6{,}3 \cdot 10^{-5}}$	$1{,}2 \cdot 10^{-4}$	$2{,}7 \cdot 10^{-4}$
Beginn der Kristallisation nach			2 Min.	$1^1/_2$ Min.	$2^1/_2$ Min.	
Kristallisation						
nach 7 Min.	0	0	dicht	**sehr dicht**	spärlich	0
nach 20 Min.	0	spärlich	dicht	**sehr dicht**	spärlich	0

Isoelektrischer Punkt auf Grund der Dissoziationskonstanten berechnet $\doteq 8{,}7 \cdot 10^{-4}$

Die Schärfe des Löslichkeitsminimums muß, wie die des isoelektrischen Punktes, von der Größe des Produktes $k_a \cdot k_b$ abhängen; scharfe Minima gibt ein Körper, bei dem dieses Produkt 10^{-14} bis etwa 10^{-16} ist; mit fallendem Produkt wird das Minimum immer unschärfer, d. h. unabhängiger von einer bestimmten $[H^{\cdot}]$. In der Tat entsprechen die scharfen Minima bei

p-Aminobenzoesäure $k_a \cdot k_b = 3 \,.\, 10^{-17}$
m-Aminobenzoesäure $2 \,.\, 10^{-16}$

Recht unscharf sind die Minima bei z. B.

Tyrosin, entsprechend $k_a \cdot k_b = 1 \,.\, 10^{-20}$
Arsenige Säure $k_a \cdot k_b = 6 \,.\, 10^{-24}$

Und in der Tat ist es längst bekannt, daß diese beiden Körper erst durch sehr starke Alkalien und Säuren (NaOH, HCl) an Löslichkeit gegenüber der Löslichkeit in reinem Wasser merklich zunehmen, während die Löslichkeit der Aminobenzoesäuren schon durch feinste Abstufungen kleiner Mengen von Essigsäure sehr erheblich beeinflußt wird.

17. Die Abhängigkeit der Löslichkeit der Salze von der $[H^{\cdot}]$. Echte Neutralsalze (NaCl, KNO_3 usw.) sind natürlich in ihrer Löslichkeit von der $[H^{\cdot}]$ unabhängig. Dagegen hängen Salze starker Basen mit schwachen Säuren oder umgekehrt von der $[H^{\cdot}]$ ab. Das biologisch wichtigste Beispiel ist die Löslichkeit des $CaCO_3$, welches von Rona und Takahashi (199a) untersucht wurde.

Wir wollen diese Untersuchungen etwas anders als diese Autoren, mehr anschließend an unsere früheren Betrachtungen darstellen.

Die partielle Löslichkeit der Molekülgattung $CaCO_3$ ist, unabhängig von der $[H^\cdot]$, $= \lambda$. Die totale Löslichkeit Λ ist daher

$$\Lambda = \lambda + [Ca^{\cdot\cdot}]$$

wo $[Ca^{\cdot\cdot}]$ diejenige Konzentration an $Ca^{\cdot\cdot}$-Ionen ist, die mit der Calciumcarbonatkonzentration λ in Gleichgewicht ist. Diese hängt nun von der $[H^\cdot]$ ab, und zwar in folgender Weise.

In Lösung besteht ein Gleichgewicht zwischen Calciummonocarbonat und Calciumbicarbonat:

$$CaCO_3 + H_2CO_3 \rightleftarrows Ca(HCO_3)_2$$

oder auch

$$CaCO_3 + H_2CO_3 \rightleftarrows Ca^{\cdot\cdot} + 2\,(HCO_3)'$$

Daher ist

$$\frac{[CaCO_3] \cdot [H_2CO_3]}{[Ca^{\cdot\cdot}] \cdot [HCO_3']^2} = k_1 \tag{32}$$

In unserer Lösung ist $[CaCO_3]$ stets $= \lambda$.

Nun ist ferner

$$H_2CO_3 \rightleftarrows H^\cdot + HCO_3'$$

daher

$$\frac{[H_2CO_3]}{[HCO_3']} = k_2\,[H^\cdot] \tag{33}$$

Setzen wir dies in (1) ein, so ist

$$\frac{\lambda \cdot k_2 \cdot [H^\cdot]}{[Ca^{\cdot\cdot}] \cdot [HCO_3']} = k_1$$

oder

$$[Ca^{\cdot\cdot}] = \frac{\lambda\, k_2}{k_1} \cdot \frac{[H^\cdot]}{[HCO_3']}$$

und

$$\Lambda = \lambda + \frac{\lambda \cdot]H^\cdot]}{k_1 \cdot k_2 \cdot [HCO_3']}.$$

Man sieht, daß die Löslichkeit des Calciumcarbonats nicht nur von der $[H^\cdot]$ abhängt, sondern auch von der Menge der Bicarbonat-Ionen, oder, was praktisch fast identisch damit ist, von der Menge der Bicarbonate überhaupt, die sich etwa daneben noch in Lösung befinden.

λ selbst, also die Löslichkeit bei stark alkalischer Reaktion, wurde so klein gefunden, daß sie analytisch nicht mehr sicher bestimmbar ist. Es ist also ohne analytisch nachweisbaren Fehler

$$\Lambda = K \cdot \frac{[H^\cdot]}{[HCO_3']}. \tag{34}$$

Die Löslichkeit ist also nicht nur von der [H·], sondern auch von der Menge an Bicarbonat-Ionen abhängig, die sonst noch in der Lösung sind.

Es fanden sich z. B. folgende Werte für $\varLambda$ bei 37°

Konz. d. Bicarbonat-Ionen (d. h. 0,9 × Konzentration des Natriumbicarbonat)	[H·]	$\varLambda$ (Mol pro Liter)	K
0,017	$2,4 \cdot 10^{-7}$	0,00493	349
0,0425	$0,9 \cdot 10^{-7}$	0,00073	345
0,0152	$0,93 \cdot 10^{-7}$	0,00203	332
		Mittel rund	340

Es ist also

$$\varLambda = 340 \cdot \frac{[\mathrm{H}^{\cdot}]}{[\mathrm{HCO_3}']} \text{ Mol. pro Liter}$$

oder $$= \frac{34\,000 \cdot [\mathrm{H}^{\cdot}]}{[\mathrm{HCO_3}']} \text{ Gramm } \mathrm{CaCO_3} \text{ pro Liter.}$$

Für die Verhältnisse des Blutplasma, wo $[\mathrm{H}^{\cdot}] = 4 \cdot 10^{-8}$, $[\mathrm{HCO_3}') = 0{,}02$ n ist, ergäbe das eine Löslichkeit von 0,068 g $CaCO_3$ oder 0,038 g CaO pro Liter. In Wirklichkeit findet man aber im Blutplasma 0,17 g pro Liter, also eine über 4 mal so große Menge. Die geringe Vermehrung der Löslichkeit durch die Bildung eines undissoziierten Calcium-Eiweißsalzes kann das bei weitem nicht erklären. Auch fanden die Autoren, daß irgendwelche nennenswerte Mengen nicht dialysablen Kalks (mit der Kompensationsdialyse) nicht vorhanden sind. Wir müssen daher im Blut eine stark übersättigte Kalklösung sehen. Diese Annahme wird dadurch noch plausibler, daß es in der Tat sehr leicht gelingt, selbst bei Abwesenheit von Eiweiß solche übersättigten Kalklösungen herzustellen. Wenn man nämlich nicht vom festen $CaCO_3$ ausgeht, sondern eine $CaCl_2$-Lösung mit Alkalibicarbonat schwach alkalisch macht, so erhält man leicht stark übersättigte, sehr haltbare klare Kalklösungen. Dieser Befund erklärt die Leichtigkeit, mit der sich Kalkablagerungen im Organismus bilden. Man darf wohl annehmen, daß nekrotische Gewebe einen Anlaß zur Aufhebung der Übersättigung darstellen, während andererseits die schützende Wirkung des gelösten Eiweiß unter normaler Bedingung die Übersättigung begünstigt.

18. Der Einfluß der Wasserstoffzahl auf die Flockung der kolloidalen Lösungen. Um diese Theorie auf die kolloidalen

Lösungen übertragen zu können, wollen wir nicht den historischen Weg der Entwicklung geben, sondern zuerst ableiten, worin wir den Unterschied der kolloidalen Lösung gegen eine echte Lösung zu suchen haben. Das einzige, was alle Autoren allen kolloidalen Lösungen außer ihrer Schwerdialysierbarkeit gemeinschaftlich zuerkennen, ist ein Zustand der Suspension, der in einen Gegensatz zu dem der echten Löslichkeit gestellt wird. Wir verstehen unter einer Suspension ein mikroheterogenes System derart, daß eine fein verteilte Phase, deren *eigentliche* Löslichkeit in Wasser ganz oder fast gleich Null ist, in einer wässerigen Phase suspendiert ist. Die Teilchengröße der „dispersen Phase" ist dabei gleichgültig, sie kann höchstens zu einer Untereinteilung benutzt werden, indem man gröbere Suspensionen und ganz feine Suspensionskolloide unterscheidet, die durch alle Übergänge miteinander verbunden sind. Wir können nun behaupten, daß alle eiweißartigen Kolloide, mit denen die Physiologie zu tun hat, nicht *einfache* Suspensionen sind, sondern daß die kolloidalen Stoffe des Organismus jedenfalls bei irgend einer Wasserstoffzahl teilweise eine, wenn auch oft sehr kleine *echte* Löslichkeit besitzen und im allgemeinen in der Lösung zum Teil wirklich gelöst, zum andern Teil ungelöst suspendiert auftreten. Diese Behauptung stützte sich zunächst auf eine ultramikroskopische Beobachtung (107). Die Anzahl der sichtbaren Teilchen in einer Eiweißlösung ist ihrer Verdünnung nicht einfach proportional, und in einer sehr teilchenarmen Lösung kann durch Zustandsänderungen (wie Kochen beim Albumin, Salzentziehung beim Globulin) die Anzahl der sichtbaren Teilchen enorm erhöht werden: es herrscht offenbar ein Gleichgewicht zwischen gelöstem Eiweiß und suspendierten Eiweißteilchen, welches je nach den Bedingungen verschieden ist.

Es genügt nun eine einzige Annahme, um alle Erscheinungen der eiweißartigen Kolloide hinreichend zu erklären; sie betrifft die *Grenzflächenspannung* der gesättigten wässerigen Lösung gegen den festen Bodenkörper. Die gesättigte Lösung eines gut kristallisierenden Stoffes hat im allgemeinen eine große Grenzflächenspannung gegen ihren Bodenkörper, die eines „Kolloides" eine kleine. Das ist natürlich relativ zu nehmen, und besser noch so auszudrücken: je kleiner die Grenzflächenspannung einer gesättigten Lösung gegen ihren Bodenkörper ist, um so mehr nähert sich diese Lösung den Eigenschaften einer kolloidalen Lösung

Diese Eigenschaft, welche die Lösung zu einer kolloidalen stempelt, besteht darin, daß die feste Phase eine große Tendenz hat, erstens, in hoher Dispersität in der gesättigten Lösung suspendiert zu bleiben, zweitens, wenn sie ausfällt, amorph auszufallen.

Die Berechtigung zu dieser Annahme ergibt sich daraus, daß wir einige bis dahin völlig rätselhafte Erscheinungen, die man unter dem höchst unklaren Begriff der „kolloidalen" Eigenschaften zusammenfaßte und rein phänomenologisch beschrieb, ohne eine Erklärung zu geben, aufs einfachste erklärt werden können. Betrachten wir zunächst einen gewöhnlichen kristallisierenden Elektrolyten. Wir nehmen also an, daß die Grenzflächenspannung der gesättigten Lösung desselben gegen den festen Ampholyten relativ sehr groß ist, oder, was dasselbe ist, daß die Kohäsion der festen Teilchen gegen ihre gesättigte Lösung sehr klein, viel kleiner als die Adhäsion der Moleküle der festen Teilchen unter sich, ist. Die Folge davon ist, daß, wenn aus der übersättigten Lösung des Ampholyten feste Teilchen desselben abgeschieden werden, die Kohäsion der festen Ampholytteilchen sehr groß ist, daß infolge dessen die wässerige Phase, die gesättigte Mutterlauge möglichst aus den Zwischenräumen zwischen den einzelnen abgeschiedenen Molekülaggregaten ausgepreßt wird, weil die Phasengrenzfläche verkleinert wird, wenn die einzelnen abgeschiedenen Teilchen so nahe aneinander kommen, als irgend möglich ist; infolge dieser gegenseitigen Annäherung folgen die Teilchen den formenden Kräften, welche nur auf sehr kleine Entfernungen hin wirken, indem sie zu Krystallen zusammenschießen. Die nähere Ursache für die Krystallisation ist hier gleichgültig, Tatsache ist, daß, wenn die Moleküle eines Stoffes in engste Nachbarschaft zueinander geraten, sie sich in der Regel zu Krystallen ordnen. Wir müssen uns nun fragen, welchen Einfluß eine etwaige elektrische Ladung der abgeschiedenen Ampholytteilchen auf die Kristallisation hat. Nach den Befunden von Lippmann und Helmholtz, die Bredig zuerst auf die kolloidalen Lösungen übertragen hat, wirkt nämlich eine elektrische Ladung der Oberfläche der mechanischen Oberflächenspannung entgegen, weil die in der Oberfläche der Phasengrenze sitzenden Teilchen gleichnamiger Elektrizität einander abstoßen, die Oberfläche zu dehnen suchen und daher der mechanischen Oberflächenspannung gerade entgegengesetzt wirken, welche ja die Oberfläche zu verkleinern sucht. Eine bestimmte Ladung der Oberfläche mit einer gewissen Menge Elektrizität wird unter gleichen Umständen die Oberflächenspannung um einen gleichen Betrag vermindern. Ist nun die Oberflächenspannung an sich sehr groß, so wird der Einfluß einer elektrischen Ladung sich noch nicht bemerkbar machen. Dies ist der Fall bei gut krystallisierenden Stoffen. Gleichgültig, ob die Krystalle eine Ladung gegen die Flüssigkeit haben oder nicht, es wird sich ein Einfluß der Ladung auf die Größe der Grenzflächenspannung nicht bemerkbar machen.

Jetzt betrachten wir aber die entsprechenden Verhältnisse bei einem Körper, dessen feste Teilchen gegen ihre gesättigte wässerige Lösung nur eine kleine Grenzflächenspannung besitzen oder bei denen die Kohäsion der Moleküle der festen Teilchen nicht viel größer ist als die Adhäsion derselben gegen die Lösung. Hier wird sich jede elektrische Ladung bemerkbar machen, indem sie die Oberflächenspannung der Lösung gegen die Teilchen sichtlich verändert. Sind die festen Teilchen in Form sehr kleiner Partikel in der Lösung suspendiert, so wird bei starker elektrischer Ladung die Grenzflächenspannung verschwinden können, und die Teilchen bleiben daher stabil in Suspension. Entfernt man die elektrische Ladung der Teilchen, so wächst die Grenzflächenspannung, die feineren Teile werden zu gröberen zusammengeballt, es tritt Ausfällung oder Agglutination ein. Aber die Spannung wird nicht groß genug werden können, um die Adhäsion des Wassers gegen die Teilchen vollkommen zu überwinden, die Teilchen nähern sich einander nicht bis in das Gebiet der molekularen Attraktionskräfte, sie gewinnen nicht die Fähigkeit der Krystallisation. Daher fallen die Teilchen amorph, in Flocken aus. Die Geschwindigkeit, mit der die Flocken sich zusammenballen, muß von der Größe der Grenzflächenspannung abhängen, sie ist daher am größten, wenn die elektrische Ladung ganz vernichtet ist, und vermindert sich allmählich und stetig mit zunehmender Ladung, gleichgültig, ob diese positiv oder negativ ist.

Nachdem wir die Theorie vorläufig genügend weit entwickelt haben, vergleichen wir einmal die tatsächlichen Erscheinungen bei einem geeigneten amphoteren, nicht krystallisierenden Elektrolyten, z. B. Casein.

Casein ist in NaOH und in starker Salzsäure zu einer fast ganz klaren Flüssigkeit löslich. In saurer Lösung wandert das Casein zur Kathode unter der Wirkung eines elektrischen Kraftfeldes, in alkalischer Lösung zur Anode. Wir haben also im ersten Fall positive Caseinionen, im zweiten Fall negative Caseinionen in

Lösung. Stumpfen wir nun die Alkalität oder Acidität einer klaren Caseinlösung etwas ab, so wird die Flüssigkeit etwas opaleszent. Das Ultramikroskop zeigt eine enorme Vermehrung der abgeschiedenen Caseinteilchen. Trotzdem kommt es nicht zu einer Abscheidung von Caseinflocken. Hier haben wir den Fall, daß die abgeschiedenen festen Teilchen infolge der noch bestehenden elektrischen Ladung gegen die Lösung keine positive Grenzflächenspannung gegen dieselbe haben, und es ist daher kein Grund zu ihrer Zusammenflockung. Stumpfen wir die Alkalität weiter ab, so wird die Trübung immer energischer, und nach einiger Zeit beginnt das Casein in Flocken sich langsam zu Boden zu senken. Schließlich gibt es einen ganz bestimmten Grad der Acidität, eine Wasserstoffzahl von rund $2 \cdot 10^{-5}$, wo die Caseinteilchen sich sehr schnell und in dicken Flocken zusammenballen. Hier ist also die Grenzflächenspannung am größten. Die Flocken zeigen dann im elektrischen Stromfeld keinerlei Wanderung, während die bei anderer $[H^{\cdot}]$ weniger energisch abgeschiedenen Teilchen noch eine Wanderung zeigten: fügen wir ein wenig Säure hinzu, so wandern sie zur Kathode, nehmen wir ein wenig Säure hinweg, so wandern sie zur Anode. Diejenige $H^{\cdot}$-Konzentration, welche das Optimum für die Flockung darstellte, ist also gleichzeitig der isoelektrische Punkt des Caseins, derjenige Punkt, wo es keine elektrische Ladung besitzt. Eine Anleitung zur experimentellen Durchführung dieses höchst einfachen Versuchs findet sich S. 189.

19. Die Hydrolyse der Salze. Ein wahres Neutralsalz, d. h. das Salz einer ganz starken Säure mit einer ganz starken Base ($NaCl$, KCl, $LiCl$, $CaCl_2$; NaJ, $NaBr$, $NaNO_3$, Na_2SO_4) ändert die $[H^{\cdot}]$ des reinen Wassers gar nicht. Auch ein Salz aus einer schwachen Säure mit einer Base von ganz gleicher Dissoziationskonstante (was für Essigsäure-Ammoniak ziemlich genau zutrifft) verhält sich ebenso. Dagegen reagieren alle Salze aus einer starken Säure und einer schwachen Base sauer, alle Salze aus einer schwachen Säure und einer starken Base alkalisch. Das hat folgende Ursache. Ein Salz entsteht nach der Gleichung

$$\underset{\text{Säure}}{SH} + \underset{\text{Base}}{B \cdot OH} \rightarrow \underset{\text{Salz}}{SB} + H_2O$$

Diese Reaktion ist, wie die meisten chemischen Reaktionen, unvollständig, d. h. zu einem kleinen Teil zerfällt jedes Salz auch rückwärts gemäß der Gleichung

$$SB + H_2O \rightarrow SH + BOH.$$

Diesen Vorgang nennt man die Hydrolyse der Salze oder die hydrolytische Dissoziation. Die Produkte der Hydrolyse, SH und BOH, können aber wiederum elektrolytisch dissoziieren

$$SH \rightarrow S' + H^{\cdot}$$
$$BOH \rightarrow B' + OH'.$$

Sind nun Säure und Base gleich stark dissoziiert, so entstehen gleich viel $H^{\cdot}$ und OH'-Ionen, diese vereinigen sich gemäß dem Dissoziationsgleichgewicht des Wassers zu H_2O, und die $[H^{\cdot}]$ der Lösung erfährt durch das Salz keine Änderung.

Ist aber z. B. die Säure stärker als die Base, so liefert die Säure mehr $H^{\cdot}$-Ionen als die Base OH'-Ionen, und die Lösung reagiert sauer. Nehmen wir an, die Base sei im Vergleich zur Säure so schwach, daß sie praktisch gar keine OH-Ionen liefere, dann kann man die $[H^{\cdot}]$ der Lösung folgendermaßen berechnen.

Die Hydrolyse geschieht nach der Gleichung

$$SB \rightleftarrows SH + BOH \qquad (1)$$

und nun dissoziiert nur die Säure elektrolytisch weiter:

$$SH \rightleftarrows S' + H^{\cdot} \qquad (2)$$

Außerdem dissoziiert das Salz selbst noch elektrolytisch:

$$SB \rightleftarrows S' + B^{\cdot} \qquad (3)$$

Statt dessen können wir aber einfacher die Hydrolyse durch folgenden Prozeß darstellen:

$$B^{\cdot} + H_2O \rightleftarrows BOH + H^{\cdot}$$

Wenden wir auf diese Reaktion das Massenwirkungsgesetz an und berücksichtigen dabei, daß die Menge des Wassers nicht merklich durch diese Reaktion geändert wird, wenn sie in verdünnter Lösung verläuft, so folgt, daß

$$\frac{[B^{\cdot}]}{[BOH]\,[H^{\cdot}]} = \text{konstant}$$

ist. Da aber die Konzentration der entstandenen Säure, oder, was bei der supponierten totalen elektrolytischen Dissoziation derselben das gleiche ist, die Konzentration der $H^{\cdot}$-Ionen gleich der Konzentration der entstandenen Base ist, so ist

$$\frac{[B^{\cdot}]}{[H^{\cdot}]^2} = \text{konstant}$$

$$[H^{\cdot}] = \sqrt{\text{konst.}\,[B^{\cdot}]} \qquad (35)$$

Da nun andererseits die Konzentration der B·-Ionen, vorausgesetzt, daß die Hydrolyse nur gering ist und das Salz BS sehr stark elektrolytisch dissoziiert ist, fast gleich der Gesamt-Konzentration des Salzes ist, so ist angenähert

$$[\mathrm{H}^{\cdot}] = \text{proportional} \sqrt{[\text{Salz}]} \tag{36}$$

Besteht das Salz umgekehrt aus einer schwachen Säure und einer starken Base, so ist

$$[\mathrm{OH}'] \text{ proportional } \sqrt{[\text{Salz}]}$$

oder

$$[\mathrm{H}^{\cdot}] \text{ umgekehrt proportional } \sqrt{[\text{Salz}]}.$$

Daraus würde z. B. folgen, daß eine $^1/_{100}$ norm. Lösung von $NaHCO_3$ nur 10mal weniger [H·] enthält als eine normale Lösung dieses Salzes. Der Proportionalitätsfaktor steht in einer nahen Beziehung zu den Dissoziationskonstanten der Säure, des Salzes, der Base und des Wassers, worauf wir aber für unsere Zwecke nicht einzugehen brauchen.

Um eine Vorstellung der [H·] einiger für uns praktisch wichtiger, hydrolysierter Salze zu geben, mögen einige Werte für die [H·] in etwa 1 bis 0,1 n-Lösungen der genannten Salze folgen, die jedoch nur angenäherte Zahlen darstellen sollen:

Natriumacetat [H·]	zwischen	10^{-7} und 10^{-8}
Natriumbicarbonat	um	10^{-9}
Natriumcarbonat	um	10^{-11}
prim. Natriumphosphat	um	$10^{-4,5}$
sekund. Natriumphosphat	um	10^{-9}

Man halte sich aber bei der Benutzung dieser Zahlen wohl vor Augen, daß die [H·] in solchen Lösungen schlecht definiert ist, d. h. durch sehr kleine Verunreinigungen stark beeinflußt wird. Absolut reines Natriumbicarbonat ist kaum erhältlich; enthält dasselbe z. B. 1 % freie CO_2, so treten die Formeln S. 17 in Wirksamkeit, d. h. dann ist die [H·], unabhängig von der Verdünnung, ca $= 3 \cdot 10^{-9}$. Enthält primäres Natriumphosphat nur 1 % sekundäres Phosphat, so ist die [H·] unabhängig von der Verdünnung $3 \cdot 10^{-5}$ usw. Wie schwierig es ist, z. B. ein absolut reines sekundäres Natriumphosphat zu erhalten, zeigen die Versuche von Sörensen (212). Ein früher von ihm benutztes, anscheinend ganz reines, gut kristallisiertes Salz ergab in $^1/_{15}$ n-Lösung $p_H = 8{,}30$, während es schließlich nach immer wiederholtem Umkristallisieren $p_H = 9{,}18$ ergab. Diese große Differenz wurde durch einen Gehalt von nur etwa 2% primärem Natriumphosphat hervorgerufen.

20. Experimentelle Bestätigung der Koinzidenz von isoelektrischem Punkt und Flockungsoptimum bei Kolloiden. Die ersten Versuche wurden von mir an denaturiertem (gekochtem) Serumalbumin angestellt (118, 121). Die Genauigkeit dieser Versuche konnte nach der Erkennung einiger Fehlerquellen bedeutend erhöht werden. Diese Fehler liegen darin, daß unsere Theorie sich streng nur dann verifizieren läßt, wenn die Lösung außer $H^{\cdot}$-Ionen keine anderen Ionen enthält, welche das Eiweiß entladen könnten, d. h. weitgehend undissoziierte Salze mit ihm bilden können. Die Erfahrung hat gezeigt, daß $Na^{\cdot}$, $K^{\cdot}$, Acetat-, Lactat-, Phosphat-Ionen und einige andere diesen Ansprüchen genügen, nicht aber z. B. Citrat-Ionen und $Ca^{\cdot\cdot}$-Ionen, die offenbar ziemlich weitgehend undissoziierte Salze mit dem Eiweiß bilden. Ferner ist vorausgesetzt, daß sich in der Lösung keine Stoffe außer den $H^{\cdot}$-Ionen befinden, die einen Einfluß auf die Grenzflächenspannung aus irgend welcher Ursache haben. Ein solcher Einfluß ist aber aus einer bisher nicht genau erklärten Ursache allen Salzen eigen. Die Versuche müssen daher so eingerichtet werden, daß die Konzentration der Salze in der Lösung überhaupt entweder äußerst niedrig, oder aber konstant gehalten wird. Sobald diese Bedingungen eingehalten wurden, erhielt ich gut reproduzierbare und übereinstimmende Resultate für das Flockungsoptimum bei variierter $[H^{\cdot}]$ und für den isoelektrischen Punkt, der durch Wanderung im elektrischen Stromfeld bei variierter, aber während eines Versuches sehr konstant gehaltener $[H^{\cdot}]$ bestimmt wurde.

a) Denaturiertes Serumalbumin. W a n d e r u n g s v e r s u c h e (128). Alle Versuche enthalten $\frac{n}{10}$ Natriumacetat. Die $[H^{\cdot}]$ wird durch wechselnde Mengen Essigsäure variiert.

Essigsäure : Natrium-acetat	$[H^{\cdot}]$ elektrometr. gemessen	Wanderungsrichtung
4 : 1	$9{,}4 \cdot 10^{-5}$	kath.
2 : 1	$4{,}7 \cdot 10^{-5}$	kath.
1 : 1	$2{,}4 \cdot 10^{-5}$	kath.
1 : 2	$1{,}2 \cdot 10^{-5}$	kath.
1 : 4	$5{,}8 \cdot 10^{-6}$	steht still
1 : 6	$3{,}9 \cdot 10^{-6}$	steht still
1 : 8	$2{,}9 \cdot 10^{-6}$	steht still
1 : 10	$2{,}4 \cdot 10^{-5}$	anod.
1 : 12	$2{,}0 \cdot 10^{-5}$	anod.

Der isoelektrische Punkt liegt also zwischen **5,8 · 10⁻⁶** und **2,9 · 10⁻⁶**, also rund bei **4 · 10⁻⁶**

Flockungsversuche. Beispiel: Jedes Röhrchen enthält außer 5 ccm etwa 1‰-iger dialysierter und gekochter Lösung von Serumalbumin

n/10 Na-acetat ccm	0,5	0,5	0,5	0,5	0,5	0,5	0,5	0,5	0,5	0,5
n/100 Essigsäure ccm	0,41	0,51	0,64	0,80	1,00	1,25	1,50	1,95	2,44	3,00
Wasser	4,09	3,99	3,86	3,70	3,50	3,25	2,94	2,55	2,06	1,50
[H·] · 10⁻⁶	1,6	2,2	2,7	3,4	4,3	5,4	6,4	8,4	10,3	12,8
Stärke der Flockung nach 20 Minuten	0	0	+	++	+++	++	+	0	0	0

Das Flockungsoptimum ist somit 4,3 · 10⁻⁶.

Parallelversuche, bei verschiedenem Gehalt an Natriumacetat, ergaben folgende Optima (nur einige Beispiele):

Konzentration an Na-acetat	Versuchs-temperatur	Optimum der Flockung
n/150	0°	4,1 · 10⁻⁶
n/140	18°	3,6 · 10⁻⁶
n/140	18°	3,6 · 10⁻⁶
n/140	18°	3,4 · 10⁻⁶
n/140	18°	3,4 · 10⁻⁶
n/140	0°	3,4 · 10⁻⁶
n/10	18°	4,3 · 10⁻⁶
n/10	18°	4,9 · 10⁻⁶

Bei höherer Temperatur werden die Versuche unschärfer, weil das Optimum weniger scharf ausgeprägt ist und die Flockung zu schnell erfolgt. Das Mittel aus allen Versuchen ergab

3,8 · 10⁻⁶, in voller Übereinstimmung mit dem Wanderungsversuch.

Die gleichen Resultate wurden erhalten, wenn statt Essigsäure (und ihrem Natriumsalz) andere Säuren angewendet wurden; in einer Reihe, welche nicht ganz den gleichen hohen Anspruch auf Genauigkeit macht, wie die vorige, ergab sich (121)

für Acetatgemische 3,4 · 10⁻⁶
Propionatgemische 3,7 · 10⁻⁶
Butyratgemische 3,2 · 10⁻⁶
Lävulinatgemische 2,8 · 10⁻⁶
Phosphatgemische zwischen 10⁻⁶ und 10⁻⁵.

Dagegen bei Citratgemischen abweichend: 2 · 10⁻⁵.

Der Einfluß zugesetzter Neutralsalze (NaCl, NaJ, LiCl, KCl) bis 0,01 n ist ohne Einfluß; bei höherer Konzentration verringern sie durchweg die Flockungsgeschwindigkeit, ohne aber das Optimum bezüglich der [H·] zu ändern, sobald man ihre Konzentration innerhalb der Reihe konstant hält.

b) Genuines Serumglobulin (121b). Serumglobulin fällt schon im genuinen Zustand im isoelektrischen Punkt aus. Neutralsalze hemmen diese Fällung (bzw. bewirken Wiederlösung). Aber das Flockungsoptimum innerhalb einer Versuchsreihe mit gleich bemessenem Salzgehalt ist stets dasselbe, ob bei Anwesenheit oder bei Abwesenheit von Neutralsalzen. Das Fällungsoptimum wurde (121b) bestimmt im Mittel zu $3{,}6 \cdot 10^{-6}$, also innerhalb der Fehlerquellen gleich dem des d e n a t u r i e r t e n Serumalbumin. Wanderungsversuche ergeben den isoelektrischen Punkt ungefähr bei $3 \cdot 10^{-6}$.

c) Casein (121, 139). Die gleiche Methode ergab für das Flockungsoptimum des Casein

	$2{,}3 \cdot 10^{-5}$
	2,2
	2,8
	2,0
	2,5
	2,5
	2,8
Im Mittel	$2{,}4 \cdot 10^{-5}$

wobei der Gehalt der Lösungen an Natriumacetat zwischen 0,1 n und 0,005 n variiert wurde. Vor allem wurde aber auch der Caseingehalt in möglichster Breite variiert (von .... bis ....). Die Überführungsversuche ergeben

[H·]	Wanderungsrichtung	
$2 \cdot 10^{-4}$	kath.	
$1 \cdot 10^{-4}$	kath.	
$8{,}1 \cdot 10^{-5}$	kath.	
$6{,}6 \cdot 10^{-5}$	kath.	
$4{,}9 \cdot 10^{-5}$	kath., schwach	Isoelektr. Zone
$4{,}1 \cdot 10^{-5}$	steht still	Isoelektr. Zone
$1{,}3 \cdot 10^{-5}$	anod., schwach	Isoelektr. Zone
$1{,}1 \cdot 10^{-5}$	anod.	
$0{,}91 \cdot 10^{-5}$	anod.	
$0{,}79 \cdot 10^{-5}$	anod.	
$0{,}47 \cdot 10^{-5}$	anod.	

Das Flockungsoptimum, $2{,}4 \cdot 10^{-5}$ fällt also genau in die Mitte der isoelektrischen Zone, 1 bis $5 \cdot 10^{-5}$.

21. Der isoelektrische Punkt löslicher Eiweißkörper. Bei Eiweißkörpern, die in ihrem isoelektrischen Punkt leicht löslich sind, kann man diesen nur durch Wanderungsversuche feststellen. Mit genügender Genauigkeit wurde bisher untersucht:

a) Genuines Serumalbumin (128).

[H·] $1{,}2 \cdot 10^{-4}$ bis $2{,}1 \cdot 10^{-5}$: in allen Versuchen kathodisch,
$2{,}0 \cdot 10^{-5}$ und $1{,}9 \cdot 10^{-5}$: Stillstand oder schwankende Resultate,
$1{,}1 \cdot 10^{-5}$ bis $1{,}9 \cdot 10^{-5}$: in allen Versuchen anodisch.

Der isoelektrische Punkt ist daher $2 \cdot 10^{-5}$ und deutlich verschieden von dem des denaturierten Serumalbumin ($4 \cdot 10^{-6}$). Man kann hieraus schließen, daß die Denaturierung durch das Kochen mit einer chemischen Änderung einhergeht. Es ist nicht ausgeschlossen, daß die von Sörensen und Jürgensen (215) beschriebene Änderung der [H·] einer Eiweißlösung infolge der Hitzekoagulation auf dieser Änderung der Säurestärke des Eiweißes beruht.

b) Oxyhämoglobin (123, 135).

Von $7 \cdot 10^{-5}$ bis $3{,}2 \cdot 10^{-7}$ kathod.
$2{,}4 \cdot 10^{-7}$ kathod.
$1{,}2 \cdot 10^{-7}$ anod.
Von $8 \cdot 10^{-5}$ bis $5{,}9 \cdot 10^{-5}$ anod.

Die Versuche ergaben mit Lösungen von krystallisiertem Hämoglobin, mit lackfarbenen Blutkörperchenlösungen, mit absichtlich mit Albumin verunreinigtem Hämoglobin, in Phosphatlösungen höherer und niederer Konzentration, in Lösungen von Kakodylsäure + kakodylsaurem Natron, stets das gleiche Resultat. Der isoelektrische Punkt ist demnach $1{,}8 \cdot 10^{-7}$; d. h. Oxyhämoglobin ist bei fast neutraler Reaktion schon isoelektrisch; die Blutalkalität reicht aber schon aus, um es ganz überwiegend in das Anion zu verwandeln. Da innerhalb der roten Blutkörperchen die [H·] etwas größer ist als in der Flüssigkeit (63, 137), so dürfte in diesen das Hämoglobin überwiegend isoelektrisch sein.

c) Gelatine. $4{,}7 \cdot 10^{-6}$ anod.
$8{,}0 \cdot 10^{-6}$ anod.
$1{,}0 \cdot 10^{-5}$ anod.
$1{,}5 \cdot 10^{-5}$ anod.
$1{,}2 \cdot 10^{-5}$ bis $3{,}5 \cdot 10^{-5}$ Stillstand oder schwankende Resultate
$3{,}9 \cdot 10^{-5}$ kathod.
$4{,}1 \cdot 10^{-5}$ kathod.
$4{,}5 \cdot 10^{-5}$ kathod.
$2{,}3 \cdot 10^{-4}$ kathod.

Der isoelektrische Punkt ist demnach $2 \cdot 10^{-5}$.

22. Der Einfluß der Wasserstoffzahl auf die Wirkung dei Fermente. Es ist schon seit sehr langer Zeit bekannt, daß die Acidität oder Alkalität der Lösung einen hervorragenden Einfluß auf die Wirkung der Fermente hat, daß z. B. Pepsin nui in stark saurer Lösung wirkt, Trypsin in leicht alkalischer Lösung usw. Die eigentliche Ursache für diese Erscheinung war bis voi kurzem noch ganz rätselhaft und selbst die Beschreibung dei Tatsachen widerspruchsvoll. Einblick in diese Verhältnisse konnte erst geschaffen werden, nachdem der Begriff der Acidität als Wasserstoffionenkonzentration definiert war. Die ersten exakten Arbeiten hierüber sind noch ganz jungen Datums, und man kann sagen, daß die ganze zahlreiche ältere Literatur über diesen Gegenstand dadurch das meiste an ihrer Bedeutung eingebüßt hat. Die erste Arbeit, welche in zielbewußter Weise die Acidität einer Fermentlösung durch die Wasserstoffionenkonzentration mißt ist die von S. P. L. Sörensen. Vorher hatte schon Kanitz darauf hingewiesen, daß man diese Definition der Acidität auch für die Fermentprozesse zugrunde legen müßte, und er hat versucht auf Grund der vorhandenen Versuche zu einem Einblick zu gelangen aber das vorhandene Versuchsmaterial war eben noch nicht dazu angetan, in diesem Sinne verwertet zu werden, weil Messungen der Wasserstoffzahl noch nicht vorgenommen waren, und wei alle aus dem Zusatz von Säuren und Laugen errechneten Wasserstoffzahlen bei eiweiß- und fermenthaltigen Lösungen illusorisch sind.

Sörensen (211) wies nun an mehreren Beispielen: dem Invertin dem Pepsin und der Katalase nach, daß das Maßgebliche nicht die Titrationsacidität der Lösung sei, sondern die Wasserstoffionenkonzentration. Er zeigte, daß die Wirkung dieser Fermente bei einer gewissen Wasserstoffzahl der Lösung ein Optimum hat, daß die Anwesenheit anderer Ionen eine nicht meßbare, zu vernachlässigende Wirkung ausübt, und bewies das, indem er ein und dieselbe Wasserstoffionenkonzentration durch verschiedenartige Regulatoren oder „Puffer", oder einfach durch Säureverdünnungen herstellte, und zeigte, daß ein Ferment die gleiche Wirkung ausübe, wenn es sich bei einer ganz bestimmten Wasserstoffionenkonzentration befindet, gleichgültig, durch welchen Puffer die Acidität hergestellt sei, und gleichgültig, welche Konzentration die anderen Ionen der Lösung haben. Für diese und alle ähn-

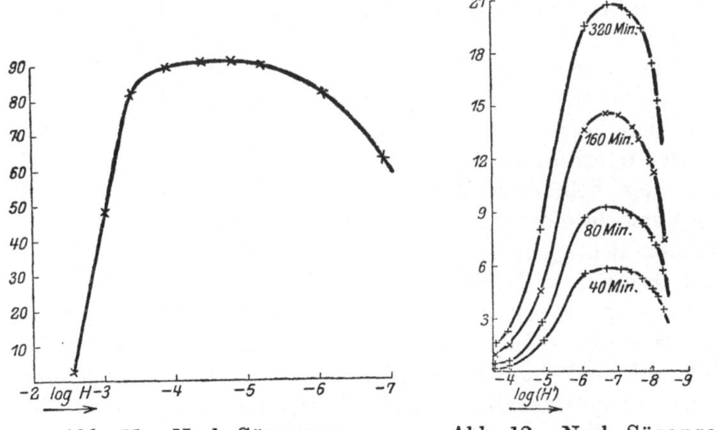

Abb. 11. Nach Sörensen. Abb. 12. Nach Sörensen.

lichen Angaben möchte ich nicht unterlassen hinzuzufügen, daß sie natürlich nur für „verdünnte" Lösungen gelten und für höhere Elektrolytkonzentrationen aus verschiedenen Ursachen einer Korrektur bedürfen. Für seine Ergebnisse sind Beispiele die folgenden Kurven, die seiner Arbeit entnommen sind.

Abb. 11 stellt die Wirkung der Hefe-Invertase bei 50° auf Saccharose bei wechselnder Wasserstoffzahl dar. Die Wirkung ist ausgedrückt, indem die nach einer bestimmten Zeit invertierte Zuckermenge als Ordinate, der Logarithmus der [H·], d. h. p_H als Abszisse dargestellt ist. Die Wirkung geht mit steigender [H·] durch ein ziemlich breites Optimum, welches sich zwischen 10^{-4} und 10^{-5} erstreckt.

Als zweites Beispiel der Untersuchungen von Sörensen werd (Abb. 12) die Wirkung der Leberkatalase auf H_2O_2 bei wechselnde [H·] wiedergegeben. Die graphische Darstellung ist dieselbe wi in Abb. a; es ist je eine Kurve für den Umsatz nach 40, 80, 16 und 320 Minuten gezeichnet. Das Optimum der Wirkung lieg bei einer [H·] von etwa 10^{-7}, ein klein wenig mehr nach 10⁻ zu, also bei kaum saurer, fast neutraler Reaktion.

23. Die allgemeine Deutung der [H·]-Wirkung auf die Fer mente. L. Michaelis und H. Davidsohn (129) versuchten, da innere Wesen dieser H-Ionenwirkung aufzuklären, indem sie zu nächst die Frage zu beantworten suchten: Wie verhält quantitati sich die Wirkung eines Fermentes bei einer beliebigen Wasser stoffzahl im Vergleich zur Wirkung bei der optimalen Wasser stoffzahl?

Sie nahmen an, daß bei jeder, der optimalen Wasserstoff zahl nicht entsprechenden Acidität nur ein Bruchteil des vor handenen Fermentes in wirksamer Form zugegen sei und unter suchten quantitativ, der wievielte Teil des vorhandenen Fermente bei einer beliebigen Wasserstoffzahl wirksam sei, was sich au der Versuchsanordnung von Sörensen nicht ohne weiteres ent nehmen ließ. Sie ermittelten zunächst die optimale Wasserstoff zahl, bei der z. B. die Invertase am schnellsten auf Saccharos spaltend wirkt. Sie prüften sodann die Wirksamkeit derselben In vertasemenge auf dieselbe Zuckermenge bei einer anderen Wasser stoffzahl und fanden beispielsweise, daß zur Erreichung de gleichen Umsatzes die doppelte Zeit nötig sei. Nun ist bei ge gebener Wasserstoffzahl die zur Erreichung eines bestimmte Umsatzes notwendige Zeit genau umgekehrt proportional de Invertasemenge. Daraus wurde geschlossen, daß bei jener, nich optimalen [H·] nur die Hälfte des Fermentes in wirksamem Zu stande vorhanden sei. So wurde für eine große Reihe ver schiedener [H·] der wirksame Teil des Fermentes im Vergleich zu Gesamtmenge des Fermentes genau festgestellt. Bezeichnen wi irgend eine willkürlich festgelegte, in allen Versuchen gleic bemessene Fermentmenge mit Φ, den bei einer bestimmten [H· wirksamen Teil in der gleichen Fermentlösung mit φ, so mu das Verhältnis beider, φ/Φ, als eine Funktion der Wasserstoffza dargestellt werden. Dieses Verhältnis wurde stets erschlosse aus dem Verhältnis der zur Erreichung eines bestimmten Um satzes notwendigen Zeiten, T/t. Wählen wir nun wieder ein graphische Darstellung in der Weise, daß wir den Logarithmus der Wasserstoffzahl, den Wasserstoffexponenten, als Abszisse, die durch den Bruch φ/Φ oder T/t definierte Größe als Ordinate wählen, so erhalten wir eine Kurve, welche in ihrem Verlauf vollkommen einer Dissoziationsrestkurve einer Säure oder einer Dissoziationskurve einer Base oder der Dissoziationsrestkurve eines Ampholyten gleicht (Abb. 13). Wir können daher die gesamten Erscheinungen durch folgende Deutung einheitlich verstehen: Das Ferment stellt eine Säure oder eine Base oder einen

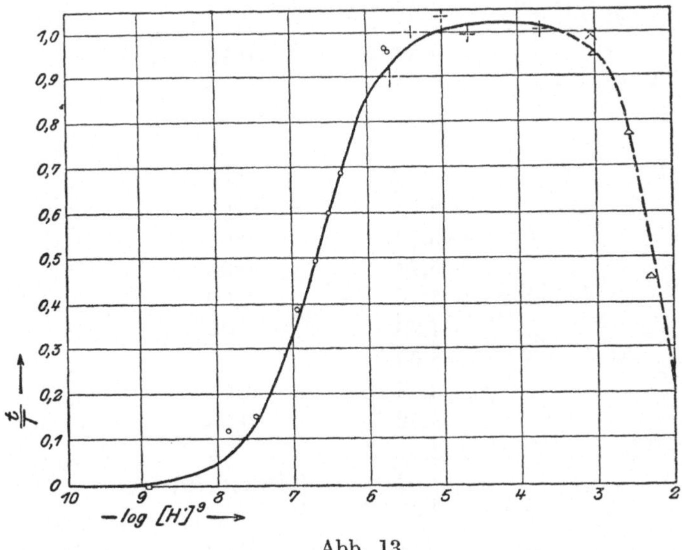

Abb. 13.

Die Abhängigkeit der Invertinwirkung von der Wasserstoffionenkonzentration, nach L. Michaelis und H. Davidsohn (129). Die Reaktion wird reguliert durch:

□ Gemisch von NH_3 + NH_4Cl.
○ Phosphatgemische.
+ Acetatgemische.
× Essigsäure.
△ Salzsäure.

amphoteren Elektrolyten dar. Die Fermentwirkung kommt aber nur einem der drei möglichen Molekülgattungen zu, unter welchen das Ferment auftreten kann: entweder dem positiven Ion oder dem negativen Ion oder dem undissoziierten Teil desselben.

24. Die Dissoziationskurve der Invertase. Zuerst wurden diese Betrachtungen an der Invertase vollkommen durchgeführt, und es mag an diesem Beispiel der Gang einer solchen Untersuchung gezeigt werden.

Der Versuch (bei 23,3°) ergab folgende korrespondierende Werte für φ/Φ und log [H·]:

log [H·]	φ/Φ beob. in (willkürlichen Maßeinh.
— 8,85	0
— 7,85 [1])	0,11
— 7,57	0,15
— 6,95	0,39
— 6,65	0,49
— 6,50	0,60
— 6,35	0,68
— 5,75	0,98
— 5,70	0,96
— 5,70	0,90
— 5,19	1,00
— 4,96	1,04
— 4,63	1,00
— 3,68	1,01
— 3,02	0,95
— 3,01	1,00
— 2,52	[etwa 0,76]
— 2,31	[0,4—0,5]

Der ausgezogene Teil der Kurve verläuft genau so, als stelle er die Dissoziationsrestkurve einer Säure mit dem Parameter $2 \cdot 10^{-7}$ oder $10^{-6,7}$ dar, unter der Voraussetzung, daß die Streckeneinheit der Ordinate derartig gewählt wird, daß der Punkt 1,0 an die Stelle 1,04 des in der Zeichnung wirklich benutzten, willkürlichen Streckenmaßstabes gesetzt wird.

Man sehe zunächst von dem gestrichelten Ast der Kurve ab, von dem weiter unten die Rede sein wird.

Der bloße Anblick der einzelnen beobachteten Punkte ergibt die Ähnlichkeit mit einer Dissoziationskurve; und zwar entweder mit der Dissoziationskurve einer Base oder der Dissoziationsrest-

[1]) In der Originalarbeit (129) steht ein Druckfehler: 8,85.

kurve einer Säure. Aber nicht nur der geschweifte Verlauf der Kurve stimmt hiermit überein, sondern auch die Neigung des mittleren, geradlinigen Stücks der Kurve ist genau die erwartete.

Wir können daraus schließen: der wirksame Anteil der Invertase verhält sich so, als ob er ein elektrolytisches Dissoziationsprodukt der Invertase wäre. Ist die Invertase eine Säure, so würde der wirksame Anteil dem undissoziierten Anteil derselben entsprechen; ist sie eine Base, so würde er den Ionen derselben entsprechen. Die Entscheidung zwischen diesen Auffassungen gibt die Untersuchung der Wanderungsrichtung im elektrischen Stromfeld. Ist das Invertin eine Säure, so muß es zur Anode, ist es eine Base, zur Kathode wandern. Der Versuch zeigt nun, daß Invertin bei einer neutralen, ja sogar noch bei schwach saurer Reaktion zur Anode wandert. Das Invertin verhält sich daher, wenigstens bei annähernd neutraler Reaktion, wie eine Säure, und die gezeichnete Kurve stellt die Dissoziationsrestkurve einer Säure dar, d. h. *nur der undissoziierte Teil der Invertinsäure ist der Träger der Fermentwirkung.*

Zu deuten ist jetzt nur noch der absteigende, punktiert gezeichnete Schenkel der Kurve. Die Daten sind hier nicht genau genug, um eine ganz einwandfreie Kurve zu erhalten, weil bei so hohen Aciditäten das Ferment eine rasche spontane *irreversible* Abschwächung erfährt, während die bisher besprochene Abschwächung der Wirkung reversibel ist und durch Wiederherstellung der optimalen [H.] rückgängig gemacht wird. Beachtenswert ist es, daß mit dem Überschreiten des Optimums der Invertin*wirkung* gleichzeitig der Anfang dieser Labilität des Ferments bemerkt wird, welche bei noch höherer Acidität rapid zunimmt. Trotz dieser Unsicherheit der Einzelwerte läßt sich durch ein angenähertes Extrapolationsverfahren deutlich ein Abfall der Kurve feststellen, dessen einfachste Deutung die ist, daß das Invertin ein amphoterer Elektrolyt ist, so daß der Dissoziationsrest des Invertins bei gesteigerter Acidität auf Kosten von Invertin-Kationen wieder abnimmt. Der experimentelle Nachweis von Kationen durch Überführung scheitert nur an der großen Labilität dieser Kationen, d. h. diese Kationen erleiden ziemlich schnell irreversible chemische Veränderungen, vielleicht eine hydrolytische Spaltung oder eine Racemisierung oder dergleichen. Hiermit ist gleichzeitig die zerstörende Wirkung größerer Säuremengen auf die Invertase erklärt.

Beschäftigen wir uns jetzt nur noch mit dem experimentel gut festgelegten, aufsteigenden Ast, der sich als die Dissoziations restkurve einer Säure darstellt. Diesem können wir auf graphischen Wege entnehmen, welches sein Parameter ist. Wir müssen daz nur zunächst für unsere Ordinaten einen richtigen Maßstab an legen. Der in der Zeichnung verwendete Maßstab ist ein will kürlicher, aus der Versuchsanordnung sich zufällig ergebende Eine Dissoziationsrestkurve wird von der Abbildung aber nu dann vorgestellt, wenn der maximale Wert der Ordinate gleich gesetzt wird. Wollen wir unsere Kurve als Dissoziationsrestkurv ansehen, so müssen wir auf der Ordinatenachse den Punkt 1, nicht an die wirklich gezeichnete, auf einem willkürlichen Maß stabe beruhenden Stelle, sondern etwa an den Punkt 1,04 setzen (Daß die beiden Punkte so nahe beieinander liegen, wurde dadurc hervorgerufen, daß eigentlich die Absicht bestand, die willkürlich Maßeinheit gleich so zu wählen, daß sie der rationellen Maßeinhei entsprach. Der weitere Versuch zeigte, daß diese Absicht nich ganz erreicht war). Wissen wir aber, wo wir den Punkt 1 de Ordinate der Dissoziationsrestkurve zu setzen haben, so gibt un der Fußpunkt derjenigen Ordinate, welche in diesem Maßsyster $= 1/_2$ ist, den logarithmischen P a r a m e t e r unserer Dissoziations kurve an. Dieser ist hier $= -6{,}3$. Er steht in einer ganz be stimmten Beziehung zur Säuredissoziationskonstante der In vertase, wie S. 77 erörtert werden wird.

In diesem Fall machte es keine Schwierigkeit, den Maßstab für d Ordinate der Kurve zu finden, weil die Kurve innerhalb eines ziemlic breiten Gebietes, zwischen -5 und -4 so horizontal verläuft, daß ma ein merkliches Ansteigen nach rechts nicht mehr erwarten konnte. Wen aber der absteigende Ast früher beginnt, wenn das Maximum der Ampholy kurve spitzer ist, und wenn die Kurve wiederum eine Dissoziationsrestkurv bedeuten soll, so lehrt ein Blick auf Abb. 9, S. 37, daß wir nicht das Recl haben, die maximale Ordinate als 1 zu bezeichnen. In solchem Fall empfeh ich folgende Methode zur Feststellung des Maßstabes. Abb. 10, S. 37 lehr daß die Dissoziationsrestkurve eines Ampholyten betrachtet werden kan als zusammengesetzt aus den einzelnen Dissoziationsrestkurven, wenn ma den Ampholyten einmal als Säure, ein zweites Mal als Base betrachte Die einzige Stelle, an der diese Betrachtung nicht gut zutrifft, ist gerade d Gegend des Maximums. Dagegen dürfte in allen praktischen Fällen die Betrachtungsweise zutreffen, wenn wir die ungefähre Gegend der h a l b e Höhe der Ordinate in Betracht ziehen. Diese Gegend der Kurve stellt fa genau eine gerade Linie dar, welche einen ganz bestimmten Neigungswink zur Abszisse bildet. Auf S. 22 sahen wir, daß die Tangente dieses Neigung winkels $= 0{,}576$ ist, wenn die Ordinate in gleichen Maßeinheiten wie d

Abszisse gemessen wird. Experimentell können wir nun diesen Neigungswinkel immer recht gut feststellen, indem wir einige um die halbe Höhe gelegene Beobachtungspunkte durch die bestpassende gerade Linie verbinden. Finden wir nun graphisch, daß die Tangente ihres Neigungswinkels $= \nu$ ist, so folgt daraus, daß der Maßstab der Ordinate der Dissoziationsrestkurve zum Maßstab der Abszisse sich wie $0{,}576 : \nu$ verhalten muß. Hiermit ist der Maßstab bestimmt. Man bestimme nunmehr, welchem Abszissenpunkt die Ordinate 0,5 (in dem neuen Maßstab) entspricht und entnehme daraus die Größe des Parameters.

Eine noch andere graphische Methode, deren ich mich in letzter Zeit am meisten bediene, ist folgende. Man setze zunächst die Maßeinheit für die Ordinate versuchsweise derart fest, daß der höchste experimentelle Wert = 1 wird. Man verbinde nun die um die halbe Höhe dieser Ordinate herum gelegenen Werte durch die bestpassende gerade Linie und suche aus derselben denjenigen Punkt aus, dessen Ordinate = 0,5 ist. Der Fußpunkt dieser Ordinate gibt auf der Abszisse den logarithmischen Parameter an. Nach Kenntnis desselben konstruiere man die Dissoziationskurve. Man finde z. B., daß nicht alle Beobachtungspunkte sich gut mit ihr decken. Man versuche zunächst, durch eine horizontale Verschiebung der konstruierten Kurve eine bessere Deckung zu erreichen. Gelingt das nicht, so wiederhole man das ganze Verfahren, indem man als Einheit der Ordinate einen um $10\,^0/_0$ größeren Wert wählt usw.

Es ist von vorneherein sicher, daß die Einheit der Ordinate nur gleich oder ein wenig größer als der größte experimentell ermittelte Wert sein kann. Trifft diese Bedingung nicht zu, so passen die beobachteten Punkte überhaupt in keine Dissoziationskurve hinein.

25. Die Dissoziationskurve des Trypsins. Ein zweites Beispiel von L. Michaelis und H. Davidsohn (134) ist die Beobachtung der Trypsinwirkung bei verschiedenen Wasserstoffionenkonzentrationen, und zwar die Wirkung des Pankreatin (Rhenania) auf „Pepton Riedel" bei 37°, gemessen an der Zunahme des mit der Sörensenschen Formolmethode titrierbaren Stickstoffs.

Wenden wir dieselben Betrachtungen an wie beim Invertin, so finden wir folgenden entsprechenden Wert von log [H·] und φ/Φ:

log [H·]	φ/Φ	log [H·]	φ/Φ
— 3,65	0	— 7,01	0,84
— 4,25	0,028	— 7,02	0,86
— 4,78	0,075	— 7,68	1,00
— 5,78	0,31	— 9,17	0,87
— 6,49	0,58	— 11,26	0,085
— 6,98	0,78		

Wir finden hier wiederum eine Dissoziationskurve, von der wir zunächst den absteigenden Ast betrachten wollen. Dieser ist entweder die Dissoziationskurve einer Säure oder die Dissoziationsrestkurve einer Base. Da nun experimentell von den Verfassern (126) nachgewiesen wurde, daß bei den hier in Betracht kommenden H·-Konzentrationen das Trypsin sich wie eine Säure verhält, so stellt unsere Kurve die Dissoziationskurve des Trypsins als Säure dar. Der Parameter unserer Kurve, $10^{-6,7}$, steht wiederum in bestimmter Beziehung zur Säuredissoziationskonstante des Trypsins.

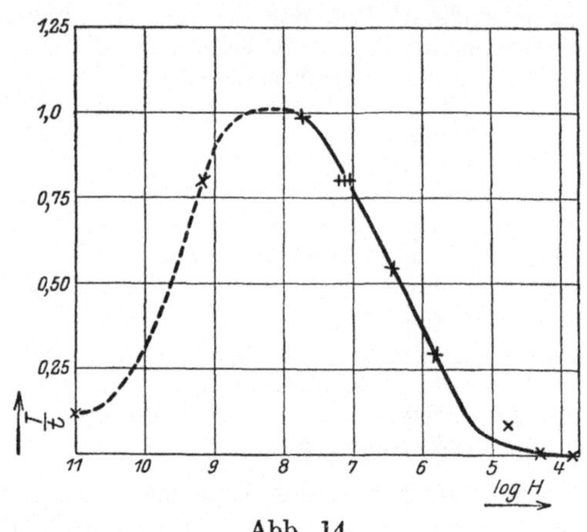

Abb. 14.

Die Abhängigkeit der Wirkung von Trypsin auf Pepton von der Wasserstoffzahl.

Abszisse: der Logarithmus der Wasserstoffzahl. Ordinate: die relative Wirksamkeit des Trypsins, definiert wie früher (Abb. 13). Nach L. Michaelis und H. Davidsohn (134).

Den aufsteigenden, gestrichelten Schenkel der Kurve können wir nur so erklären, daß das Trypsin eine zweibasische Säure ist und bei hoher Alkalität doppelgeladene Trypsinanionen auftreten, welche nicht proteolytisch wirksam sind. Daß ein so komplizierter Körper wie Trypsin nicht nur eine Carboxylgruppe oder eine ähnliche säurebildende Gruppe besitzt, bedarf ja wohl kaum des Beweises.

---

[1]) L. Michaelis u. H. Davidsohn, Die Abhängigk. der Trypsinwirk. v. der [H·]. Biochem. Zs. **36**, 280 (1911).

[2]) L. Michaelis u. H. Davidsohn, Trypsin u. Pankreasnucleoproteid. Biochem. Zs. **30**, 481 (1911).

S. Palitzsch und L. E. Walbum (162) untersuchten die Wirkung des Trypsins auf Gelatine, indem sie die Erstarrungsfähigkeit derselben zum Maßstab der Verdauung machten. Die Methode ergab für das Optimum der Verdauung folgende Werte:

bei	30^0	37^0	45^0	55^0
p_H	9,9	9,7	9,1	8,0
$[H^\cdot] =$	$1{,}25 \cdot 10^{-10}$	$2 \cdot 10^{-10}$	$8 \cdot 10^{-10}$	$1 \cdot 10^{-8}$.

Für 37^0 deckt sich also der Wert mit dem von Michaelis und Davidsohn gefundenen nicht. Die Ursache liegt zweifellos daran, daß zwei ganz verschiedene Prozesse untersucht wurden. Möglich wäre es schon, daß allein die Verschiedenheit des Substrates (Pepton, Gelatine) die Ursache ist, möglich aber auch, daß das Ferment, das höhere Peptone abbaut, von dem gelatinespaltenden Ferment verschieden ist.

Schon vorher hatte Kurt Meyer (105) für eine Bakterienprotease, die er auf Casein wirken ließ, als Optimum $p_H = 7{,}2$ und für ein Pankreatin (Trypsin - Grübler) bei Wirkung auf Casein $p_H = 8{,}0$ gefunden.

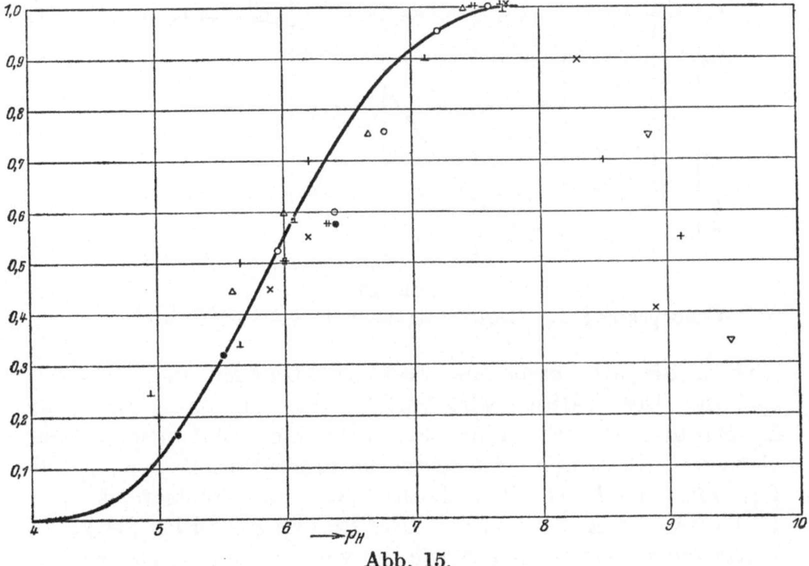

Abb. 15.

Abhängigkeit der Wirkung des Erepsin auf Pepton von der Wasserstoffzahl. Nach Rona und Arnheim (192).

26. Die Dissoziationskurve des Erepsins. Die Untersuchungen von P. Rona und F. Arnheim (192) sind in demselben graphischen Verfahren wie die letzten Abbildungen in Abb. 15 wiedergegeben. In Anbetracht der sehr kleinen Ausschläge, die die Formolmethode nach Sörensen bei der Verfolgung der Wirkung dieses Fermentes auf Pepton ergab, decken sich die Beobachtungen mit der theoretischen Kurve recht befriedigend. Da das Ferment in seinem Wirkungsoptimum anodisch wandert, so handelt es sich um die Dissoziationskurve einer Säure, und es folgt daraus, daß das Erepsin nur in Form seiner Anionen wirksam ist. Der Parameter der Kurve ist 10^{-6}. Der Abfall der Wirkung im alkalischen Gebiet ist wieder auf die Bildung zweiwertiger, proteolytisch unwirksamer Anionen zurückzuführen. Das Optimum der Wirkung liegt bei p_H etwa 8, genauer wohl 7,8, d. h. $[H^{\cdot}] = 1,6 \cdot 10^{-8}$ und ist fast identisch mit dem des Trypsins.

27. Die Dissoziationskurve der Lipase. Von den Lipasen eignen sich für diese Versuche nur diejenigen, welche auf gelöste Fett

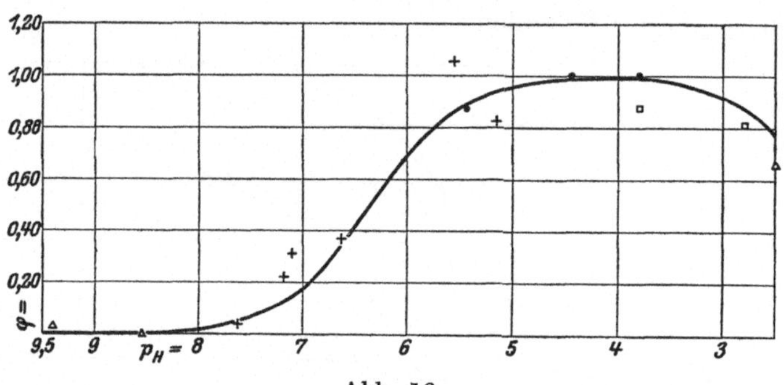

Abb. 16.
Wirkungskurve der Magenlipase nach H. Davidsohn (31).

wirken, die also besonders wässerige Lösungen von Tributyrin spalten. Die Spaltung wird verfolgt mit der von P. Rona und L. Michaelis (197) dafür ausgearbeiteten stalagmometrischen Methode. Es wurde untersucht die Lipase des Magens und des Pankreas durch H. Davidsohn (31), des Blutserums durch P. Rona und A. Bien (193). Die Resultate sind bei der Magenlipase nicht ganz so scharf wie die vorigen, aber doch eindeutig. Folgende Diagramme geben die Resultate graphisch wieder (Fig. 16, 17, 18.)

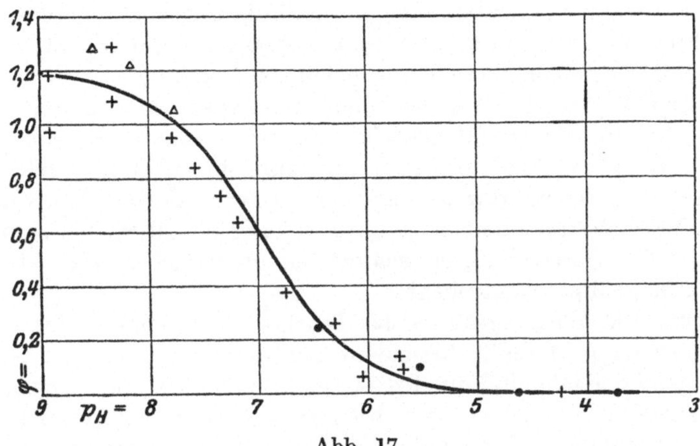

Abb. 17.
Wirkungskurve der Pankreaslipase nach H. Davidsohn (34).

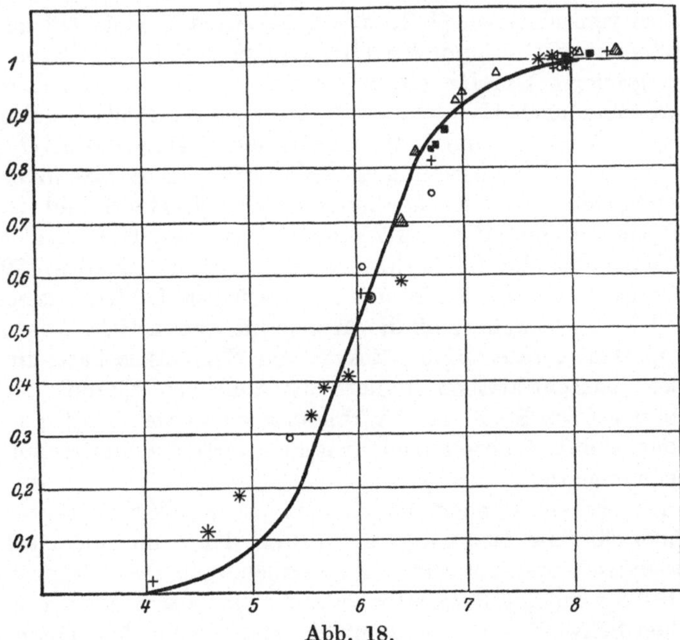

Abb. 18.
Wirkungskurve der Serumlipase nach Rona u. Bien (193).

Überführungsversuche zeigten, daß die Lipase aus Serum und Pankreas in ihrem Wirkungsoptimum anodisch wandert (193). Für Magenlipase fehlen diese Untersuchungen noch.

Die Lipase des Serums und des Pankreas verhalten sich sehr ähnlich, die des Magens ist von ihnen äußerst verschieden. Nach H. Davidsohn (34) kann man Magen- und Pankreaslipase sehr leicht durch folgendes unterscheiden. Man stellt zwei Versuche an, den einen etwa bei $[H^{\cdot}] = 10^{-8}$, den zweiten bei 10^{-5}. Pankreaslipase spaltet bei 10^{-8} viel stärker als bei 10^{-5}, Magenlipase umgekehrt.

28. Die Wirkungskurve des Pepsins. Das Pepsin bietet der Untersuchung deshalb besondere Schwierigkeit, weil wir keine genügend einfache und quantitativ genaue Methode zur Verfolgung seines verdauenden Vermögens besitzen. Sörensen (211) verfolgte die Verdauung auf Acidalbumin durch Bestimmung des durch Tannin oder Zinnchlorür unfällbaren Stickstoffs und fand als günstigste $[H^{\cdot}]$ für die Pepsinverdauung annähernd 10^{-2}. Er bestimmte die zur Erreichung eines gewissen Umsatzes notwendige Zeit bei verschiedenen $[H^{\cdot}]$; war dieser Umsatz klein (12 mg N), so schien das Optimum bei $[H^{\cdot}] =$ etwa $1 \cdot 10^{-2}$ zu liegen; für einen größeren Umsatz (18 mg und 24 mg N) schien sich dieser Punkt mehr nach $[H^{\cdot}] =$ etwa $3 \cdot 10^{-2}$ zu verschieben. Hiermit stehen die Versuche von L. Michaelis und H. Davidsohn (111) in annehmbarer Übereinstimmung. Sie verfolgten die Caseinverdauung ungefähr nach der Methode von Fuld - Groß und fanden als Optimum eine $[H^{\cdot}] = 1{,}7 \cdot 10^{-2}$. Denselben Wert fanden bei ähnlicher Methodik L. Michaelis und A. Mendelssohn (150) für die Verdauung des Edestin und des Casein; sie fanden diesen gleichen Wert, gleichgültig ob die Ansäuerung durch HCl, Weinsäure, HNO_3, Oxalsäure erfolgte. Zusatz von Neutralsalz hatte in sehr großen Konzentrationen insofern einen kleinen Einfluß, als das Optimum etwa bis $3 \cdot 10^{-2}$ verschoben zu werden schien; jedoch ist der Wirkungsunterschied zwischen diesen Punkten auf alle Fälle nur gering.

Das Pepsin wandert bei der $[H^{\cdot}]$ seines Wirkungsoptimums kathodisch (114, 122, 175); es dürften daher nur die Kationen proteolytisch wirksam sein. Ein Versuch, eine Dissoziationskurve wie bei den anderen Fermenten zu ermitteln, war wegen der methodischen Schwierigkeiten zwar nicht genau ausführbar, ergab aber immerhin insofern völligen Einklang mit den übrigen Fermenten als etwa $2-2^1/_2$ Zehnerpotenzen unterhalb der optimalen [H·] die Wirksamkeit überhaupt aufhörte. Wir können jedenfalls mit Sicherheit sagen, daß ein Magensaft mit [H·] $= 10^{-3}$ sehr schlecht, und bei 10^{-4} praktisch gar nicht mehr für die Verdauung des Eiweißes mitwirken kann; geschweige denn die noch niedere [H·] des Säuglingsmagens (10^{-5}).

29. Die Wirkungsbedingungen der Maltase (146, 148). Das maltosespaltende Ferment der untergärigen Hefe ist für die Untersuchung deshalb schwieriger, weil es bei jeder [H·], welche nicht einigermaßen seinem Wirkungsoptimum entspricht, allmählich zerstört wird. Da die Maltose in ihrem Wirkungsoptimum zum positiven Pol wandert, so sind ihre Anionen der wirksame Bestandteil, und man kann schließen, daß das Ferment sowohl in seinem isoelektrischen Punkt (nach Ansäuerung über das Optimum hinaus), als auch nach Alkalisierung in Form seiner zweiwertigen Anionen sehr labil ist und in kurzer Zeit merklich irreversibel chemisch verändert und unwirksam wird. Wir können deshalb nur das Wirkungs*optimum* bestimmen und konstatieren, daß zu beiden Seiten ein rapider Abfall der Wirkung eintritt, rapider, als dem Verlauf einer Dissoziationskurve entsprechen würde. Der günstigste p_H ist 6,1 bis 6,8, also spurweise saure Reaktion. Es scheint, daß innerhalb dieses fast gleichwertigen Gebietes 6,6 den allergünstigsten Punkt darstellt. Es ist sehr auffällig, daß die Invertase derselben Hefe so ganz andere Bedingungen hat. Das Optimum für die Maltase ist schon eine [H·] völliger Wirkungslosigkeit für die Invertase und umgekehrt. Beide Fermente können daher niemals gleichzeitig ihre volle Wirkung entfalten.

Die Hefe enthält auch ein Ferment, welches α-Methylglukosid spaltet, und das von *Emil Fischer* als wahrscheinlich, aber nicht ganz sicher identisch mit der Maltase aufgefaßt wird. Das Wirkungsoptimum des Hefeauszuges auf α-Methylglukosid ist $p_H = 5{,}8$ bis $6{,}6$, und zwar scheint 6,2 den allergünstigsten Punkt darzustellen. Dies würde für eine Verschiedenheit beider Fermente sprechen, jedoch sind die Unterschiede in der Wirksamkeit innerhalb des ganzen berichteten Gebietes nicht groß genug, um sichere Schlüsse zu gestatten.

30. Die Wirkungsbedingungen der Katalase. Der große Einfluß der [H·] auf die Wirksamkeit der Katalase, der bisher ganz vernachlässigt und auch in den ausgedehnten Arbeiten von *Waentig* und Steche (228) noch nicht mit ausreichenden Mitteln berücksichtigt worden war, wurde von S. L. P. Sörensen (211) erkannt. Ein Versuch Sörensens, seine Befunde mit meiner Dissoziations-

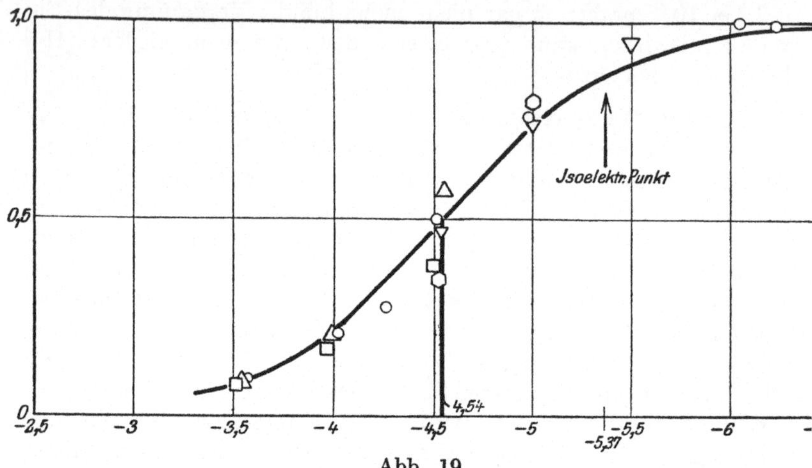

Abb. 19.

Relative Wirksamkeit der Katalase (Ordinate), in ihrer Abhängigkeit von der [H·]. Abszisse = log [H·]. Bei Abwesenheit von Salzen. Nach L. Michaelis und H. Pechstein (147).

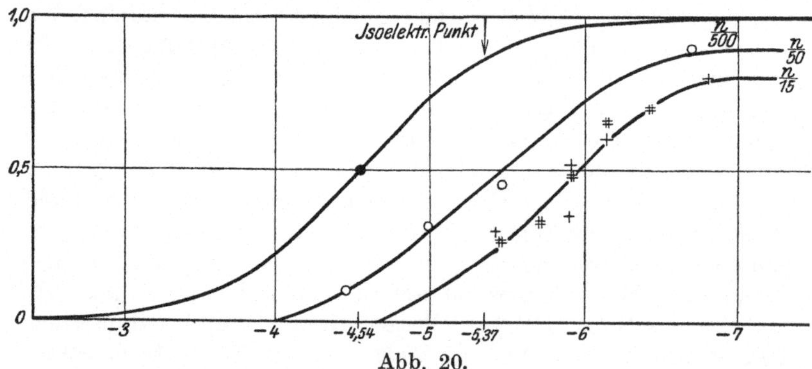

Abb. 20.

Wie Abb. 19, aber bei Gegenwart von Salzen, und zwar a) $\frac{n}{500}$ Acetat (= praktisch salzfrei); b) $\frac{n}{50}$ Acetat; c) $\frac{n}{15}$ Acetat.

theorie in Einklang zu bringen, fiel scheinbar recht günstig aus. Bei meiner Nachuntersuchung (147) zeigte sich jedoch, daß die Verhältnisse hier komplizierter lagen. Schon frühere Untersucher hatten gefunden, daß die Salze einen Einfluß auf die Wirksamkeit der Katalase hatten, und darin hatten sie, trotzdem sie die [H·] vernachlässigten, recht. Der Einfluß der Salze ist aber in niederen Konzentrationen unbedeutend; geht man von etwa

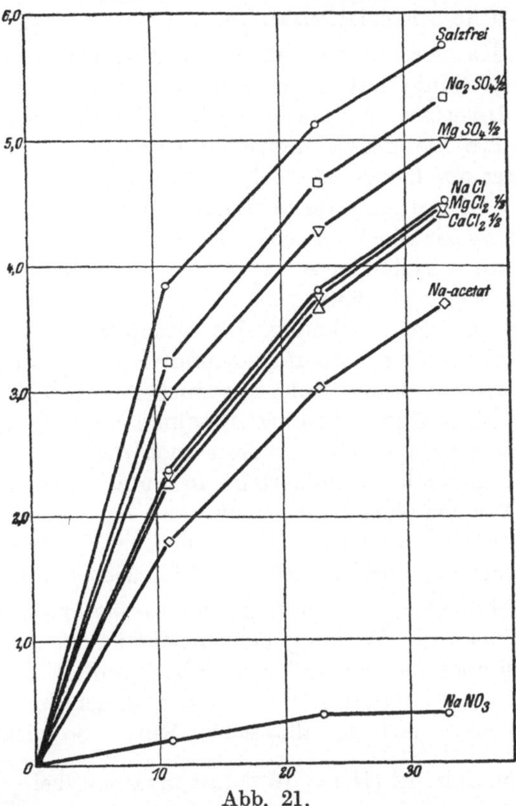

Abb. 21.

Abszisse: Zeit in Minuten. Ordinate: Menge des verschwundenen H_2O_2 (in ccm 0,1 n Permanganatlösung). Alle Versuche bei [H·] = 10^{-6}, hergestellt durch ein Acetatgemisch mit Gehalt an Natriumacetat von n/300, der entsprechenden Menge Essigsäure und an dem an jede Kurve angeschriebenen Salz in der Konzentration n/10. Nach L. Michaelis und H. Pechstein (147).

$^1/_{150}$ n-Natriumacetat herunter, so ändert sich die Wirkung bei gleicher [H·] nicht mehr. Um die reine Wirkung der [H·] auf die H_2O_2-zersetzende Fähigkeit der Katalase zu erkennen, brauchen wir also nur bei sehr niederem Salzgehalt zu arbeiten. Abb. 19

ist nach den früheren Prinzipien entworfen, und es wurde überall ein Natriumacetat-Gehalt von $\frac{n}{500}$ festgehalten und durch gesteigerte Mengen Essigsäure die [H·] variiert. Wir erhalten eine gewöhnliche Dissoziationskurve.

Da die Katalase in der Nähe des Wirkungsoptimum ihren isoelektrischen Punkt hat, so würden wir daraus schließen, daß, wie bei der Invertase, die unelektrischen Moleküle wirksam sind, und die Kurve die Dissoziationsrestkurve einer Base darstellt. Der Parameter der Kurve ist $10^{-4,54}$. Dann müßte man aber annehmen, daß die Wirkungskurve rechts vom isoelektrischen Punkt in Form der Dissoziationskurve einer Säure wieder abnimmt. Das ist aber, wenn wir wirklich in salzarmer Lösung arbeiten, nicht der Fall, sondern die Kurve läuft von dem Abszissenpunkt — 6,5, dem äußersten Punkt der Zeichnung, bis mindestens log [H·] = —9 horizontal weiter, ohne vorläufig abzufallen. Da nun rechts von dem isoelektrischen Punkt bald nur noch Anionen der Katalase vorhanden sind, so sind wir zu der Annahme gezwungen, daß nicht nur die isoelektrischen Teile, sondern auch die Anionen des Ferments wirksam sind. Damit steht in guter Übereinstimmung, daß in der Tat das Wirkungsoptimum erst ein wenig rechts vom isoelektrischen Punkt erreicht ist. Arbeiten wir aber bei größerer Salzkonzentration, so ändert sich das Bild, wie es Abb. 20 angibt.

Die Abbildung würde zu folgender Auffassung nötigen: das Salz unterdrückt die Wirkung der unelektrischen Fermentmoleküle, es läßt aber die der Anionen unbeeinflußt. Je mehr Salz zugegen ist, um so weiter verschiebt sich daher der Beginn des Wirkungsoptimum nach der alkalischen Seite. So wirkt z. B. die Katalase ohne Salz bei $[H^\cdot] = 10^{-5}$ fast maximal, bei $\frac{n}{50}$ Natriumacetat nur halb, bei $\frac{n}{15}$ Natriumacetat fast gar nicht; dagegen bei $[H^\cdot] = 10^{-8}$ (Blutreaktion) ist die Gegenwart des Salzes fast ohne Einfluß.

Die hemmende Wirkung der Salze ist verschieden; sie hängt nur vom Anion des Salzes ab und nimmt zu in der Reihenfolge

$$^1/_2\, SO_4'', \; Cl', \; \text{Acetat}, \; NO_3'.$$

Das Nitration hat einen ganz besonders stark hemmenden Einfluß.

31. Die Wirkungsbedingungen der Speicheldiastase. Die Diastase des Speichels (ebenso auch das glykogenspaltende Ferment nach neueren Untersuchungen von Norris) (158) unterscheidet sich von allen bekannten Fermenten dadurch, daß nicht nur die H·-Ionen, sondern auch viele andere Ionenarten seine Wirkung auch in minimalen Konzentrationen stark beeinflussen. So fand Wohlgemuth, daß in absolut salzfreier Lösung die Diastase überhaupt unwirksam ist, und durch Wohlgemuth, Starkenstein, J. Bang wurde gezeigt, daß die verschiedenartigen Salze in sehr verschiedener Weise die Wirksamkeit der Diastase unterstützen. Ferner fand Ringer (185b) einen bedeutenden Einfluß auch der [H·], derartig jedoch, daß die optimale [H·], je nachdem z. B. NaCl oder Natriumcitrat als Salz zugegen war, sich verschieden zeigte. Es schien somit, daß die Diastase sich den sonst gültigen Gesetzen nicht fügen wollte. Nach den Untersuchungen von L. Michaelis und H. Pechstein (151) sind diese Abweichungen von der Regel jedoch nur scheinbar, und es bedarf nur einiger experimentell gut stützbarer Hilfsannahmen, um völligen Einklang mit den anderen Fermenten zu erreichen. Dies sind folgende Annahmen:

1. Die reine Diastase hat überhaupt keine fermentative Wirkung auf Stärke (und nach Norris auch nicht auf Glykogen).

2. Die Diastase bildet mit zahlreichen Neutralsalzen, oder höchstwahrscheinlich besser gesagt, mit den Anionen derselben, komplexe Verbindungen. Diesen allein kommt die diastatische Wirkung zu.

3. Die Vereinigung der Diastase mit den einzelnen Anionenarten zu dem wirksamen Komplex stellt eine unvollständige chemische Reaktion dar, die zu einem Gleichgewicht führt. Die Affinität der Diastase zu den einzelnen Anionenarten ist verschieden groß; sie ist sehr groß bei NO_3'; nicht viel kleiner bei Cl′, Br′; sehr klein bei SO_4'', Acetat, Phosphat.

4. Jede einzelne dieser Diastase-Komplex-Verbindungen stellt einen Körper dar, der die Eigenschaften der übrigen Fermente ganz regulär an sich trägt: er ist als Ferment wirksam nur als Anion, die Wirksamkeit hängt in regulärer Weise wie sonst von der [H·] ab.

5. Die relative fermentative Wirksamkeit dieser verschiedenen Komplexverbindungen auf Stärke ist sehr verschieden. Am stärksten wirkt die Cl′-Verbindung (fast ebenso Br); viel

schwächer die NO_3'-Verbindung, und noch sehr viel schwächer die Sulfat-, Acetat- und Phosphatverbindung. Jede einzelne dieser Komplexverbindungen ist für sich getrennt zu untersuchen; jede hat eine andere optimale [H·]. So liegt das Wirkungsoptimum

der Nitrat-Diastase	bei $p_H = 6,9$
der Chlorid-Diastase	$= 6,7$
der Phosphat-Diastase Sulfat-Diastase Acetat-Diastase	bei $p_H = 6,1$ bis $6,2$.

Befindet sich Diastase in einer Mischlösung von verschiedenen Salzen, unter denen etwas Nitrat ist, so bindet sich die Diastase fast ganz an das Nitrat, zu dem sie die größte Affinität hat. Da aber Nitratdiastase wenig wirksam auf Stärke ist, so hemmen Nitrate die Wirkung der Diastase gegenüber derjenigen Wirkung, wie sie ohne das Nitrat, nur bei Gegenwart der anderen Salze, besonders der Chloride, wäre. Fehlen aber Nitrate in der Salzlösung (wie z. B. im Speichel selbst), so bindet sich die Diastase ganz an das Chlor, und es bildet sich die äußerst wirksame Chlor-Diastase, deren Wirkungsoptimum bei $p_H = 6,7$ liegt. Der p_H des gewöhnlichen Speichels zeigt annähernd denselben Wert. Das Optimum der physiologisch einzig in Betracht kommenden Cl-Diastase liegt also bei fast neutraler, eher minimal saurer Reaktion, und nicht bei Blutalkaleszenz, sondern eher bei der Reaktion der lebenden Gewebe (S. 106).

32. Die Wirkungsbedingungen des glykolytischen Ferments des Blutes. Der Zucker des Blutes verschwindet in vitro allmählich, und es tritt dafür Kohlensäure und Milchsäure auf. Die zeitweilig geltende Anschauung, daß es allein die Alkalität des Blutes sei, die den Zucker zerstöre, beruhte auf einem Irrtum, denn die [OH'] des Blutes ist auch nicht annähernd so groß, daß selbst in Tagen eine nachweisbare Menge Zucker verändert wird. Erst bei 100 bis 1000 mal höherem Gehalt an OH-Ionen tritt eine Alkaliwirkung auf Traubenzucker bei 38° ein (117, 141), deren Ablauf man in einigen Stunden meßbar verfolgen kann; und diese Wirkung besteht nicht in einer Oxydation des Zuckers, sondern nur in teilweiser Umlagerung zu Fructose und Mannose. Erst bei noch viel höheren Alkalitäten unterstützen die OH-Ionen die Oxydation des Zuckers durch gleichzeitig vorhandenen Sauerstoff oder auch die sauerstofffreie Zerstörung der Glucose. Im Blut tritt die Glykolyse vielmehr durch ein Ferment ein, und die Alkalität des Blutes hat keine andere Bedeutung, als daß sie das Wirkungsoptimum für dieses Ferment darstellt.

Genaue quantitative Angaben über den Einfluß der [H·] auf die Wirkung des glykolytischen Ferments sind schwierig zu machen, weil das Ferment nur langsam wirkt, dabei sehr labil ist, und noch dazu die Versuche wegen der Gefahr der allmählich hinzukommenden Bakterienwirkung nicht sehr lange ausgedehnt werden können. Trotzdem haben Rona und Wilenko (199) die Versuche so weit durchführen können, daß für physiologische Zwecke verwertbare Resultate gesichert sind. Diese sind folgende. Das Optimum der Wirkung liegt bei [H·] = etwa $3 \cdot 10^{-8}$, also Blutalkalität. Eine Ansäuerung auf etwa [H·] = 2 bis $3 \cdot 10^{-7}$ hat schon eine merkliche Schwächung der Wirkung bis etwa auf die Hälfte zur Folge, und bei [H·] = $5 \cdot 10^{-7}$ und darüber ist kaum mehr eine nachweisbare Glykolyse zu erreichen. Die Wirkung einer Erhöhung der Alkalität über die des Blutes hinaus wurde noch nicht untersucht, jedoch steht es wohl fest, daß die Blutalkalität schon das Optimum darstellt, weil geringere Änderungen der [H·], von der [H·] des Blutes aus gerechnet, keine Änderung der Wirkung hervorrufen, und solche Unabhängigkeit der Wirkung von der [H·] immer nur in der nächsten Umgebung des Wirkungsoptimum vorkommen.

33. Die physikochemische Bedeutung des Parameters der Dissoziationskurven. Betrachten wir eine beliebige Dissoziationskurve rein analytisch-geometrisch, und bezeichnen ihre Abszisse mit x, ihre Ordinate mit y, so entspricht die Kurve der Gleichung

$$y = \nu \cdot \frac{x}{x + k}$$

oder

$$y = \nu \cdot \frac{1}{1 + \frac{k}{x}}$$

und für eine Dissoziationsrestkurve

$$y = \nu \cdot \frac{k}{x + k}$$

oder

$$y = \nu \cdot \frac{1}{1 + \frac{x}{k}}.$$

ν ist ein Proportionalitätsfaktor, der von der willkürlichen Wahl der Maßeinheit von y abhängig ist. k ist eine für die Kurve charakteristische Konstante, die wir den Parameter derselben genannt haben (S. 19). Aus Abb. 3 und 4, S. 20, sieht man, daß der Parameter, d. h. die Größe der Abszisse in dem

Fußpunkte der Ordinate $y = \frac{v}{2}$ den Wert der Dissoziationskonstanten der Säure angibt (oder daß dieser Fußpunkt, wenn, wie in den Abbildungen, die Abszisse logarithmisch transformiert ist, den Wert des Logarithmus der Dissoziationskonstanten angibt). Dies gilt aber nur, wenn es sich um die Dissoziationskurve einer einzelnen Säure handelt: in diesem Fall hat also der Parameter die Bedeutung der Dissoziationskonstanten.

Bei den Fermentdissoziationskurven handelt es sich um etwas anderes. Da die mathematische Entwicklung dieser Sache nicht streng zum Thema dieses Buches gehört, so sei nur das Resultat der Rechnung mitgeteilt (152 b). Bezeichnen wir den Parameter unserer Fermentdissoziationskurven mit q und die Säuredissoziationskonstante des Ferments mit k, so ist nicht $k = q$ sondern

$$k = q\,(1 + a \cdot S)$$

wo a die Affinitätskonstante des spaltbaren Substrats zum Ferment, und S die (konstante) Konzentration des spaltbaren Substrats in der Versuchsreihe bedeutet. Da wir a nur für wenige Fermente kennen, und da [S] für viele Substrate aus Unkenntnis des Molekulargewichts (z. B. bei eiweißartigen Substraten) nicht bekannt ist, so kann man nur in vereinzelten Fällen die wahre Dissoziationskonstante des Fermentes aus den Kurven berechnen. Das letztere gelingt z. B. beim Invertin, wo q in der oben mitgeteilten Versuchsreihe $= 2 \cdot 10^{-7}$ gefunden wurde. Da die Saccharose in einer Konzentration von 0,1176 n angewendet wurde (129) und $a = 60$ bestimmt worden ist (145), so ergibt sich für die Säurendissoziationskonstante der Invertase $1{,}6 \cdot 10^{-6}$.

34. Die Säureagglutination (108). Eine spezielle Anwendung des Fällungsoptimums amphoterer Kolloide stellt die Säureagglutination dar.

Amphotere Kolloide, die in ihrem isoelektrischen Punkt unlöslich sind und daher ein Flockungsoptimum besitzen, sind sehr verbreitet. Es gehören dahin z. B. alle Nucleoproteide, Nucleoalbumine u. dgl. Die Bestimmung des isoelektrischen Punktes kann unter Umständen zur Identifizierung eines solchen Ampholyten benutzt und diagnostischen Zwecken dienstbar gemacht werden. So fand ich (108), daß in vielen Bakterien Stoffe vorhanden sind, die bei einer gewissen Wasserstoffzahl ein scharfes Flockungsoptimum besitzen und bei ihrer Flockung eine Agglutination der Bakterien hervorrufen. Als besonders geeignet hat sich für diese Untersuchungen die Gruppe der Coli-Typhus-Paratyphusbakterien erwiesen.

Es zeigte sich, daß der Typhusbacillus ein Agglutinationsoptimum bei einer $[H^\cdot]$ von $4 \cdot 10^{-5}$, die Gruppe der Paratyphusbazillen ein solches bei $[H^\cdot] = 2 \cdot 10^{-4}$ hat. Die sog. Gärtner-Gruppe (B. enteritidis Gärtner) zerfällt nach M. Beniasch (11) in zwei Gruppen, welche sich auch bei der Prüfung durch spezifische Agglutinine (Sobernheim und Seligmann) wiederfinden, von denen die eine sich wie der Paratyphusbacillus verhält, die andere ihr Säureagglutinationsoptimum bei 10^{-3} hat. Die Bakterien der Dysenteriegruppe und des Bact. coli sind überhaupt nicht durch Säuren agglutinierbar.

Die Ausführung einer solchen Säureagglutination, die sich diagnostisch gut bewährt hat, ist folgendermaßen sehr einfach ausführbar. Man hält sich folgende 6 Lösungen vorrätig:

Lösung Nr.	1	2	3	4	5	6
n-NaOH ccm	5	5	5	5	5	5
n-Essigsäure	7,5	10	15	25	45	85
Wasser	87,5	85	80	70	50	10
[H·] (rund)=	$1\cdot10^{-5}$	$2\cdot10^{-5}$	$4\cdot10^{-5}$	$8\cdot10^{-5}$	$16\cdot10^{-5}$	$32\cdot10^{-5}$

Von der fraglichen Bakterienart wird ein auf schrägem Agar gewachsener 24stündiger Rasen, nach vorangehender Abspülung des Kondenswassers mit ein wenig Wasser, mit einigen ccm destillierten Wassers abgeschwemmt, mit destilliertem Wasser auf etwa 20 ccm verdünnt und in einer Reihe von 6 Reagenzgläsern je 2 oder 3 ccm dieser Bakterienaufschwemmung mit je 1 ccm der Lösung 1, 2, 3, 4, 5, 6 versetzt. Nach einem Aufenthalt von $^1/_2$ Stunde im Brutschrank und weiterem Verweilen im Zimmer agglutiniert der Typhusbacillus am energischsten im Röhrchen 3, allenfalls auch 4 und 2. Beim Paratyphusbacillus liegt das Agglutinationsoptimum stets in Röhrchen 5 oder 6, trotz der Nachbarschaft der Agglutinationsoptima ist eine Verwechslung mit dem Typhusbacillus so gut wie ausgeschlossen. Bact. coli und dysenteriae agglutiniert überhaupt nicht. Eine ganze Reihe ähnlicher, tierpathogener Bakterienstämme, wie der Bacillus der Kälberruhr, Kälberpneumonie, Schweineseuche verhalten sich wie der Paratyphusbacillus. Nach neueren Untersuchungen scheint es, daß die Stärke dieser Agglutinabilität, bei der Paratyphusgruppe auch die Lage des Optimums im Laufe der Wachstumsgenerationen einer Variation fähig ist. Beim Typhusbacillus darf man wohl die optimale [H·] als konstant betrachten, es variiert nur die Stärke der Agglutinabilität. Der Umstand, daß auch Stämme von Bact. coli gefunden wurden, die eine Säureagglutination wie die Bakterien der Paratyphusgruppe zeigen, während doch in der überwiegenden Mehrzahl Bact. coli nicht säureagglutinabel ist, geben der Vermutung

Raum, daß diese abweichenden Coli-Stämme artverschieden von den übrigen sind. Zum mindesten verdient die Säureagglutination zur Charakterisierung dieser Arten ebenso herangezogen zu werden, wie andere biologische Reaktionen, wie etwa Gärung und Säuerung von Zuckern u. a.

35. Der Einfluß der Wasserstoffzahl auf den physikalischen Zustand von Eiweißlösungen; die Theorie von der Hydratation der Eiweißionen. In neuerer Zeit hat sich immer die Anschauung Bahn gebrochen, daß die Ionen in wässeriger Lösung von einer Hülle von Wassermolekülen umgeben sind. Diese Wassermoleküle haften an den Ionen so fest, daß sie bei allen Bewegungen derselben mitgeschleppt werden und das Gewicht des Ions beschweren. Diese Vergrößerung des Ionengewichts und Ionenvolumens hat einen hervorragenden Einfluß auf die Wanderungsgeschwindigkeit der Ionen, und für diese ist in der Regel die eigentliche Natur, die Molekulargröße und -form des Ions selbst weniger maßgebend als die Anzahl der von dem Ion mitgeschleppten Wassermoleküle. Die Methoden zur Bestimmung der Zahl der mitgeschleppten Wassermoleküle geben bisher nur relative Werte; setzt man die von einem H-Ion gebundenen Wassermoleküle willkürlich = 1, so trägt das K·-Ion 5, das Na·-Ion 8, Li 14 Moleküle Wasser mit sich. Man findet eine Zusammenstellung über diesen Gegenstand in der 7. Auflage (1913) von Nernsts theoretischer Chemie, S. 409.

Für die Eiweißionen scheint nun diese Hydratation ganz besonders stark ausgebildet und von besonders bemerkenswerten physikalischen Folgen begleitet zu sein. Diese Folgen beziehen sich auf die innere Reibung (Viskosität), die Oberflächenspannung, das optische Drehungsvermögen.

Schon von E. Laqueur und O. Sackur (90) wurde die hohe innere Reibung von Caseinlösung auf die starke Hydratation der Casein-Ionen zurückgeführt, und auch Hardy (58) deutete die hohe innere Reibung von Lösungen des Globulin in Säuren und Alkalien in gleichem Sinne. Ausführliche systematische Untersuchungen hat darüber W. Pauli mit Handovsky und Wagner (169, 170, 174) ausgeführt.

Die Theorie von der Hydration der Eiweißionen und der fehlenden Hydration der unelektrischen Eiweißmoleküle als richtig vorausgesetzt, ergibt sich die Theorie über den Einfluß der [H·] der Lösung auf die innere Reibung einer Eiweißlösung sehr leicht.

Die Reibung muß ein Minimum haben im isoelektrischen Punkt.

Der experimentelle Nachweis der Theorie ist nun deshalb nicht ganz leicht, weil außer den H·-Ionen auch noch viele andere Ionenarten die Reibung des Eiweißes beträchtlich beeinflussen. Um den Nachweis experimentell zu führen, müßte man daher in einer Versuchsreihe in einer Eiweißlösung nur die Menge der H·-Ionen variieren und alle anderen Ionenarten konstant halten. Eine Methode hierfür werden wir S. 182 kennen lernen. Diese Methode ist aber für diesen Zweck bisher noch nicht angewendet worden.

Mit einiger Annäherung ließ sich das Reibungsminimum von L. Michaelis und Mostynski (120) freilich schon dadurch bestimmen, daß die allmähliche Ansäuerung der elektrolytfreien Eiweißlösung einfach durch HCl geschah. Da der isoelektrische Punkt des Eiweißes schon durch sehr geringe Mengen HCl erreicht wird, so ist dabei gleichzeitig entstehende Menge von Cl′-Ionen, wenn auch ungleich, so doch äußerst gering, daß sie keinen sehr erheblichen Einfluß auf die Reibung des Eiweißes ausüben dürfte. Die Resultate deckten sich innerhalb der Versuchsfehler mit der Erwartung. Pauli und Wagner (174), welche diese Theorie zunächst angriffen, haben nachträglich selbst ein Reibungsminimum bei einem Gehalt der Eiweißlösung von 0,0016—0,002 n HCl beschrieben.

Alle anderen Versuche von Pauli stellen ein an sich wertvolles Tatsachenmaterial dar, welches aber für diese Frage nicht rein verwertet werden kann, weil in allen seinen Versuchen neben den H·-Ionen auch andere Ionen an der Bestimmung der inneren Reibung stark mitbeteiligt sind. Denn versetzt man eine Eiweiß lösung z. B. mit größeren Mengen HCl, so haben wir nicht allein eine Wirkung der vermehrten H-Ionen, sondern gleichzeitig eine Wirkung der vermehrten Cl-Ionen vor uns. Da aber diese (z. B. in Form von NaCl) nachweisbar von großem Einfluß auf die Reibung sind, so eignen sich diese Versuche nicht zur Erkennung des reinen Einflusses der H-Ionen. Pauli deutet übrigens diesen Einfluß in folgender Weise. Fügt man zu Eiweißlösungen steigende Mengen HCl, so bilden sich zwei Arten von unelektrischem Eiweiß: das isoelektrische freie Eiweißmolekül, und zweitens das Eiweißchlorhydrat, soweit dieses nämlich nicht elektrolytisch dissoziiert ist. Durch steigenden Zusatz von HCl bilden sich infolge der Zurückdrängung der elektrolytischen Dissoziation des Eiweißchlorhydrats immer mehr unelektrische Moleküle, und die Reibung sinkt daher wieder ab.

Diese an sich plausible Theorie umfaßt aber nicht die Tatsache, daß bei einer gegebenen [H·] in einer elektrolytarmen Lösung die Reibung des Eiweißes schon durch sehr kleine Mengen von NaCl erheblich vermindert wird. Obwohl die Verhältnisse noch nicht völlig überblickbar sind, möchte ich mir erlauben, vorläufig folgende Arbeitshypothese aufzustellen: die Hydratation (und damit die innere Reibung) der Eiweißionen ist am stärksten in elektrolytfreier Lösung. Befinden sich in der Lösung noch andere, der Hydratation befähigte Ionenarten, so tritt gewissermaßen eine Konkurrenz der verschiedenen Ionen um das Hydratwasser ein, und die Hydratation der Eiweißionen nimmt ab. Das Wesen dieser „Konkurrenz" ist allerdings bisher nicht zu verstehen; eine Verteilung des Hydratwassers unter die verschiedenen Ionenarten nach dem Massenwirkungsgesetz kann nicht in Frage kommen, weil ja Wasser stets in großem Überschuß vorhanden ist. Auf diese Weise kommt es, daß die Hydratation im allgemeinen nicht eindeutig von der [H·] abhängt, sondern nur dann, wenn alle übrigen Ionenarten in der Lösung konstant gehalten werden. Der Gegensatz dieser Theorie zu der von Pauli besteht in folgendem. Pauli deutet die reibungsvermindernde Eigenschaft der Neutralsalze in dem Sinne, daß die Neutralsalze die Eiweißionen entladen; ich deute sie in dem Sinne, daß die Neutralsalze die Eiweißionen dehydratisieren, ohne aber ihren Charakter als Eiweißionen zu vernichten. Ich glaube, daß der Versuch mir recht gibt. Denn soweit es sich bisher experimentell durchführen ließ, hat sich die Entladung der Eiweißionen durch Salz nicht beweisen lassen. In einer Eiweißlösung, deren [H·] etwa eine Zehnerpotenz oberhalb (bzw. unterhalb) des isoelektrischen Punktes liegt, wandert im Stromfeld das Eiweiß stets kathodisch (bzw. anodisch), gleichgültig ob sich nahezu gar kein Salz oder ob sich viel Salz in Lösung befindet (128), und gleichgültig, wie die innere Reibung dieser Lösungen sich verhält.

Zum Schluß möchte ich daran erinnern, daß diese Theorie von der rein dehydratisierenden, aber nicht entionisierenden Wirkung der Salze im Grunde nichts anderes ist als eine Rückkehr zu der alten Theorie von Hofmeister (77), der die Salzwirkung auf Eiweißlösungen ebenfalls als eine Wasserentziehung betrachtete. Auch die sog. „Aussalzung" von kolloidalen, aber auch von nicht kolloidalen Lösungen gehört hierher (Lösungen von Seife, Farbstoffen; z. B. kann man das gut kristallisierende und gut diffundierende Methylenblau aus seiner wässerigen Lösung durch NaCl aussalzen).

In engem Zusammenhang hiermit steht die Frage nach der Abhängigkeit der Quellungsfähigkeit von Eiweißgelen (z. B. Gelatine, Fibrin) von der [H·]. Ich glaube, daß meine soeben entwickelte Anschauung glatt hierauf übertragen werden kann, indem das Quellungswasser als das Hydratwasser betrachtet wird. Bei sehr niederem Gesamtelektrolytgehalt deckt sich der isoelektrische Punkt tatsächlich mit dem Quellungsminimum. Chiari (23) bestimmte das Quellungsminimum der Gelatine $= 2 \cdot 10^{-5}$, L. Michaelis und W. Grineff (136) den isoelektrischen Punkt nach der Überführungsmethode $= 2{,}5 \cdot 10^{-5}$, also übereinstimmend.

An ähnlichen theoretischen Unklarheiten leiden die Untersuchungen über die anderen, noch erwähnten, von der [H·] abhängigen Eigenschaften. Ohne daher die Bedeutung aller dieser Arbeiten an sich als wichtiges Tatsachenmaterial herabsetzen zu wollen, so glaube ich doch, daß sie für eine endgültige Stellungsnahme zu den in diesem Buche behandelten Problemen noch nicht reif sind.

36. Der Einfluß der Wasserstoffzahl auf die Hämolyse. Zu den Eingriffen, welche rote Blutkörperchen auflösen und das Hämoglobin in Freiheit setzen, gehören bekanntlich auch die Säuren. Bringt man zu einer durch ClNa isotonisch gemachten Blutkörperchenaufschwemmung Säuren in einer Menge, daß die Isotonie der Lösung nicht gestört wird, so tritt dennoch Hämolyse ein. Es gibt nun zweifellos Säuren, die gleichgültig in welcher Form, ob als freie Säure oder als Salz, als Protoplasmagift wirken und Hämolyse hervorrufen. Sehen wir aber von solchen spezifisch giftigen Substanzen ab und betrachten nur solche Säuren, die als Na-Salze ungiftig sind, so ist für die Hämolyse wiederum nur die [H·] maßgebend. L. Michaelis und D. Takahashi (123) stellten fest, daß für alle untersuchten Blutarten eine [H·] von ungefähr 10^{-5} schnell Hämolyse erzeugt. Auf die theoretische Deutung der Erscheinung wollen wir hier nicht eingehen.

Aber auch die sog. spezifische Hämolyse durch Amboceptor und Komplement wird durch die [H·] bedeutend beeinflußt. Die für diese Hämolyse wirksamste [H·] ist nach L. Michaelis und

P. Skwirsky (131, 132) ungefähr $2-3 \cdot 10^{-8}$, d. h. Blutalkalescenz, während eine niedere und besonders auch eine höhere [H·] die spezifische Hämolyse unterdrückt. So tritt bei einer [H·] von $3 \cdot 10^{-6}$ keine Spur einer spezifischen Hämolyse auf. Dabei wird der hämolytische Amboceptor von den Blutkörperchen durchaus gut gebunden, aber das Komplement ist unwirksam. Dies beruht darauf, daß bei saurer Reaktion das Komplement nach den Untersuchungen von Ferrata (unter Leitung von Morgenroth) und von H. Sachs und Altmann in zwei Komponenten gespalten wird, das „Mittelstück" und das „Endstück". Wie L. Michaelis und Skwirsky zeigten, wird bei saurer Reaktion zwar das Mittelstück gebunden, vorausgesetzt, daß die Blutkörperchen mit sehr reichlichem Amboceptor beladen sind, nicht aber das Endstück.

37. Der Einfluß der [H·] auf die Geschwindigkeiten einfacher chemischer Reaktionen. Es gibt zahlreiche chemische Reaktionen, welche durch die Anwesenheit von H-Ionen oder OH-Ionen beschleunigt werden. Es sind die einfachsten Fälle der von Ostwald sog. katalysisch beschleunigten Reaktionen, und die H·- bzw. OH-Ionen sind die Katalysatoren. Eine genaue Erörterung dieser Prozesse findet sich in jedem Lehrbuch der physikalischen Chemie und wir können hier nur einige Punkte besprechen, die in unserem Zusammenhang eine gewisse Wichtigkeit haben.

Die H·-Ionen beschleunigen z. B. die Hydrolyse der Di- und Polysacharide, der Fette, der Ester, der Eiweißkörper und Polypeptide u. a.

Die OH′-Ionen beschleunigen ebenfalls die Hydrolyse vieler von den ebengenannten Stoffen; ausgenommen sind nur die Di- und Polysacharide, welche durch OH′-Ionen nicht hydrolysiert werden (von anderen, durch sehr hohe OH′-Konzentrationen hervorgerufenen chemischen Veränderungen derselben können wir hier absehen).

Der Prototyp dieser Reaktion ist die „Inversion" der Saccharose durch Säuren. Die Hydrolyse der Saccharose ist bekanntlich eine unimolekulare Reaktion, und die Geschwindigkeit derselben ist der jeweiligen Zuckerkonzentration proportional. Dieser Proportionalitätsfaktor heißt die Geschwindigkeitskonstante, k, und diese ist, wie Arrhenius (2) nachgewiesen hat, ziemlich genau der [H·] der Lösung proportional, so genau, daß immerhin eine Methode zur Messung der [H·] auf dieser Erkenntnis begründet werden konnte. Aber doch ist diese Proportionalität nicht unter allen Umständen streng; die Geschwindigkeit wird nämlich, wenn auch in viel geringerem Grade, auch von anderen Ionen mitbeeinflußt. So vermehren alle Neutralsalze die Geschwindigkeit der Hydrolyse ein wenig, und für jede Ionenart konnte Arrhenius zahlenmäßig angeben, um wieviel sie die Geschwindigkeit des Prozesses erhöht. Unter allen Umständen aber ist der Einfluß aller anderen Ionenarten sehr unbedeutend gegenüber dem der H-Ionen, bzw. in anderen Fällen der OH-Ionen.

Die genannten hydrolysierbaren Körper sind nun durchweg physiologisch wichtige Substanzen, und es fragt sich, ob im lebenden Organismus die katalytische Wirkung der H- oder OH-Ionen auf dieselben zur Geltung kommt. Dies muß durchweg verneint werden. Um eine irgendwie für den Stoffwechsel in Betracht kommende Zerfallsgeschwindigkeit der Kohlehydrate, Fette oder Eiweißkörper zu erhalten, reicht weder die [H·] noch die [OH′] irgend einer Körperflüssigkeit auch nur annähernd aus. Im lebenden Organismus hat die [H·] bzw. [OH′] der Gewebssäfte nur insofern Bedeutung für die Hydrolyse dieser Körper, als eine den Wirkungsbedingungen der spezifischen Fermente angepaßte günstige [H·] vorhanden sein muß.

B. Die Wasserstoffzahl der verschiedenen Flüssigkeiten des lebenden Organismus.

38. Allgemeine Gesichtspunkte. Auf Grund aller angeführten Beispiele wird es schon jetzt, bei dem äußerst primitiven Stand unserer Kenntnisse, einleuchtend sein, wie sehr alle Lebensvorgänge von der Wasserstoffzahl abhängig sind. Zwar sind auch andere Ionenarten wie Na, Ca, Cl unentbehrlich für alle vitalen Vorgänge, es dürfte aber doch kein anderes Ion geben, bei dem in so allgemeiner Weise so kleine Schwankungen der Konzentration so große Effekte haben. Es wäre eigentlich das Ziel der in diesem Buche geschilderten Untersuchungen, den Einfluß der [H·] auf alle uns interessierenden physiologischen Vorgänge zu beschreiben und zu erklären. Vorläufig sind wir aber selbst von der bloßen Beschreibung noch weit entfernt, weil so gut wie alle Beschreibungen der Säure- und Alkaliwirkung auf die physiologischen Funktionen ohne eine genauere Messung der [H·]

ausgeführt worden sind. Wenn man einige besonders frappante Beispiele der Alkaliwirkung hervorheben möchte, so würde man wohl an die belebende Wirkung der Alkalien auf Spermatozoen denken, die schon R. Virchow beobachtete, und in neuerer Zeit vor allem an die von Jaques Loeb (94) gefundene eingreifende Wirkung der Säuren und Alkalien auf das unbefruchtete Seeigelei; an die unentbehrliche Rolle, die die geringe Alkalität des Seewassers auf die Furchung des befruchteten Seeigeleies nach Herbst (70) und J. Loeb hat; an die weitgehende Abhängigkeit der Oxydationsgeschwindigkeiten in den tierischen Geweben, die O. Warburg (237), sowie J. Loeb und Wasteneys (97), dann auch Mac Clendon und Mitchell (29) fanden; an den Einfluß der Alkalien auf die Kontraktilität der Ringmuskulatur der Medusen nach Bethe (12), sowie auf die rhythmischen Bewegungen der Muscheln und Fische nach Roaf (186), auf die Lebensfähigkeit von Protozoen nach Koltzoff (86).

Bei allen diesen Fragen ist das gemeinsame Problem etwa folgendermaßen zu formulieren:

1. Welchen quantitativen und qualitativen Einfluß auf den biologischen Vorgang hat die Änderung der Wasserstoffzahl?

2. Bei welcher [H˙] verläuft der Prozeß unter physiologischen Bedingungen, welches ist die physiologische Variationsbreite der [H˙], welcher Chemismus reguliert die physiologische [H˙] automatisch?

Während der erste Abschnitt dieses Buches die erste Frage zu beantworten sucht, machen wir in dem folgenden Abschnitt einen Versuch zur Lösung der zweiten Frage, soweit sie mit unseren primitiven Kenntnissen schon heute möglich ist. Wir beginnen also, die Ergebnisse über die Messungen der [H˙] in den Flüssigkeiten der lebenden Gewebe mitzuteilen, und auf Grund der erworbenen theoretischen Kenntnisse die funktionelle Bedeutung derselben zu erläutern. Wir können ein häufig wiederkehrendes Resultat vorwegnehmen: zeichnet sich irgend eine Gewebsflüssigkeit durch ein spezifisches Ferment aus, so ist in der Regel die [H˙] dieses Saftes gleich derjenigen [H˙], die dem Wirkungsoptimum dieses Fermentes entspricht.

Diese physiologisch so zweckmäßige Einrichtung findet man z. B.:

[H·] des normalen Magensaftes des Erwachsenen
= [H·] des Wirkungsoptimums des Pepsin,

[H·] des Magensaftes des Säuglings
= [H·] des Wirkungsoptimums der Magenlipase.

[H·] des Darmsaftes = [H·] des Wirkungsoptimums des Trypsins, Erepsins und der Pankreaslipase.

[H·] des Speichels = [H·] des Wirkungsoptimums der Speicheldiastase (bei dem Chlorgehalt des Speichels, s. S. 75).

[H·] des Blutes = [H·] des Wirkungsoptimums der Blutlipase, ebenso des glykolytischen Ferments des Blutes.

Nicht ganz geklärt sind in dieser Beziehung die Gewebsflüssigkeiten im Innern der Organe. Wir werden sehen, daß diese sicherlich erheblich weniger alkalisch als das Blut, sogar vielleicht mitunter als sauer aufzufassen sind. Hier kommen ja wohl in erster Linie die säurebildenden, und unter diesen besonders die oxydierenden Fermente in Betracht. Von dem Wirkungsoptimum derselben wissen wir bisher noch nichts; mit einer Ausnahme. Das Wirkungsoptimum des glykolytischen Fermentes des Blutes liegt nämlich, wie Rona und Wilenko (199) gezeigt haben, bei Blutalkalescenz. Wenn nun das glykolytische Ferment der Gewebe mit dem des Blutes identisch sein sollte, so hätten die Gewebe nicht die für die Wirkung dieses Ferments günstigste (H·]; sie haben aber dafür eine [H·], bei welcher kleine Änderungen große Änderungen in der Wirksamkeit dieses Fermentes zur Folge hätten. Wir können also in solchen Fällen annehmen, daß der Organismus durch kleine Änderungen der [H·], die er gerade durch die mehr oder minder große Aufspeicherung der sauren Stoffwechselprodukte hervorrufen kann, ein Mittel zur Regulierung der Geschwindigkeit dieser Stoffwechselvorgänge hat. Es dürfte kein Zufall sein, daß gerade die Verdauungssäfte alle auf das Optimum ihrer Wirkung eingestellt sind; denn sie haben unter allen Umständen die Aufgabe, so energisch wie möglich zu wirken; und es wäre nicht ausgeschlossen, daß die Gewebsflüssigkeiten nicht genau dem Optimum der säurebildenden Fermente entsprechen, sondern derart eingerichtet sind, daß kleine Änderungen der [H·] große Effekte haben.

Zum besseren Verständnis dieser Behauptung betrachten wir noch einmal die Wirkungskurve irgend eines Ferments, sagen wir, der Invertase. Wir betrachten zwei Fälle.

1. Die Invertase befinde sich einer Lösung von der [H·] ihres Wirkungsoptimums, $3 \cdot 10^{-5}$ ($p_H = 4{,}5$). Nun nehmen wir an, die [H·] der Lösung verringere sich auf ihren dritten Teil, [H·] $= 1 \cdot 10^{-5}$, oder $p_H = 5{,}0$. Wir sehen aus der Abb. 13, S. 61, daß diese Änderung kaum eine merkliche Änderung der Wirksamkeit zur Folge hat.

2. Die Invertase befinde sich anfänglich in einer Lösung, deren [H·] $= 3 \cdot 10^{-7}$, $p_H = 6{,}5$ sei. Und nun vermindere sich die [H·] wieder auf ihren dritten Teil, $1 \cdot 10^{-7}$, bzw. $p_H = 7{,}0$. Wir sehen aus Abb. 13, daß dadurch die Wirksamkeit der Invertase fast um die Hälfte herabgedrückt wird.

Kurz: eine ganz bestimmte Erhöhung der [H·] hat nur einen kleinen Einfluß, wenn wir von der optimalen [H·] ausgehen; sie hat einen großen Einfluß, wenn wir von einer nicht-optimalen [H·] ausgehen. Dies sind die Gesichtspunkte, mit denen wir an das folgende Kapitel herangehen.

39. Die Wasserstoffzahl des Blutes. Ein vereinfachtes Modell der Blutflüssigkeit. Die [H·] der Blutflüssigkeit wird bestimmt durch ihren Gehalt

1. an Carbonaten,
2. an Phosphaten,
3. an Eiweiß.

Die anderen Bestandteile des Blutes kommen nicht in Betracht, sei es, weil sie an Menge gar zu gering sind (Ammoniak, Aminosäuren, Harnsäure u. dgl.), sei es, weil sie überhaupt keinen in Betracht kommenden Einfluß auf die [H·] einer wässerigen Lösung haben (Zucker; NaCl). Diese Verhältnisse klar erkannt zu haben, ist das Verdienst von Henderson (67, 68, 69).

Der quantitative Anteil dieser drei Stoffe ist dahin abzuschätzen, daß die Carbonate den größten Einfluß haben, weil sie in relativ hoher Konzentration vorhanden sind. Der Gehalt des Blutes an gesamter CO_2 beträgt etwa 0,14 % und ist daher etwa 0,03 molar. Der Gehalt an gesamter anorganischer Phosphorsäure ist etwa 0,003 molar. Der Einfluß der Phosphate ist daher viel geringer als der Carbonate. Den molaren Gehalt an Eiweiß anzugeben, ist nicht genau möglich. Wir wissen nur, daß das Eiweiß überwiegend in der Form von Anionen vorhanden sein muß und daß der Bruchteil der unelektrischen Moleküle dagegen ziemlich klein sein wird, während Kationen von Eiweiß bei der alkalischen Reaktion des Blutes in irgendwie meßbarer Menge ausgeschlossen sind. Nehmen wir den Eiweißgehalt zu 10% und das Molekulargewicht des Eiweißes zu > 10000 an, so würde sich daraus ein Eiweißgehalt von $< {}^{1}/_{100}$ molar ergeben. Nehmen wir selbst an, daß die Säuredissoziationskonstante der Eiweißkörper selbst ebenso groß wäre wie der Kohlensäure (sie ist sicher viel kleiner), so würde sich daraus ergeben, daß unter allen Umständen die Rolle der Eiweißkörper an der Herstellung der $[H^{\cdot}]$ des Blutes sehr gering ist, im allergünstigsten Fall kaum so groß wie die Rolle der Phosphate. Wir können deshalb für die weiteren Betrachtungen ohne merkbaren Fehler vom Eiweiß absehen und das Blut ansehen als ein Gemisch

1. von $NaHCO_3 + CO_2$
2. von $NaH_2PO_4 + Na_2HPO_4$.

Da nun in einem Carbonatgemisch (abgesehen von den kleinen Korrekturen infolge der unvollkommenen elektrolytischen Dissoziation des $NaHCO_3$) die

$$[H^{\cdot}] = k_{CO_2} \cdot \frac{[CO_2]}{[NaHCO_3]}$$

und in einem Phosphatgemisch

$$[H^{\cdot}] = k_{Phosph.} \cdot \frac{[NaH_2PO_4]}{[Na_2HPO_4]}$$

ist, so muß, da nur eine $[H^{\cdot}]$ vorhanden sein kann, stets

$$k_{CO_2} \cdot \frac{[CO_2]}{[NaHCO_3]} = k_{Phosph.} \frac{[NaH_2PO_4]}{[Na_2HPO_4]}$$

sein; d. h. wenn wir künstlich, etwa durch Einleiten von CO_2 das Verhältnis

$$\frac{[CO_2]}{[NaHCO_3]}$$

ändern, so muß sich gleichzeitig das Verhältnis

$$\frac{[NaH_2PO_4]}{[Na_2HPO_4]}$$

ändern. Rein chemisch betrachtet verläuft dieser Prozeß folgendermaßen: die eingeleitete CO_2 bleibt nicht völlig als solche bestehen, sondern sie setzt sich mit einem Teil der Na_2HPO_4 um und bildet NaH_2PO_4, nämlich

$$Na_2HPO_4 + H_2CO_3 \rightleftarrows NaH_2PO_4 + NaHCO_3$$

Wie weit diese Umsetzung geschieht, darüber vermag diese chemische Formel nichts auszusagen; dafür tritt eben die obige physiko-chemische Betrachtung ein.

Da nun aber die Rolle der Phosphate gegenüber der der Carbonate gering ist, so können wir unserer folgenden, halbquantitativen Betrachtung einfach die Vorstellung zugrunde legen, das Blut sei einfach ein Gemisch von $CO_2 + NaHCO_3$; und zwar enthalte es, ganz rund gerechnet, 0,12 Mol $NaHCO_3$ pro Liter und 0,01 Mol CO_2 pro Liter. Eine einfache wässerige Lösung von etwa 0,12 n. $NaHCO_3$ + 0,01 n CO_2 stellt daher ein für unsere Betrachtungen ausreichendes, vereinfachtes Modell der Blutflüssigkeit dar. Ein solches, schematisch vereinfachtes Blut hätte dann eine [H·]

$$[H^{\cdot}] = 3 \cdot 10^{-7} \cdot \frac{0,01}{0,12} = 0,25 \cdot 10^{-7}$$

($3 \cdot 10^{-7}$ ist, abgerundet, die Dissoziationskonstante der Kohlensäure[1]).)

40. Die Empfindlichkeit des Blutes gegen Säuren und Laugen. Betrachten wir nun, wie eine solche Lösung ihre [H·] ändert, wenn man Säuren oder Laugen hinzufügt. Wir wollen z. B. ebensoviel freie Säure, d. h. 0,01 Mol pro Liter, wie schon darin ist, noch hinzufügen. Je nach der Natur der zugefügten Säure wird der Effekt verschieden sein.

a) Die Säure sei Kohlensäure. Dann ist die Zusammensetzung der Lösung nunmehr: 0,02 n CO_2; der Bicarbonatgehalt bleibt der alte, und es ist

$$[H^{\cdot}] = 3 \cdot 10^{-7} \cdot \frac{0,02}{0,12} = 0,50 \cdot 10^{-7}$$

Die [H·] hat sich also verdoppelt; und das ist eine sehr kleine Änderung; denn vorher wie nachher handelt es sich um eine äußerst

[1]) Die [H·] dieser Lösung fällt in dieser Berechnung etwas niedriger als die des Blutes aus; aber erstens ist der hier zugrunde gelegte Wert der Dissoziationskonstante der Kohlensäure (vgl. S. 27) etwas zu niedrig, zweitens ist die unvollkommene Dissoziation des $NaHCO_3$ nicht berücksichtigt, und es dürfte das vorgeschlagene Gemisch das Blut viel besser nachahmen, als es nach der nur angenäherten Rechnung den Anschein hat.

schwach alkalische Lösung, wenn man bedenkt, daß z. B. eine 0,001 n NaOH eine [H·] = ca. 10^{-11} hat, und eine 0,001 n HCl eine solche von ca. 10^{-3}.

b) Die Säure sei eine stärkere Säure (HCl, Milchsäure, Essigsäure) als Kohlensäure. Dann wird die zugefügte Säure sich mit dem Bicarbonat umsetzen:

$$0{,}12 \text{ Mol } NaHCO_3 + 0{,}01 \text{ Mol } HCl \rightarrow 0{,}11 \text{ Mol } NaHCO_3 + 0{,}01 \text{ Mol } H_2CO_3.$$

Die Lösung ist daher zum Schluß 0,11 n an Bicarbonat und 0,02 n an Kohlensäure, daher

$$[H^{\cdot}] = 3 \cdot 10^{-7} \cdot \frac{0{,}02}{0{,}11} = 0{,}546 \cdot 10^{-7},$$

d. h. der Zusatz der HCl macht die Lösung kaum ein Spürchen stärker sauer als der Zusatz der H_2CO_3. Bei den soeben betrachteten Mengenverhältnissen wird also das Blut durch HCl nicht merklich stärker gesäuert als durch CO_2. Erst wenn man soviel Säure zufügt, daß gar kein Bicarbonat mehr in Lösung bleibt, zeigt sich die Stärke der Salzsäure gegenüber der Kohlensäure.

c) Die Säure sei eine schwächere Säure als Kohlensäure (z. B. Glykokoll, Borsäure). Dann tritt gar keine praktisch bemerkbare Änderung der [H·] ein.

Gegen den Zusatz von reinen Laugen ist aber eine solche Lösung viel empfindlicher. Fügen wir z. B. 0,01 Mol NaOH zu, so gibt diese mit den 0,01 Mol CO_2 der Lösung 0,01 Mol Bicarbonat, und die Lösung stellt insgesamt nichts weiter als eine 0,13 n $NaHCO_3$-Lösung dar, welche eine so stark alkalische Reaktion hat ([H·] = < 10^{-9}), wie sie niemals auch nur annähernd im strömenden Blut vorkommt. 0,005 Mol NaOH würden die [H·] dagegen nur auf ca. die Hälfte des ursprünglichen Wertes herabsetzen ([H.] = $0{,}120 \cdot 10^{-7}$).

Gegen Zugabe von Bicarbonat ist die [H·] des Blutes ziemlich unempfindlich. Wenn wir 0,01 Mol Natriumbicarbonat einführen, ist

$$[H^{\cdot}] = 3 \cdot 10^{-7} \cdot \frac{0{,}01}{0{,}13} = 0{,}231 \cdot 10^{-7}$$

d. h. es hat beinahe gar keine Änderung der [H.] stattgefunden.

Es hat ein gewisses Interesse, sich zu überlegen, welche Änderung Blutserum erfährt, wenn man es mit CO_2 von Atmosphärendruck sättigt.

1 Liter Wasser nimmt bei Zimmertemperatur rund 1,5 g oder 0,03 Mole CO_2 auf. Die $[H^{\cdot}]$ des mit CO_2 gesättigten Serums ist daher $= 3 \cdot 10^{-7} \cdot \frac{0,03}{0,012} = 7,5 \cdot 10^{-7}$. Verdünnt man aber vorher das Serum aufs Zehnfache, so daß sein Gehalt an $NaHCO_3$ nur noch 0,0012 n ist, so wird durch Sättigen mit CO_2 die $[H^{\cdot}] = 3 \cdot 10^{-7} \cdot \frac{0,03}{0,0012} = 7,5 \cdot 10^{-6}$. Die letztere Zahl ist ganz dicht an dem isoelektrischen Punkt des Serumglobulins $(4 \cdot 10^{-6})$. Daher kommt es unter anderem, daß das Globulin durch Sättigen des Serum mit CO_2 viel vollständiger gefällt wird, wenn man es vorher stark verdünnt. Diese alte Beobachtung wird gewöhnlich durch den Umstand erklärt, daß durch das Verdünnen das Serum salzärmer gemacht wird. Diese Erklärung ist nur zum Teil zureichend, denn bei passender Ansäuerung läßt sich das Globulin selbst aus physiologischer ClNa-Lösung immerhin ganz gut ausfällen.

So ist also das Blut vermöge der Pufferwirkung seines CO_2-Bicarbonatgemisches dafür eingerichtet, durch die im Stoffwechsel dauernd entstehenden Säuren nicht zu sehr in der $[H^{\cdot}]$ alteriert zu werden. Diese Säuren sind vor allem Kohlensäure, sodann Milchsäure, Acetessigsäure, β-Oxybuttersäure.

41. Der Mechanismus der physiologischen Regulierung der Wasserstoffzahl im Blut. Trotz der geringen Änderung, die die Aufnahme von Säuren ins Blut macht, hat das Blut dennoch die Tendenz, selbst diese geringen Änderungen auszugleichen und sehr schnell genau die normale $[H^{\cdot}]$ wiederherzustellen, und zwar mit Hilfe außerordentlich empfindlicher Regulationsvorrichtungen. Diese sind so prompt, daß eine irgendwie gröbere Abweichung von der normalen $[H^{\cdot}]$ selbst unter pathologischen Verhältnissen nicht vorkommt, nicht einmal bei Diabetikern, welche massenhaft β-Oxybuttersäure ausscheiden; und künstlich kann man nur ganz vorübergehend etwas größere Schwankungen hervorrufen, wenn man das Blut direkt mit Säuren oder Alkalien überschwemmt; und eine künstlich hervorgerufene zu große Änderung ist mit dem Leben unverträglich (236).

Welches sind nun diese Regulationsvorrichtungen? Es sind überwiegend die Lungen und die Nieren.

Die Lungen haben es in ihrer Macht, je nach der Stärke ihrer Ventilation mehr oder weniger Kohlensäure auszuscheiden. Die Stärke der Ventilation aber wird, abgesehen von nur vorübergehend in Betracht kommenden willkürlichen Beeinflussungen, durch das nervöse Atemzentrum im verlängerten Mark reguliert. Dieses reagiert auf die geringste Erhöhung der $[H^{\cdot}]$ des umspülenden

Blutes mit einer Erhöhung der Atemtätigkeit, wobei wir es außer Betracht lassen, ob diese durch Erhöhung der Tiefe oder der Frequenz der Atemzüge geschieht. Diese Theorie von der Reizbarkeit des Atemzentrums durch erhöhte [H·] ist zuerst von Winterstein (241), sodann von Porges, Leimdörfer und Markovici (178), ferner Hasselbalch (66) ausgesprochen worden. Der Mechanismus ist also folgendermaßen zu denken. Im Stoffwechsel entsteht ständig CO_2, welche die [H·] über den normalen Wert zu heben sucht; das Atemzentrum reagiert darauf durch eine Einstellung der Lungenventilation derart, daß der Überschuß an CO_2 gerade ausgeschieden wird. So bildet sich ein stationäres Niveau der [H·] aus, welches je nach der „Reizbarkeit" des Atemzentrums, in Kombination mit der Größe der Zuströmung der CO_2 ins Blut einen ganz bestimmten Wert hat. Ist die Reizbarkeit des Atemzentrums herabgesetzt, etwa durch Narkotica, so daß es erst bei einer höheren [H·] kräftig reagiert, so steigt die [H·] des Blutes, wie Hasselbalch experimentell nachgewiesen hat. Im übrigen ist nach Porges der Spielraum der Reizbarkeit des Atemzentrums sehr gering, womit die Tatsache übereinstimmt, daß die [H·] des Blutes unter allen möglichen Umständen fast die gleiche ist; sonst müßte ja die stationäre [H·] des Blutes sich auf eine verschiedene Höhe je nach der Reizbarkeit einstellen.

Man kann nun darüber diskutieren, ob die Reizung des Atemzentrums wirklich durch die vermehrte [H·] oder durch die vermehrte CO_2-Konzentration geschieht. Wenn es gelingt, einen Zustand zu beobachten oder künstlich herzustellen, bei dem der Bicarbonatgehalt des Blutes herabgesetzt ist, so könnte man die gewünschte Entscheidung leicht treffen. Nun liegt ein solcher Zustand bei der sog. Acidose, z. B. mancher Diabetesfälle, vor. Wir werden alsbald zeigen, daß hier die Bicarbonatmenge des Blutes vermindert ist. Trotzdem stellt sich durch die Regulationsvorrichtungen des Organismus die normale [H·] des Blutes her, d. h. die Kohlensäurespannung des Blutes sinkt unter die Norm. Hier erkennt man, daß das Atemzentrum nicht eigentlich auf erhöhte CO_2-Spannung, sondern auf erhöhte [H·] reagiert.

Die Funktion der Nieren erstreckt sich überwiegend auf die Ausscheidung der Phosphate, nur in geringem Maße auf die der Carbonate. Zur Erhaltung des Phosphorsäure-Gleichgewichts muß täglich eine bestimmte Menge P_2O_5 ausgeschieden werden. Aber die Nieren haben es in ihrer Macht, diese in beliebigem Mengenverhältnisse als NaH_2PO_4 und als Na_2HPO_4 auszuscheiden, und somit haben sie einen erheblichen Anteil an der Regulation der [H·] des Blutes. Das bestimmende Moment, relativ mehr oder weniger primäres als sekundäres Phosphat auszuscheiden, ist natürlich das Verhältnis dieser beiden Salze im Blut, d. h. wiederum die [H·] des Blutes.

Niemals aber kann die Niere eine stärkere Säure, etwa Milchsäure, Acetessigsäure, in freier Form in irgend erheblicher Menge ausscheiden. Dies geschieht immer nur in Form ihrer Alkalisalze. Denn auch in extrem saurem Harn ([H·] $= 10^{-5}$) sind diese Säuren fast ganz nur in Form ihrer Alkalisalze existenzfähig. (Vgl. Tabelle S. 27.) Nur die β-Oxybuttersäure mit ihrer relativ niederen Dissoziationskonstanten findet sich, wie Henderson und Spiro (69a) gezeigt haben, zum merklichen Teil als freie Säure im Harn, falls dieser eine sehr hohe [H·], etwa 10^{-5}, hat. Wird das Blut mit irgend einer stärkeren Säure überschwemmt, in einer Menge, die überhaupt noch mit dem Leben verträglich ist, so bildet diese Säure im Blut sofort ihr Na-Salz, indem sie Na dem sekundären Phosphat entreißt und dieses in primäres Phosphat umwandelt. Und nun wird durch die Nieren erstens das Na-Salz jener Säure, zweitens das überschüssige primäre Phosphat ausgeschieden. Letzteres erhöht die [H·] des Harns, im extremen Fall bis zur Eigenreaktion einer primären Phosphatlösung, d. i. [H·] $= 2$ bis $3 \cdot 10^{-5}$. Saurere Reaktionen kommen nicht vor, und Säuremengen, welche durch einen derartigen Mechanismus durch die Nieren nicht entfernbar sind, sind offenbar mit dem Leben unverträglich. Als wichtige Unterstützung der Regulation kommt in pathologischen Fällen von Säurebildung noch ein ganz anderer Mechanismus hinzu, der auf einer chemischen Abartung des Stoffwechsels beruht. Es wird an Stelle des Harnstoffs teilweise Ammoniak produziert, das die abnorm gebildeten Säuren neutralisiert.

42. Die Beziehung von Wasserstoffzahl und Kohlensäurespannung, besonders bei der Acidosis. Unter der „Kohlensäurespannung“ des Blutes muß man den Partialdruck der CO_2 in einem Gasraum verstehen, welcher mit dem Blut in Gleichgewicht steht. Die theoretisch einwandfreieste Methode zur Bestimmung dieser CO_2-Spannung bestünde also darin, daß man sehr viel Blut mit sehr wenig Luft sich in CO_2-Gleichgewicht setzen läßt und dann den CO_2-Gehalt der Luft bestimmt. Dies leistet angenähert die Methode der Bestimmungen der CO_2-Spannung im Alveolarblut von Plesch (177).

Da der Teilungskoeffizient der CO_2 zwischen einer gasförmigen und einer wässerigen Phase, oder die „Löslichkeit" der CO_2 in Wasser für jede beliebige Temperatur genau bekannt ist [vgl. (88)], so kann man aus dem Partialdruck der CO_2 den Gehalt der Lösung, also der Blutflüssigkeit, an CO_2 oder „freier Kohlensäure" genau berechnen. Es sei nun eine Reihe von Lösungen gegeben, die alle die gleiche $[H^{\cdot}]$, aber verschiedene CO_2-Mengen aufweisen. Wir können dann daraus schließen, daß diese Lösungen auch alle verschiedene $NaHCO_3$-Mengen enthalten, und zwar ist die Bicarbonatmenge dann der CO_2-Menge genau proportional. Ungefähr in dieser Lage befinden wir uns nun beim Blut. Die $[H^{\cdot}]$ desselben ist selbst unter den stark pathologischen Bedingungen der Acidosis die normale. Neuerdings haben nun Untersuchungen von G. Porges, A. Leimdörfer und E. Markovici (178) ergeben, daß die CO_2-Spannung des Blutes bei der Acidosis im Diabetes merklich erniedrigt ist. Daraus folgt, daß auch die Bicarbonatmenge in diesem Blut um denselben Bruchteil erniedrigt sein muß. Dies kommt offenbar auf folgende Weise zustande.

In das zunächst normal angenommene Blut gelange infolge des pathologischen Stoffwechsels eine fremde Säure, Oxybuttersäure oder Acetessigsäure, welche stärker ist als Kohlensäure. Sie verdrängt daher CO_2 aus dem Bicarbonat:

$$NaHCO_3 + \text{Oxybuttersäure} \rightarrow CO_2 + \text{oxybuttersaures Na.}$$

Hierdurch wird die Menge des Bicarbonats vermindert. Die Menge der freien CO_2 wird zunächst vermehrt, aber durch die Respiration schnell wieder derart herabgemindert, daß das Verhältnis $CO_2 : NaHCO_3$ und somit auch die $[H^{\cdot}]$ den physiologisch normalen Wert annimmt. Die ins Blut gelangte Oxybuttersäure wird also praktisch vollkommen „gebunden". Die Gegenwart des oxybuttersauren Natrons stört uns nicht darin, das Blut wie bisher als unser vereinfachtes CO_2-$NaHCO_3$-Modell zu behandeln, denn da diese fremden Säuren recht starke Säuren sind, verhalten sich ihre Natronsalze praktisch wie echte Neutralsalze, wie NaCl, d. h. sie haben keinen Einfluß auf die $[H^{\cdot}]$ der Lösung und können unberücksichtigt bleiben, wenn es nur gilt, die $[H^{\cdot}]$ der Lösung zu berechnen.

Die Acidosis des Blutes äußert sich, infolge der Regulation vorrichtungen des Organismus in bezug auf die [H·] des Blute nicht in einer merklich veränderten [H·], sondern in einer ve minderten CO_2-Spannung desselben. Der Nachweis dieser Tatsach ist Porges, Leimdörfer und Markovici gelungen; er äuße sich ferner in einer gleichzeitigen Verminderung der Menge d Bicarbonats. Da nun die älteren Verfahren der Titration d Blutes gegen Säuren im wesentlichen eine Bestimmung des Bicarb nats darstellen dürften, so erklärt es sich ferner, daß die Acidos sich auch in einer Verminderung des „Säurebindungsvermögens oder der „Titrationsalkalität" äußert.

43. Die Titrationsalkalität des Blutes. Diese letzten Beme kungen müssen uns veranlassen, das Wesen der sog. Titration alkalität des Blutes noch einmal zu erörtern, was nunmehr kei Schwierigkeit macht. Die Titrationsalkalität ist vor allem von d Wahl des Indicators abhängig. Nehmen wir an, wir hätten eine Indicator gewählt, dessen Umschlagspunkt bei einer [H·] = 1 · 10 liegt. Alsdann beantwortet die Titrierung des Blutes mit Säu (HCl, Weinsäure) einfach die Frage: wieviel ccm n. Säure ve braucht das Blut, damit seine [H·] bis auf $1 \cdot 10^{-6}$ steigt? D verbrauchte Säuremenge hängt aber nicht oder nur sehr indirel von der ursprünglichen [H·] des Blutes, sondern fast alle von dem Gehalt an $NaHCO_3$ ab. Denn solange das Bl noch etwas $NaHCO_3$ enthält, wird seine [H·] den Wert 10 nicht erreichen können; sobald aber die zugefügte Säu alle CO_2 aus dem Bicarbonat entbunden hat, schnellt d [H·] plötzlich über 10^{-6} in die Höhe. Die Titration wäre der nach eine Bestimmung des Bicarbonatgehalts, wenn der I dicator für diesen Zweck richtig gewählt wäre. Die richti Auswahl des Indicators werden wir später kennen lerne Die Titration des Blutes stellt demnach ein an sich vc zügliches Verfahren dar, nur mißt man mit ihm etw ganz anderes als die [H·], und seine Ausarbeitung bedürf einer Revision auf Grund der später zu besprechenden Pri zipien. Es sei mir deshalb gestattet, die Besprechung d Titrationsalkalität des Blutes auf diese wenigen Worte zu b schränken, und es soll durch die Kürze dieser Darstellung keine wegs der Eindruck erweckt werden, daß die sorgfältigen darüb vorliegenden Arbeiten an Wert eingebüßt hätten. Aber die B ziehungen dieser Titrationsalkalität zu unserem Thema, der [H·] des Blutes, dürften hiernach geklärt sein; und andererseits dürfte offenbar sein, daß diese Beziehungen von den älteren Autoren, die sich mit der Titrationsalkalität beschäftigten, noch nicht klar erkannt worden sind.

44. Die verminderte CO_2-Spannung als eindeutiges Maß der Acidosis? Wie wir sahen, wurde von Porges und Leimdörfer nachgewiesen, daß bei nachweislicher Acidosis im Diabetes die CO_2-Spannung des Blutes herabgesetzt ist. Diese Autoren schließen daraus, daß allgemein eine verminderte CO_2-Spannung das Kriterium einer Acidosis sei. Nach unseren Erörterungen wird man aber verstehen, daß dieser Schluß nur dann bindend ist, wenn neben der Verminderung der CO_2-Spannung die [H·] des Blutes die normale ist. Und dies setzen die Autoren ja voraus; gerade die Beobachtung, daß die [H·] des Blutes selbst bei Acidosis die normale ist, führte sie zu ihrem Schluß. Aber es wäre zu weit gegangen, diese Denkweise auf diejenigen Fälle zu übertragen, wo die [H·] des Blutes herabgesetzt ist. In diesen Fällen wäre der Bicarbonatgehalt des Blutes der normale, es läge keine Acidosis vor, sondern die verminderte CO_2-Spannung des Blutes rührte daher, daß das Atemzentrum die [H·] auf ein tieferes Niveau einstellt als normalerweise. Ein solches Verhalten hätte natürlich nichts mit Acidosis zu tun, und hier wäre ein Fall, wo verminderte CO_2-Spannung des Blutes nicht als Ausdruck der Acidosis gedeutet werden darf.

Diese Erörterungen sind nicht allein in der Theorie entstanden, sie haben vielmehr folgende faktische Grundlage. Novak, Leimdörfer und Porges (159) fanden, daß in der Gravidität die CO_2-Spannung des Blutes durchschnittlich herabgesetzt ist, wenn auch nur wenig, aber doch wohl im Durchschnitt sicher; diese Spannung betrug statt 5,81% nämlich nur 5,36% des Atmosphärendruckes, also eine Verminderung um nicht ganz 10% des Normalwertes. Ich hatte nun Gelegenheit, an zahlreichen Schwangeren die [H·] des Blutes zu messen zu einer Zeit, wo ich diese Arbeiten noch nicht kannte und deshalb ganz unbeeinflußt war. Es fand sich im Mittel, bei 18° gemessen, [H·] $= 2,26 \cdot 10^{-8}$, während die zu gleicher Zeit vorgenommenen Kontrollmessungen an nicht schwangeren Frauen [H·] $= 2,56 \cdot 10^{-8}$ im Mittel ergaben (s. Tabelle S. 102, 103). Die [H·] bei Schwangeren ist also im Mittel um etwa 10% kleiner als in der Norm (das Blut ist alkalischer). Sind die Unterschiede auch klein, so ist es doch bemerkenswert, daß die [H·] um ebensoviel vermindert ist als die CO_2-Spannung; daher muß die Bicarbonatmenge des Schwangerenbluts die normale sein, und es kann keine Acidose vorliegen. Dieses Beispiel zeigt, daß der Grundsatz, die verminderte CO_2-Spannung als Maß der Acidosis zu deuten, nicht ohne gleichzeitige Kontrolle der anderen Faktoren eo ipso zu verwerten ist.

45. Die Wasserstoffzahl des Blutes in Beziehung zu der der Gewebe. Von der [H·] der Gewebs- und Zellflüssigkeit wußten wir bisher durch experimentelle Bestimmungen noch wenig. Es dürfte wohl die Meinung verbreitet sein, daß sie gleich der des Blutes sei. Das ist aber ganz unmöglich, mag auch die Abweichung klein sein. Der Stoffwechsel der Zelle erzeugt fortwährend CO_2, an manchen Stellen vorübergehend sogar Milchsäure, und zwar aus nicht sauer reagierenden Stoffen, wie Fetten, Zucker, Eiweißkörpern. Die Milchsäure liefert bei O_2-Gegenwart weiterhin CO_2. Die überschüssige Kohlensäure wird ans Blut abgegeben. Das ist natürlich nur möglich, wenn ein CO_2-Gefälle zwischen Gewebszellen und Blutflüssigkeit besteht. Es ist daher nicht anders denkbar, als daß die [H·] der Gewebe stets ein wenig größer als im Blut ist. So saugt das Blut stets die Säuren des Stoffwechsels aus den Geweben, und die inspirierte, fast CO_2-freie Luft saugt diese CO_2 wieder aus dem Blut; und auch die Niere saugt durch einen uns unbekannten Mechanismus außer zahlreichen anderen gelösten Substanzen auch die Säuren aus dem Blut. Denn niemals, auch bei noch so alkalisch reagierendem Harn, sinkt die [H·] des Harns unter die des Blutes; immer saugt die Niere die Säuren an und scheidet sie als primäres Phosphat aus, und zwar gerade soviel, um die [H·] des Blutes aufrecht zu erhalten.

Unter diesen Umständen ist es sehr erklärlich, daß uns die [H·] des Blutes kein wahres Bild von dem Bestehen einer „Acidosis", z. B. beim Diabetes geben kann. Die Acidosis muß ganz enorm sein, wenn sie eine dauernde Erhöhung der [H·] des Blutes herbeiführen soll; dagegen zeigt sie sich in der hohen [H·] des Harns, ferner in dem pathologischen Auftreten von Ammoniak in Blut und Harn, welches aus dem Eiweiß an Stelle des indifferenten Harnstoff entsteht und die Säure mit zu neutralisieren hilft; ferner in de verminderten CO_2-Spannung und gleichzeitig verminderten Bi carbonatmenge des Blutes; sie würde sich sicherlich auch in der erhöhten [H·] der Gewebe zeigen, wenn wir diese messen könnten.

46. Die Selbststeuerung der Säurebildung in den Geweben. Das normale Endprodukt der Gewebsatmung ist die Kohlensäure. Zweifellos geht aber die Verbrennung über gewisse Zwischenstufen, unter denen die Milchsäure eine bedeutende Stellung einnimmt. Ist nämlich die Verbrennung unvollkommen, z. B. bei Zirkulationsstörungen, Cyanose, oder in dem überlebenden Organ nach Aufhören der Sauerstoffzufuhr durch das Blut, so findet sich stets Milchsäure statt Kohlensäure. Auch bei der Glykolyse im Blut bildet sich stets Milchsäure neben Kohlensäure.

Zweifellos ist auch der Prozeß der Milchsäurebildung, sowie der Prozeß der Verbrennung zu CO_2 von der [H·] abhängig. Die Milchsäurebildung im Muskel überschreitet anaerob nicht eine Konzentration von 0,18$^0/_0$ beim Frosch nach J. Parnas und R. Wagner (165); bei der hierbei erreichten [H·] scheint der Prozeß der Milchsäurebildung seine automatische Hemmung zu finden. Die Verbrennung dieser Milchsäure zu CO_2 nach O_2-Zufuhr findet aber auch bei diesen maximalen Milchsäurekonzentrationen glatt statt, und es hat daher den Anschein, daß die CO_2-bildenden, oxydierenden Fermente auch bei ziemlich stark saurer Reaktion wirksam sind. Andererseits fanden Batelli und Stern (8, 9), daß die Oxydation des Alkohol zu Essigsäure in den überlebenden Organen am besten bei leicht alkalischer Reaktion vor sich geht, und auch die CO_2-Bildung der überlebenden Organe in Form der „accessorischen Atmung“ dieser Autoren nahm bei saurer Reaktion ab. Obwohl wir nun die optimalen [H·] für alle diese Prozesse noch nicht gut kennen, können wir doch schon durchblicken, daß diese Prozesse von der [H·] abhängig sind, und durch die Veränderung der [H·], den die entstehenden Säuren hervorrufen, eine automatische Selbststeuerung erfahren werden.

47. Die praktischen Ergebnisse der Messungen im Blut. Die ersten annähernd richtigen Vorstellungen von der [H·] des Blutes verdanken wir R. Höber (73, 74), der die Nernstsche Wasserstoffkonzentrationskette für diesen Zweck eingeführt hat. Er verwendete die Methode der dauernden Wasserstoffdurchströmung (s. S. 146). Dadurch wurde aber CO_2 aus dem Blut ausgetrieben und die erhaltenen Werte sind etwas alkalischer, als sie frischem

Blute entsprechen. Später hat er seine Messungen dadurch korrigiert, daß er dem durchströmenden Wasserstoff bekannte Mengen CO_2-Gas zufügte, und er konnte für jede CO_2-Spannung einen zugehörigen Wert von [H·] im Blute angeben. Befand sich das Blut im Gleichgewicht mit Wasserstoffgas, welches a Vol.-Proz. CO_2 enthält, so hatte es die [H·]:

a	[H·]
0	$0{,}012-0{,}028 \cdot 10^{-7}$
1,60	$0{,}31 \cdot 10^{-7}$
2,44	0,47
3,18	0,37
3,81	0,34
4,15	0,49
4,26	0,58
6,51	0,79
9,19	0,89
9,95	0,74
15,50	0,94
26,35	1,55
29,05	2,37
57,86	$2{,}98 \cdot 10^{-7}$

Betrachtet man die physiologischen Schwankungen als zwischen 3 und 6 $^0/_0$ CO_2 (d. h. 0,03—0,06 Atmosphären Partialdruck) liegend, so ergibt sich somit $[H^\cdot] = 0{,}37$ bis $0{,}79 \cdot 10^{-7}$. Fast gleichzeitig wandten P. Fränckel (48) die Wasserstoffkette in einer anderen Anordnung an, und bald auch Farkas (38). Sie erhielten für defibriniertes Rinderblut ebenfalls 0,3 bis $0{,}7 \cdot 10^{-7}$. Durch Hirudin ungerinnbar gemachtes Blut verhielt sich nach Höber ebenso.

Eine ungefähre Bestimmung lieferte ferner die colorimetrische Methode von H. Friedenthal (49); er verwertete die Tatsache, daß Blut gegen Lackmus, aber nicht gegen Phenolphthalein alkalisch reagiert, in richtiger Weise zu dem Schlusse, daß [H·] rund zwischen 10^{-7} und 10^{-8} sein müsse.

Szili (222) und Benedikt (10) untersuchten mit der Gaskette auch schon das Blut nach intravenöser Säurezufuhr. Benedikt stellte dabei zum erstenmal die wichtige Tatsache fest, daß das Blut des Diabetikers mit „Acidose“ eine normale [H·] habe.

Aber alle diese Messungen wurden an Genauigkeit durch Hasselbalch (61) übertroffen, der einen methodischen Fortschritt zur Vermeidung des CO_2-Verlustes einführte. Das Prinzip von Hasselbalch wurde von mir auf eine viel einfachere Weise zur Ausführung gebracht, ohne die Genauigkeit zu verringern, und seitdem kann man diese Messungen mit sehr kleinen Blutmengen (weniger als 1 ccm) mit aller erforderlichen Exaktheit ausführen (137). Auch Hasselbalch (63) hat inzwischen seine Apparatur derart verändert, daß er mit sehr kleinen Blutmengen auskommt.

Die Messungen von Hasselbalch und seinen Mitarbeitern haben ergeben:

bei 38°: Bei einer CO_2Spannung von	= CO_2-Partialdruck in Atmosphären	p_H	[H·]
30 mm	0,0395	7,45	$3{,}55 \cdot 10^{-8}$
40 mm	0,0526	7,36	$4{,}36 \cdot 10^{-8}$
50 mm	0,0658	7,31	$4{,}9 \cdot 10^{-8}$

Da der Unterschied der CO_2-Spannung zwischen arteriellem und venösem Blut der größeren Säugetiere von etwa 30 bis 50 mm zu veranschlagen ist, so folgt daraus für den Unterschied des venösen und arteriellen Blutes

	p_H	[H·]	Differenz der p_H	Verhältnis der [H·]
arterielles Blut	7,45	$3{,}5 \cdot 10^{-8}$	0,14	1: 1,38
venöses Blut	7,31	$4{,}9 \cdot 10^{-8}$		

Mit der von mir vereinfachten Methode fand ich 1912 folgende Werte bei Messungen des venösen Blutes aus der Cubitalvene des gesunden, ruhenden Menschen (meist Männer) bei Temperaturen zwischen 18 und 20° C

	p_H	Doppelmessung		p_H	Doppelmessung
Fall 1.	7,57	7,61	Fall 7.	7,53	—
2.	7,62	7,67	8.	7,53	7,57
3.	7,54	7,56	9.	7,59	7,56
4.	7,52	7,56	10.	7,58	7,55
5.	7,49	7,57	11.	7,56	7,55
6.	7,49	7,49	12.	7,63	7,65

Im Mittel p_H **7,56**, [H·] = $2{,}75 \cdot 10^{-8}$. Größte Abweichung

des einzelnen Mittelwertes der Doppelmessung vom gesamten Mittel $+\,0{,}08$
$-\,0{,}07$

Die Abweichungen von den Zahlen von Hasselbalch erklären sich durch die verschiedene Temperatur, bei der die Messungen vorgenommen wurden. Ich fand nämlich, daß jedes Blut bei 37^0 einen um durchschnittlich 0,21 kleineren p_H hat als bei 18^0. Infolgedessen ist mein Durchschnittswert für 38^0

$$p_H = 7{,}35,\ [H^{\cdot}] = 4{,}47 \cdot 10^{-8}$$

ein Wert, der sich mit dem von Hasselbalch fast deckt.

Im Jahre 1913 von mir vorgenommene Messungen an gesunden Frauen ergaben folgende Werte. Die Parallelmessungen (a, b, c, d) ergeben gleichzeitig ein gutes Bild von der Reproduzierbarkeit der erhaltenen Zahlen:

Fall	Alter	Diagnose	Temp. der Messung	p_H	(Parallelmessungen)			p_H Mittel
				a	b	c	d	
1.	17	Gesund	16,5°	7,58	7,56	—	—	7,570
2.	17	Leichte Cystitis	16,5°	7,59	7,59	—	—	7,590
3.	21	Leichte Chlorose	17,0°	7,55	7,54	—	—	7,545
4.	36	Gesund	18,5°	7,57	—	—	—	7,57
5.	23	Gesund	17,0°	7,63	7,58	—	—	7,605
6.	17	Gesund	17,0°	7,62	7,62	—	—	7,620
7.	38	Dysmenorrh.	18,5°	7,60	7,59	—	—	7,595
8.	21	„	17 5°	7,61	7,58	—	7,61	7,600
9.	14	Chlorose	17,5°	7,64	7,61	—	7,61	7,620
10.	25	Gesund	16,5°	7,67	7,66	—	7,64	7,657
11.	30	Vit. cordis	18,0°	7,62	7,61	—	7,60	7,610
12.	33	Amenorrhoe	18,0°	7,61	7,60	—	—	7,605
13.	32	Anämie	18,5°	7,57	7,56	—	—	7,565
14.	21	Gesund	18,5°	7,55	7,57	7,57	7,59	7,570
15.	26	Hysterie	17,5°	7,56	7,54	7,54	7,55	7,548
16.	22	Cystitis	17,8°	7,57	7,59	7,59	7,58	7,582

Durchschnitt: $p_H =$ **7,591**, $[H^{\cdot}] = 2{,}56 \cdot 10^{-8}$.

Das wäre umgerechnet für 38^0:

$$p_H = \mathbf{7{,}38};\ [H.] = 4{,}17 \cdot 10^{-8}.$$

Bei Schwangeren, ebenfalls im Jahre 1913 untersucht[1]), ergab sich

Fall	Monat der Schwangerschaft	Temperatur der Messung	p_H	(Parallelmessungen)			Mittel
			a	b	c	d	
1.	III	17,5⁰	7,66	7,68	—	—	7,67
2.	III	18,5⁰	7,68	7,64	—	—	7,66
3.	VI	18,0⁰	7,63	7,63	—	—	7,63
4.	IX	18,5⁰	7,72	7,68	—	—	7,70
5.	II	18,5⁰	7,66	—	—	—	7,66
6.	II	18,0⁰	7,65	7,63	—	—	7,64
7.	(Abort.imminens) II (bald darauf Abort)	18,0⁰	7,60	7,57	—	—	7,585
8.	I—II	17,0⁰	7,66	7,66	—	—	7,66
9.	II	18,5⁰	7,62	7,66	—	—	7,64
10.	II	17,5⁰	7,72	7,69	7,72	—	—
11.	II	16,0⁰	7,72	7,72	7,74	—	7,727
12.	II	18,0⁰	7,63	7,61	7,62	—	7,62
13.	V	17,5⁰	7,65	7,65	7,67	—	7,653
14.	I—II	18,0⁰	7,66	7,65	7,63	—	7,647
	III	18,0⁰	7,66	—	—	—	7,66
16.	II	17,5⁰	7,65	7,67	7,64	—	7,653
17.	I	17,0⁰	7,66	7,63	7,63	—	7,640
18.	V	18,0⁰	7,58	7,57	7,54	7,54	7,560
19.	I	16,0⁰	7,63	7,64	7,65	—	7,640
20.	I	16,5⁰	7,63	7,63	7,62	—	7,627
21.	I	16,5⁰	7,64	7,63	7,64	—	7,638
22.	III	17,5⁰	7,66	7,63	7,62	—	7,638
23.	I—II	16⁰	7,62	7,65	7,64	—	7,637

Für ca. 18⁰ Durchschnitt $p_H = 7{,}645$, $[H^\cdot] = 2{,}26 \cdot 10^{-8}$.

[1]) Die Fälle wurden mir von Herrn San.-Rat Dr. K. Abel und von Herrn Dr. F. Bleichröder freundlichst zur Verfügung gestellt.

Einige pathologische Fälle seien in folgender Tabelle mitgeteilt:

Fall	Menschenblut aus der Ellbogenvene mit 0,85 %-iger ClNa-Lösung verdünnt. Doppelmessung von p_H bei ca. 18°	
	a	b
Chron. Bleivergiftung	7,42	7,45
Anämie	7,50	7,53
Aorteninsuffic., Ödem	7,56	7,56
Chron. Nephritis.	7,57	7,59
Icterus catarrhalis	7,57	7,57
Anämie nach Blutung	7,57	7,62
Polyarthritis	7,57	7,64
Nephrit. chron.	7,59	7,61
Arterioskler., Nephritis	7,59	7,62
Phthisis, Temp. 40°	7,59	7,60
Purpura	7,59	7,61
Carcinom, 38°	7,59	7,62
Carcinom	7,60	7,64
Typhus	7,60	7,61
Erysipel	7,61	7,61
Coma uraemic.	7,61	7,62
Bleivergiftung	7,62	7,56
Nephrit. chron.	7,64	7,67
Basedow	7,65	7,60
Arterioskl., Nephrit.	7,66	7,66
Diabetes ohne Aceton	7,66	7,66
Gicht (?)	7,66	7,67
Anämie, Purpura	7,66	7,69
{Pneumonie, 40°	7,71	7,74
{Pneumonie nach der Krise . . .	7,69	7,69
Sepsis, Phlegmone, 38,5°	7,71	7,71
Hemiplegia luet., im Sopor . .	7,73	7,74

Die Abweichungen von der Norm sind äußerst gering, und wie man sieht, fast durchweg im Sinne eines zu großen p_H, d. h. einer zu kleinen [H·] oder einer zu großen Alkalität, während abnorm hohe [H·] hier fast gar nicht zur Beobachtung gelangten.

Aber auch nicht einmal bei Fällen von Diabetes mit Acidosis zeigt das Blut eine wesentliche Erhöhung der [H·], mit Ausnahme eines Falles, der im tiefen Coma lag und dicht vor dem Tode stand (Fall 10) (103)

	Diagnose	p_H	
		a	b
1.	Präcomatöser Diabetes . . .	7,51	7,52
2.	„ „ . . .	7,51	7,51
3.	Leichter Diabetes	7,61	7,63
4.	Diabetes, Akromegalie	7,57	7,57
5.	Präcomatöser Diabetes . . .	7,57	7,59
6.	„ „ . . .	7,52	7,52
7.	„ „ . . .	7,50	7,49
8.	Leichter Diabetes	7,52	7,57
9.	Diabetes mit Acidose	7,56	7,56
10.	Coma diabetic. vor dem Exitus letalis	7,11	7,13

Die in pathologischen Zuständen beobachteten Abweichungen von der Norm sind sehr gering und meist im Sinne einer Zunahme der Alkalität. Nur in der Narkose und in ganz extremen Fällen von Coma diabeticum fanden sich Abweichungen im Sinne der Abnahme der Alkalität.

In 23 Fällen von Schwangerschaft zeigte sich durchschnittlich eine [H·], die ein wenig kleiner war als in der Norm, so daß in Anbetracht der vielen Fälle mit einiger Wahrscheinlichkeit der Unterschied die Fehlerquellen übersteigt, aber nicht so erheblich, daß man in jedem einzelnen Fall etwa einen diagnostischen Schluß ziehen könnte. Wie man hier sieht, ist die [H·] des Blutes nur um ein Spürchen kleiner als in der Norm (im Mittel um 10 bis 15%).

R o l l y (188) hat viele Messungen des Blutes unter verschiedenen pathologischen Umständen und unter verschiedenen Ernährungsbedingungen vorgenommen und viel größere Abweichungen beschrieben. Ich möchte vermuten, daß die geringere Konstanz seiner Werte methodologischen Ursachen zuzuschreiben ist. Auch S a l g e (202) beschreibt bei Kindern viel größere Abweichungen im Sinne einer verminderten Alkalität.

48. Die Wasserstoffzahl des Gewebssaftes (152a). Über die [H·] des Gewebssaftes waren mangels geeigneter Methodik bisher Zahlen nicht bekannt. Ganz neuerdings habe ich Messungen vorgenommen, welche die theoretisch entwickelte Erwartung von der relativ hohen [H·] der Gewebe vollauf bestätigen. Die Messungen wurden an einem wässerigen Extrakt des zerkleinerten Organes ausgeführt; die [H·] der Gewebe muß ja von der Verdünnung ihres Saftes in weitem Maße unabhängig sein, wie die des Blutes. Der Extrakt wurde hergestellt

A. aus dem frischen, zerkleinerten Organ ohne weitere Vorbereitung;

B. aus einem Organ, welches sofort nach dem Tode in kochendes Wasser geworfen wurde, dann zerkleinert und mit Wasser extrahiert wurde;

C. das Organ wurde erst 1 bis $1^1/_2$ Stunden nach dem Tode, also nach Eintritt der definitiven Säuerung, gekocht, dann wie B. weiter behandelt.

A. wird möglicherweise einen zu sauren Wert geben, weil sich postmortal Säuren, insbesondere Milchsäure, bilden, ehe die Messung beendet ist, bei B. ist eine postmortale Säurebildung ausgeschlossen, aber durch das Kochen wird möglicherweise CO_2 entweichen, und daher wird die Messung B. zu alkalisch ausfallen Der wahre Wert der [H·] des lebenden Gewebes wird daher zwischen der [H·] von A. und B. liegen.

Der Versuch C. soll zeigen, ob die in dem Gewebe vorhanden Regulatoren sehr überwiegend durch ein Carbonatgemisch repräsentiert sind, wie im Blut, oder ob die nicht flüchtigen Säuren (Phosphorsäure, Milchsäure) an Menge überwiegen. Im ersten Fall müßte beim nachträglichen Kochen des überlebenden Organs die [H·] stark zurückgehen, infolge CO_2-Verlust; im zweiten Fall kann das Entweichen von CO_2 nur einen kleinen Einfluß auf die [H·] haben. Es ergab sich nun mit einer a priori kaum zu erwartenden Übereinstimmung der Parallelversuche

A. $[H^\cdot] = 2$ bis $3 \cdot 10^{-7}$, (für den Muskel $1 . 10^{-6}$)
B. $[H^\cdot] = 0{,}95$ bis $1{,}2 \cdot 10^{-7}$
C. $[H^\cdot] = 1{,}5 \cdot 10^{-7}$.

Daraus folgt also, daß die [H·] in den Organen während des Lebens des Tieres $< 2 \cdot 10^{-7}$, aber $> 0{,}95 \cdot 10^{-7}$ war, also etwa $1{,}0$ bis $1{,}5 \cdot 10^{-7}$. C. lehrt ferner, daß diese Reaktion nur zum

Teil durch Carbonate, zum anderen Teile durch andere Säuren, hervorgerufen wird. Hieraus folgt:

Die [H·] der Organe ist sehr deutlich größer als die des Blutes; die Reaktion ist ziemlich genau neutral, und gar nicht alkalisch.

Man erkennt schon aus diesen wenigen Angaben, daß die bis heute wohl vorherrschende Vorstellung von einer Alkalität der Gewebe durchaus nicht zutrifft, und daß die Analogisierung der Verhältnisse des Blutes auf die der Gewebe unberechtigt war. Es unterliegt auch keinem Zweifel, daß physiologische und pathologische Verhältnisse die CO_2-Bilanz der Gewebe merklich ändern und damit die [H·] der Gewebe verschieben können; im allgemeinen dürften die Abweichungen von der Norm im Sinne einer übermäßigen Säuerung liegen. Da nun die Wirksamkeit der Fermente, und sicherlich auch die Bildung von CO_2 und Milchsäure, von der herrschenden [H·] abhängt, so dürfte die übermäßige Säuerung der Gewebe automatisch im Sinne einer Verzögerung der Säurebildung wirken, und hierin steckt zweifellos eine, wenn auch nicht sicher nicht die einzige Regulationsvorrichtung für die Gewebsatmung.

Tabelle über einige Messungsergebnisse:

Tier	Organ	roh, zerkleinert und extrahiert pH	gekocht, zerkleinert und extrahiert pH
Meerschweinchen	Leber	6,62	7,03
	Herz	6,69	6,96
Maus	Leber	6,62	—
Ratte	Leber	6,56	6,96
Hund	Leber	6,46	7,03
	Herz	—	6,82
	Pankreas	6,73	7,06
Katze	Leber	—	7,02
	Herz	6,63	7,03
	Muskel	**6,02**	6,91

Meerschweinchen, Leber eine Stunde nach dem Tode gekocht, dann extrahiert: 6,41.

Von den postmortal über die Norm gesäuerten Organen zeichnet sich der Skelettmuskel durch seine besonders hohe [H·] aus, während der in lebensfrischem Zustand sofort abgekochte Muskel sich von den anderen Organen nicht unterscheidet. Es handelt sich offenbar um die Bildung von Milchsäure, welche nach Fletcher und Hopkins (45) beim bloßen Zerkleinern des Muskels sehr rasch in der definitiven maximalen Konzentration entsteht. Der Herzmuskel verhält sich dagegen wie die übrigen Organe.

49. Die Wasserstoffzahl des Harnes. Die [H·] des Harns des Menschen schwankt zwischen etwa 10^{-5} bis 10^{-7}. Viel unter 10^{-7} sinkt sie selten, und selbst nach Zufuhr großer Mengen von Alkalien sinkt sie allerhöchstens auf die [H·] des Blutes. Auch für die alkalischen Harne der Pflanzenfresser dürfte das letztere zutreffen, wofern man von der sekundär durch ammoniakalische Fäulnis entstandenen Alkalität absieht. Mit der Harnsekretion wird daher dem Organismus stets Säure entzogen. Die [H·] des Harnes wird im wesentlichen durch das Verhältnis des primären zum sekundären Phosphat bestimmt, und umgekehrt kann man aus der durch Messung bestimmten [H·] dieses Verhältnis ermitteln. Dasselbe ist

$$\frac{[\text{primäres Phosphat}]}{[\text{sekundäres Phosphat}]} = \frac{[\text{H}^\cdot]}{2 \cdot 10^{-7}}.$$

Also bei [H·] =	ist dieses Verhältnis
$2 \cdot 10^{-8}$	1 : 10
$2 \cdot 10^{-7}$	1 : 1
$2 \cdot 10^{-6}$	10 : 1
$2 \cdot 10^{-5}$	100 : 1

Beim Harn ist es besonders auffällig, wie wenig die Titrationsacidität mit der [H·] parallel zu gehen braucht. Die Titration, mit Phenolphthalein als Indikator, ist nämlich nichts weiter, als eine quantitative Bestimmung des primären Phosphats; wenn dieses durch Zusatz der Lauge vollkommen in sekundäres Phosphat umgewandelt ist, tritt der Umschlag des Indikators nach einem starken Rot ein. Ob neben diesem austitrierten primären Phosphat noch viel oder wenig sekundäres Phosphat von vorneherein vorhanden ist, ändert am Titrationswert nichts; wohl aber ändert es die [H·] bedeutend. Um einen Einblick zu haben, wieviel Säure dem Organismus durch den Harn entzogen ist, genügt daher weder eine Bestimmung des [H·], noch eine Titration; nur beide vereint geben darüber Auskunft. Es wäre denkbar, daß ein Harn eine extrem hohe [H·] hätte, aber im ganzen nur sehr wenig Phosphate enthält. Dieser Harn hätte dem Organismus trotz seiner hohen [H·] nur wenig Säure entrissen. Andererseits könnte ein Harn eine nur geringe [H·] haben, aber sehr viel Phosphate. Dann könnte er dem Blut doch viel „Säure“ entrissen haben. Mit anderen Worten, wenn wir den ersten Harn ins Blut zurückbringen würden, so würde die Säurekapazität des Blutes seine hohe [H·] einfach verschlingen; der zweite Harn, trotz seiner geringeren [H·], würde die [H·] des Blutes merklich erhöhen, sobald seine [H·] die des Blutes überhaupt nur ein wenig übersteigt. Die uns vom Standpunkte des Stoffwechsels interessierende Eigenschaft des Harnes ist aber nur die Säuremenge, die er dem Blut entreißt. Diese kann man in folgender Weise ermitteln. Man messe die [H·] des Harns und titriere außerdem das primäre Phosphat; oder man titriere mit Phenolphthalein und n-Lauge das primäre Phosphat, mit Methylorange und n-HCl das sekundäre Phosphat. Auf beide Weisen erhält man Einblick in die absoluten Mengen beider Phosphate. Sei nun die molare Konzentration des sekundären Phosphat = a, so würde dieser Harn dem Blut dann keine Säure entrissen haben, wenn die molare Konzentration des primären Phosphats = $^1/_7$ a wäre, d. h. wenn das Verhältnis beider Phosphate zu einander dasselbe wie im Blut wäre. Alles primäre Phosphat, was darüber ist, kann als Maß für die entsäuernde Funktion des Harnes gegenüber dem Blut gelten. Es ist mir nicht bekannt, daß diese Betrachtung klinisch schon angewendet worden sei.

50. Die Wasserstoffzahl der Verdauungssäfte. 1. Der Speichel. Nach Messungen (bei 18°) von L. Michaelis und H. Pechstein (151) beträgt im Speichel in verschiedenen Proben

$$p_H = 6{,}79 \qquad [H^\cdot] = 1{,}6 \cdot 10^{-7}$$
$$6{,}91 \qquad 1{,}23 \cdot 10^{-7}$$
$$6{,}92 \qquad 1{,}2 \cdot 10^{-7}$$

Die Reaktion ist also fast genau neutral und sehr merklich von der des Blutes verschieden. Die beobachtete [H·] deckt sich mit der für die Wirksamkeit der Speicheldiastase bei Gegenwart von ClNa optimalen [H·].

2. Der Magensaft. Der Magensaft der erwachsenen Menschen hat nach einem Probefrühstück nach Messungen von P. Fränkel (47), sowie L. Michaelis und H. Davidsohn (111) mit nur geringen Schwankungen

$$p_H = 1{,}77 \qquad [H^\cdot] = 1{,}7 \cdot 10^{-2}$$

Dies ist genau die für die Wirkung des Pepsins optimale [H·] nach den Messungen von L. P. S. Sörensen (211), L. Michaelis und Davidsohn (111), Michaelis und Mendelssohn (150).

Bei Hyperaciditäten finden sich Abweichungen bis etwa [H·] fast $1 . 10^{-1}$, jedoch entspricht schon [H·] $= 4 . 10^{-2}$ einer starken Hyperacidität.

Bei Anaciditäten sind für die Abweichung bis zur genau neutralen oder sogar leicht alkalischen Reaktion der achylischen Säfte alle Übergänge gefunden worden.

Der Magensaft des Säuglings hat nach den Messungen von Allaria (1) und von Davidsohn (33) in der Regel eine [H·] $= 1 \cdot 10^{-5}$, also sehr viel weniger sauer als beim Erwachsenen. Diese [H·] stellt für die Wirkung des Pepsins eine äußerst ungünstige Reaktion dar, dagegen für die Wirkung der Magenlipase fast genau die optimale Reaktion. Im übrigen scheint es, daß die Art der Nahrung durch die Menge der in ihr enthaltenen säurebindenden Substanzen und durch den auf die Schleimhaut ausgeübten Reiz einen großen Einfluß hat. Bei Erwachsenen mit reiner Milchdiät nähert sich nach H. Davidsohn die [H·] stark der des Säuglings, und bei Säuglingen, denen man Gemüse gibt, erreicht die [H·] fast die der Erwachsenen.

Die saure Reaktion des Magensaftes beruht bekanntlich auf seinem Gehalt an Salzsäure. Man unterscheidet gewöhnlich die „freie Salzsäure" und die „gebundene Salzsäure". Diese Definition leidet aber an einer großen Unklarheit. Streng genommen dürfte man unter gebundener Salzsäure nur die Chlorhydrate verstehen. Solche sind im Magensaft NaCl genau so gut wie Eiweißchlorhydrat. Man meint aber immer nur das Eiweißchlorhydrat damit, obwohl dasselbe durchaus nichts anders ist als NaCl, insofern es zum großen Teil in Eiweißionen und Chlor-Ionen dissoziiert ist. Der gedachte Grund, das Eiweißchlorhydrat auf eine andere Stufe zu stellen als das NaCl, ist folgender. Wenn man etwa festes Eiweißchlorhydrat, oder feste Krystalle etwa von Glykokollchlorhydrat in Wasser löst, so sind diese zum Teil hydrolytisch gespalten in Glykokoll + HCl, und letztere verhält sich dann genau wie freie HCl, indem sie weitgehend in H· und Cl′ elektrolytisch dissoziiert ist. Alsdann haben wir also in Lösung 1. an Glykokoll „gebundene" Salzsäure, d. h. der nicht hydrolytisch gespaltene Anteil des Glykokollchlorhydrates; dieser aber ist völlig gleich in seinen Eigenschaften einem Salz wie NaCl; 2. freie Salzsäure; diese ist aber völlig gleich der wirklich freien Salzsäure in reiner HCl-Lösung entsprechender Konzentration. Der Begriff der „gebundenen" Salzsäure ist daher ein Unding; ihre Begriffsbestimmung ist durch unklare Vorstellungen und die Unkenntnis vom Wesen der hydrolytischen Dissoziation hervorgegangen. Das funktionell Wichtige für den Magensaft ist allein die [H·], und, wenn man so will, kann man die [H·] auch als „freie Salzsäure" bezeichnen; denn diejenigen negativen Ionen, welche als Gegenpart der freien H·-Ionen vorhanden sind, sind ja Cl′-Ionen; insofern kann man die freien H·-Ionen und die ihnen äquivalente Menge Cl′-Ionen zusammengenommen als „freie Salzsäure" bezeichnen. Aber kein irgendwie geartetes Titrationsverfahren kann mit einiger Genauigkeit diese [H·] feststellen. In einfachen Lösungen von Glykokollchlorhydrat + HCl könnte man zwar, unter Zugrundelegung der bekannten physikochemischen Konstanten des Glykokoll durch komplizierte Überlegungen ein Titrationsverfahren ausarbeiten, welches die [H·] ungefähr anzeigt; in dem komplizierten Magensaft ist das ganz unmöglich.

Wenn man nun in der klinischen Praxis nach den zahlreichen Erfahrungen mit dem Titrationsverfahren gewisse Standardwerte für die sog. freie und gebundene HCl bekommen hat, deren Änderung einen pathologischen Zustand anzeigt, so liegt das daran, daß man die Säfte unter stets gleichen Bedingungen nach einem stets gleichen Probefrühstück titriert. So erhält man gewisse reproduzierbare Zahlen, die aber nur in entferntem Zusammenhange mit der [H·] stehen, aber wenigstens mit der [H·] wachsen und fallen und deshalb praktisch brauchbar sind. Titriert man aber Magensäfte nach verschiedener Nahrungsaufnahme, so haben die Titrationszahlen untereinander gar keinen vergleichbaren, funktionellen Sinn. Das hat dann nur die Messung der [H·].

3. Der Darmsaft. Die Alkalität des Darmsaftes wurde früher bei weitem überschätzt. Die Messungen von Auerbach und Pick (5) haben ergeben, daß [H·] mindestens $= 1 \cdot 10^{-8}$ ist. Dabei wandten diese Autoren eine Methode an, die das Entweichen von CO_2 nicht vermeidet. Sie betrachten daher diese Zahl selbst nur als Minimalzahl und nehmen mit Recht an, daß die [H·] auch noch etwas höher, etwa $2 \cdot 10^{-8}$ betragen könne; dies ist also eine [H·], welche gleich oder nur um sehr wenig kleiner als die des Blutes ist. In Übereinstimmung mit diesem Befund steht die Tatsache, daß das Wirkungsoptimum des Trypsin etwa $2 \cdot 10^{-8}$, der Pankreaslipase $1-2 \cdot 10^{-8}$, des Erepsins $2 \cdot 10^{-8}$ ist.

Die Reaktion des Darmsaftes entspricht somit einer stark verdünnten Lösung von Natriumbicarbonat, sogar mit kleinen Mengen von freier CO_2; keinesfalls aber einer wenn auch noch so verdünnten Sodalösung.

4. Die Faeces. Die [H·] der Faeces, bzw. der aus ihnen extrahierten Flüssigkeit, schwankt natürlich je nach der Bakterienflora und der Art der stattgehabten Gärungen. Im allgemeinen findet man beim erwachsenen Menschen nach L. Michaelis und A. Mendelssohn (nicht publiziert) ebenfalls wie im Darm [H·] $= 1 \cdot 10^{-8}$, bei Säuglingen in der Regel ca. $1 \cdot 10^{-7}$ bis $1 \cdot 10^{-6}$ (vgl. auch Howe und Hawk, 77a).

5. Die Milch hat nach H. Davidsohn (33a) im frischen Zustand eine [H·] von ca. 10^{-7}, also erheblich höher als die [H·] des Blutes. Der Durchschnittswert aus 20 Einzeluntersuchungen von frischer Menschenmilch war [H·] $= 1{,}07 \cdot 10^{-7}$ ($p_H = 6{,}97$), von Kuhmilch sogar noch etwas saurer, $2{,}69 \cdot 10^{-7}$ ($p_H = 6{,}57$). Bei der Milchsäuregärung steigt die [H·] ungefähr bis zum isoelektrischen Punkt des Caseins, welches ausflockt (etwa 10^{-5}).

51. Die Wasserstoffzahl in Bakterienkulturen. Bekanntlich verlangen die meisten Mikroorganismen bei ihrem Wachstum eine gewisse Alkalität des Nährbodens. Es unterliegt keinem Zweifel, daß auch hier die [H·] das Maßgebliche für die Güte des Nährbodens ist, obwohl die Untersuchungen hierüber erst spärlich sind. Gute Nährbouillon zeigt eine [H·] von 0,4 bis $1 \cdot 10^{-8}$. Die Bakterien ertragen allerdings einen ziemlichen Spielraum der [H·], und genauere Untersuchungen über die für das Wachstum beste [H·] liegen noch nicht vor.

Wohl zu unterscheiden von dem wachstumshemmenden Einfluß einer ungünstigen [H·] ist der abtötende Einfluß der Säuren. Hierüber hat Brünn (19) Untersuchungen angestellt. Er fand, daß Bact. coli durch 24 Std. Aufenthalt in einer [H·] von $2 \cdot 10^{-5}$ aufwärts bei 37° sicher getötet wird, bei $1 \cdot 10^{-5}$ dagegen nur wenig geschädigt wird. Typhusbacillen werden bei $1 \cdot 10^{-5}$ schon sicher in 24 Std. getötet.

Da nun viele Bakterien saure Stoffwechselprodukte erzeugen, so lag die Frage nahe, wieweit eine Bakterienkultur sich spontan ansäuern kann. L. Michaelis und F. Marcora (152) ließen Bact. coli in milchzuckerhaltiger Nährbouillon wachsen und fanden, daß unabhängig vom Milchzuckergehalt und von der anfänglichen Alkalität der Lösung die Milchsäurebildung stets bis zu einer

$[H^{\cdot}] = 1 \cdot 10^{-5}$ fortschreitet. Dies ist aber gerade, wie wir sahen, die höchste $[H^{\cdot}]$, die das Bact. coli auf die Dauer ohne Schaden vertragen kann. Wir dürfen hierin wohl eine bemerkenswerte automatische Regulationsvorrichtung erblicken, die auch für die Gewebe der höheren Organismen zur Geltung kommen dürfte: Das schädliche Stoffwechselprodukt, die Milchsäure, wird durch gewisse biologische Prozesse aus dem Milchzucker gebildet. Die Wirksamkeit dieser Milchsäure bildenden Agenzien hängt von der $[H^{\cdot}]$ der Lösung ab, und ist derart, daß bei $[H^{\cdot}] = 1 \cdot 10^{-5}$ eine weitere Milchsäurebildung nicht stattfinden kann. Hierdurch schützen sich die Organismen vor der Bildung schädlicher Säuremengen.

52. Die Wasserstoffzahl natürlicher und künstlicher Wässer.

1. Wasser aus der Wasserleitung enthält ein wenig Calciumbicarbonat und freie Kohlensäure. Es enthält daher gleichzeitig CO_2 und HCO_3'-Ionen, und seine $[H^{\cdot}]$ findet sich im frischen Zustand nach meiner Erfahrung in der Regel $= 2$ bis $3 \cdot 10^{-8}$. Beim längeren Stehen an freier Luft gibt es etwas CO_2 ab und $[H^{\cdot}]$ fällt etwas unter $1 \cdot 10^{-8}$. Zur Untersuchung gelangte meist Berliner Leitungswasser. Eine Probe Wasser aus Halle a. S. stimmte damit überein. Eine Wasserprobe aus der Spree stimmte ganz genau mit dem Leitungswasser überein, während das Wasser stagnierender Seen bei Berlin viel alkalischer war, $< 1 \cdot 10^{-8}$. Genauere Untersuchungen hierüber sind im Gange.

2. Destilliertes Wasser sollte in ganz reinem Zustande eine $[H^{\cdot}] = 8 \cdot 10^{-8}$ bei 18^0 haben. In Wirklichkeit ist ohne Kautelen aufbewahrtes destilliertes Wasser stets saurer, weil es, abgesehen von zufälligen Verunreinigungen mit sauren Dämpfen (etwa SO_2) stets ein Spürchen CO_2 aus der Luft angenommen hat. Da die Luft durchschnittlich 0,03 Volumprozente CO_2 enthält, und der Teilungskoeffizient der CO_2 zwischen einem Gasraum und Wasser bei Zimmertemperatur nahezu 1 : 1 ist, so würde Wasser, welches CO_2 aus der Luft bis zum Gleichgewicht aufgenommen hat, 0,03 Volumenprozente CO_2-Gas von Atmosphärendruck enthalten, d. i. im Liter Wasser 0,3 ccm oder rund 0,45 mg oder rund 0,0001 Mol CO_2. Eine solche Lösung hätte nach S. 14, (6) eine $[H^{\cdot}]$

$$[H^{\cdot}] = \sqrt{0{,}0001 \cdot 3 \cdot 10^{-7}}$$
$$= 5{,}5 \cdot 10^{-6}.$$
$$p_H = 5{,}26.$$

Diesen Wert findet man ungefähr in der Tat; häufig ist p_H um 5,7. Schlechtes Wasser kann noch saurer sein, bis 5,0, und das dürfte auf anderen Verunreinigungen beruhen. Treibt man die CO_2 durch Kochen aus, so findet man in der Regel Werte, die sich dem des theoretisch reinen Wassers stark nähern, in der Regel etwa $p_H = 7$. (Ist das Wasser in Glasgefäßen ausgekocht, so kann p_H auch über 7 steigen.) Zwischen diesen beiden Extremen schwanken die Werte des gewöhnlichen destillierten Wassers. Man beachte also, daß das destillierte Wasser in bezug auf seine [H·] sehr schlecht „definiert" ist.

3. Neutralsalzlösungen, also physiologische Kochsalzlösung, reine bicarbonatfreie Solquellen (z. B. Colberger Sole) verhält sich genau wie destilliertes Wasser. Die sog. physiologische ClNa-Lösung stellt also, wo sie etwa die Blutflüssigkeit vertreten soll, eine sehr unphysiologische Flüssigkeit in bezug auf die [H·] dar. Daß sie in der Praxis nicht noch viel schlechter funktioniert als es der Fall ist, beruht nur darauf, daß die [H·] derselben durch die meist in physiologischen Versuchen eintretende Vermischung mit Blut- oder Serumspuren stark nach der physiologischen Seite zu verschoben wird.

4. Das Meerwasser wurde von S. P. L. Sörensen und Palitzsch (216) untersucht, indem auf Seereisen das Wasser direkt nach der colorimetrischen Methode gemessen wurde. Im Oberflächenwasser des norwegischen Meeres war $[H^\cdot] = 0{,}83$ bis $0{,}74 \cdot 10^{-8}$ (farblos gegen Phenolphthalein), im atlantischen Ozean fiel [H·] nach Süden bis $0{,}56 \cdot 10^{-8}$ (rot gegen Phenolphthalein). Mit wenigen Ausnahmen nahm die [H·] mit der Tiefe des Wassers zu, z. B. bei Portugal:

Tiefe in Metern	0	50	100	400	500	1000	1200	1500	2000
[H·]	0,62	0,66	0,74	0,91	0,98	0,98	1,05	1,13	$1{,}13 \cdot 10^{-8}$

Kurt Buch (20) fand für das Oberflächenwasser des finnischen Meeres $1{,}25 \cdot 10^{-8}$, bei Wiborg sogar $3 \cdot 10^{-8}$. W. E. Ringer (185) fand in Wasserproben der Nordsee und des Zuidersee 0,58 bis $1{,}4 \cdot 10^{-8}$. Das Meerwasser ist demnach ein wenig alkalischer als unser Leitungswasser und wohl überhaupt unser Flußwasser, obwohl eingehendere Untersuchungen über das letztere noch sehr erwünscht wären. Bemerkenswert ist jedenfalls, daß das Milieu, in dem die Seetiere leben, deutlich alkalischer ist als das Blut der höheren Tiere.

5. Die sog. alkalischen Mineralwässer enthalten sämtlich Natriumbicarbonat und daneben freie Kohlensäure. Die anderen Bestandteile haben so gut wie keinen Einfluß auf die [H·]. Je nach dem Gehalt an CO_2, der von der Frische des Wassers abhängig ist, ändert sich auch die [H·]. Alle Wässer, die an CO_2 übersättigt sind, die also spontan CO_2 an die Luft abgeben, reagieren sauer, im Widerspruch zu ihrem Namen. Man findet in der Regel $1-3 \cdot 10^{-7}$. Alle diese Wässer sind daher nicht imstande, das Blut alkalischer zu machen als es ist, denn die Wässer sind ja selbst saurer als das Blut; wohl aber machen sie von Natur sauren Harn weniger sauer, und es besteht bei einer solchen Mineralwasserkur natürlich eine Tendenz, die [H·] des Harns der des Mineralwassers zu nähern. Wenn man nun noch hinzunimmt, daß die freie CO_2 der Mineralwässer zum großen Teil durch die Lungen ausgeschieden werden muß, so versteht man die alkalisierende Fähigkeit gegenüber dem Harn um so besser.

Folgende Messungen seien notiert, die ich 1913 machte:

[H·] einiger Karlsbader Wässer:
(elektrometrische Messung)

	p_H	[H·]
Mühlbrunnen	7,00	$1 . 10^{-7}$
Sprudel	6,80	$1,6 . 10^{-7}$
Marktbrunnen	6,54	$2,9 . 10^{-7}$
Nach 24std. Stehen in flacher, offener Schale bei allen drei:	8,48	$3,3 . 10^{-9}$

6. Die äquilibrierten physiologischen Salzlösungen haben eine [H·], die von ihrem Gehalt an Phosphaten und Carbonaten bestimmt wird. Je reichlicher die Phosphate gegenüber den Carbonaten sind, um so stabiler ist die [H·] gegenüber der allmählich stets eintretenden CO_2-Abgabe an die Luft. Bei jeder solchen Salzlösung nimmt die [H·] ab, wenn man sie in physiologischen Versuchen andauernd mit Luft oder Sauerstoff durchströmt. Es ist daher ganz gegen die bisherige Gepflogenheit absolut notwendig, bei jedem „Durchblutungsversuch" sowohl zu Beginn wie zum Schluß des Versuchs die [H·] wenigstens colorimetrisch, besser und bei einmal vorhandener Apparatur auch leichter, elektrometrisch zu bestimmen. Alle chemischen Änderungen, alle Leistungen überlebender Organe sind in hohem Maße von der

[H] der Durchströmungsflüssigkeit abhängig. Die erste Arbeit, die diese Forderung wirklich richtig berücksichtigt hat, ist die von Rona und Wilenko (199) über den Zuckerverbrauch des überlebenden Kaninchenherzens. Sie hat große Unterschiede im Zuckerverbrauch aufgedeckt bei so geringen Variationen der [H·], daß sie früher sicherlich unbeachtet geblieben sind. In solchen Fällen ist der wechselnde Zuckerverbrauch dann auf ganze falsche Ursachen bezogen worden.

Frische Ringersche Lösung pflegt $[H^\cdot] = 2 \cdot 10^{-7}$ zu haben, also durchaus zu sauer im Vergleich zum Blut. Daß sie meist doch gut brauchbar ist, beruht nur darauf, daß sie beim Durchleiten von Luft CO_2 verliert und sich der Reaktion des Blutes stark nähert.

Tyrodesche Lösung hat von vorneherein die einigermaßen richtige $[H^\cdot] = 2 \cdot 10^{-8}$. Sicherlich beruht ihre evidente Überlegenheit über die Ringersche Lösung in manchen Fällen (z. B. Kontraktionsversuche am überlebenden Darm von Rona und Neukirch) (198) nur auf diesem Umstande.

Das Problem einer guten Salzlösung bestünde eigentlich darin, sie so herzustellen, daß sie durch Luftdurchleitung in ihrer [H·] nicht geändert wird. Das ist nun leicht zu erreichen, wenn man die Carbonate ganz fortläßt und die Regulation der [H·] allein durch eine geeignete Mischung von primärem und sekundärem Phosphat herstellt. Die absolute Konzentration der Phosphate brauchte, um eine gute Regulation der [H·] zu erreichen, kaum 0,01 n. zu sein. Vielleicht wäre eine solche Salzlösung für viele physiologische Zwecke ideal; für manche ist sie es sicherlich nicht, weil gewisse physiologische Funktionen, wahrscheinlich z. B. auch die Muskelkontraktion, Carbonat-Ionen nicht entbehren können. Um eine carbonathaltige Lösung in ihrer [H·] konstant zu halten, müßte man sie nicht mit reiner Luft oder Sauerstoff durchspülen, sondern mit Luft (oder O_2), der eine bestimmte, ausprobierte Menge CO_2-Gas beigemischt ist. Gegen eine solche muß sich nach kurzer Zeit der Durchleitung eine bestimmte [H·] in der Lösung konstant einstellen. Setzt man der Lösung eine Spur des völlig ungiftigen Neutralrot zu, so kann man übrigens während des Versuchs die Änderung des [H·] aufs feinste verfolgen.

C. Die Messung der Wasserstoffzahl.

Die durch die Wasserstoffzahl definierte Reaktion einer Lösung nennt man auch die „aktuelle Reaktion" derselben. Sie deckt sich in der Regel nicht ganz, meist sogar ganz und gar nicht mit der älteren „Titrationsacidität" bzw. „Titrationsalkalität", welche durch die Anzahl ccm einer normalen HCl bzw. NaOH gemessen wird, die die Volumeneinheit der Lösung beim Titrieren verbraucht, um die neutrale Reaktion anzunehmen. Da sich aber herausgestellt hat, daß für alle chemischen und biologischen Vorgänge, die von der Acidität der Lösung beeinflußt werden, nur die aktuelle Acidität maßgebend ist, so erhellt die überwiegende Bedeutung derselben. Läßt man beispielsweise ein Ferment wie Trypsin u. dgl. auf das spaltbare Substrat unter Zusatz ganz verschieden sauer oder alkalisch reagierender Stoffe (Säuren, Alkalien, saure Salze, basische Salze, Gemische aller dieser) wirken, so ist die Wirkung in allen denjenigen Gemischen g l e i c h, welche eine gleiche Wasserstoffzahl besitzen; sie kann aber in Gemischen von gleicher T i t r a t i o n s alkalität äußerst verschieden sein. Ich gebe folgendes Beispiel.

	Lösung I	Lösung II	Lösung III
	$\frac{n}{1000}$ prim. Na-phosph.	$\frac{n}{100}$ prim. Na-phosph.	$\frac{n}{100}$ prim. Na-phosph.
	$\frac{n}{100}$ sek. Na-phosph.	$\frac{n}{10}$ sek. Na-phosph.	$\frac{n}{100}$ sek. Na-phosph.
$[H^{\cdot}] =$	2.10^{-8}	2.10^{-8}	2.10^{-7}
Titrationsacidität, ausgedrückt in ccm n NaOH, welche 1000 ccm der Lösung bis zum stark roten Phenolphthaleinumschlag verbrauchen	1	10	10

Von diesen 3 Lösungen hat I und II die gleiche Wirkung auf die tryptische Verdauung, weil sie gleiche $[H^{\cdot}]$ haben, und obwohl sie verschiedene Titrationsalkalität haben; dagegen hat I und III sehr verschiedene Wirkung auf den tryptischen Prozeß, obwohl sie gleiche Titrationsacidität haben, weil sie verschiedene [H·] besitzen.

Die Konzentration der Wasserstoffionen wird am besten mit Hilfe einer physikalischen Methode gemessen, weil chemische Methoden das Gleichgewicht der Lösung, welches man zu erfahren sucht, gleichzeitig verschieben, und zwar nur selten in einer so einfachen Weise, daß man durch eine Rechnung das ursprüngliche Gleichgewicht rekonstruieren könnte.

Die älteren Methoden der physikalischen Messung beruhen darauf, daß es einige langsam verlaufende chemische Reaktionen gibt, deren Geschwindigkeit von der Wasserstoffionenkonzentration der Lösung in berechenbarer Weise beeinflußt wird, z. B. die Spaltung des Rohrzuckers, Verseifung eines Esters u. dgl. Diese Reaktionen erfüllen die gestellte Bedingung in mehr oder minder hohem Maße, daß sie die [H·] während ihres Ablaufes nicht ändern, und sie stellten daher seiner Zeit einen großen Fortschritt dar. Heute sind sie durch die vielseitigeren und sichereren Methoden der Gasketten oder Wasserstoffkonzentrationsketten und zweitens die Methode der Indikatoren oder die kolorimetrische Methode verdrängt. Die Konzentrationskettenmethode wurde für physiologische Zwecke zuerst von Bugarszki und Liebermann (22) eingeführt. Sie ist die universellere, fast stets anwendbare, genauere und, sie ist wenn einmal der etwas komplizierte Apparat aufgebaut ist, in der einzelnen Anwendung bei einiger Übung leicht und sicher. Man darf sie zu den größten Errungenschaften der physikalischen Biochemie rechnen. Die Indikatorenmethode erfordert weniger Vorbereitungen, besitzt aber viele Fehlerquellen, ein beschränkteres Anwendungsgebiet, und ist außerdem von der Gaskettenmethode abhängig, weil ihre Resultate nach derselben empirisch geeicht worden sind. Sie verdient aber als einfach orientierende Vorprüfungsmethode eine hohe Beachtung, und kann für einzelne Objekte unter Umständen mit derselben Exaktheit ausgeführt werden wie die Gaskettenmethode. Die colorimetrische Methode ist der Gaskettenmethode in vereinzelten Fällen sogar überlegen, nämlich erstens bei Gegenwart von Stoffen, die die Elektroden „vergiften", vor allem NH_3 und H_2S, zweitens bei extrem salzarmen (besser gesagt „pufferarmen") Lösungen.

I. Die Gaskettenmethode.

1. Prinzip der Methode. Die elektrische Potentialdifferenz, welche eine metallische Elektrode gegen eine Lösung annimmt, ist abhängig 1. von der Natur der Elektrode, 2. von der Natur des Lösungsmittels, 3. von der Konzentration der Lösung an derjenigen Ionenart, welche die Elektrode zu liefern vermag; also z. B. bei einer Silberelektrode von der Konzentration der Lösung an $Ag^{\cdot}$-Ionen, bei einer Wasserstoffelektrode von der Konzentration der Lösung an $H^{\cdot}$-Ionen, 4. von der Temperatur. In allen physiologischen Versuchen ist das Lösungsmittel Wasser; und selbst in den höchsten hier in Betracht kommenden Konzentrationen gelöster Stoffe überwiegt die Eigenschaft der Lösung als einer wässerigen Lösung so stark, daß wir für unsere Zwecke die Natur des Lösungsmittels als konstant betrachten und dieselbe daher vernachlässigen können. Von den anderen bestimmenden Größen hängt die Größe des Potentials E nach Nernst in folgender Weise ab, wenn die Elektrode einwertige Ionen liefert:

$$E = \frac{R}{F} T \ln \frac{P}{p} \text{ Volt.} \tag{1}$$

Hier ist R die sog. Gaskonstante, F bedeutet die Anzahl von Elektrizitätseinheiten (Coulombs), welche 1 Mol eines einwertigen Ions trägt (96,540); ln ist der natürliche Logarithmus. T ist die absolute Temperatur in Celsiusgraden, d. h. die gewöhnliche Temperatur + 273°. P ist eine für das betreffende Elektrodenmetall charakteristische Konstante, die Nernst die elektrolytische Lösungstension des Metalls nennt, und p ist der osmotische Druck derjenigen Ionenart, welche dem Elektrodenmetall entspricht, in der Lösung. Wollen wir dekadische Logarithmen anwenden, so können wir dafür schreiben

$$E = \frac{R}{F} \cdot T \cdot 0{,}4343 \cdot \log \frac{P}{p} \cdot$$

Die Konstante $\frac{R}{F} \cdot 0{,}4343$ beträgt ein für allemal nach Nernst 0,0001983, wenn wir die EMK in Volt angeben wollen, und so ist schließlich

$$E = 0{,}0001983 \cdot T \cdot \log \frac{P}{p} \text{ Volt.} \tag{2}$$

2. Die Potentialdifferenz. Da wir nun keine allgemeine Methode besitzen, um ein einzelnes Potential zu messen, sondern in der Regel nur die Differenz zweier Potentiale messen können, so besteht unsere Aufgabe darin, den Potentialunterschied der zu prüfenden Elektrode gegen eine ein für allemal willkürlich festgesetzte Normalelektrode zu bestimmen. Wenn man nämlich eine galvanische Kette aus der unbekannten Elektrode und der Normalelektrode aufbaut, so ist die elektromotorische Kraft dieser Kette identisch mit der Potentialdifferenz der beiden Elektroden.

Da wir nun stets Wasserstoffionenkonzentrationen messen wollen, so wählen wir als Elektrodenmetall stets metallisch leitenden Wasserstoff. Derselbe wird dadurch erhalten, daß man eine Platinelektrode Wasserstoffgas absorbieren läßt. Eine solche Elektrode verhält sich genau so, als ob sie nur aus metallisch leitendem Wasserstoff bestände, ebenso, wie z. B. ein Amalgam aus dem edleren Quecksilber und dem unedleren Zink sich elektromotorisch wie reines Zink verhält. Als zweite Elektrode wählen wir ebenfalls eine Wasserstoffelektrode, und zwar eine solche, welche eine Flüssigkeit mit genau bekanntem osmotischen Druck der gelösten freien Wasserstoffionen enthält; es betrage dieser p_0. Das Potential dieser Ableitungselektrode ist alsdann

$$= 0{,}0001983 \cdot T \cdot \log \frac{P}{p_0}$$

und daher die elektromotorische Kraft der aus den beiden Elektroden zusammengesetzten Kette

$$E = 0{,}0001983\, T \log \frac{P}{p} - 0{,}0001983 \cdot T \log \frac{P}{p_0}$$

oder $$E = 0{,}0001983 \cdot T \cdot \log \frac{P \cdot p_0}{p \cdot P}$$

oder $$E = 0{,}0001983 \log \frac{p_0}{p} \text{ Volt.} \qquad (3)$$

Eine Kette, deren beiden Elektroden aus dem gleichen Metall bestehen, und deren elektromotorische Kraft nur aus der Verschiedenheit des osmotischen Drucks oder der Konzentration der gelösten Ionen in den beiden Elektrodenflüssigkeiten resultiert, nennt man eine Konzentrationskette. Wie man aus der Formel 3 sieht, fällt die Konstante P aus der Formel fort, und die EMK einer solchen Konzentrationskette hängt nur von der Verschiedenheit des osmotischen Druck der gelösten Ionen ab.

3. Die Konzentrationskette. Da nun in verdünnten wässerigen Lösungen der osmotische Druck einer gelösten Substanz ihrer Konzentration proportional ist, so kann man statt des Verhältnisses der osmotischen Drucke auch das Verhältnis der Konzentrationen, c_0 und c, schreiben, so daß

$$E = 0{,}0001983 \cdot T \cdot \log \frac{c_0}{c} \text{ Volt} \qquad (4)$$

wird. Hier bedeutet c die Wasserstoffionenkonzentration der unbekannten Lösung, c_0 die der Normalelektrode. Da uns die Wahl der Normalelektrode willkürlich freisteht, so wollen wir diejenige Wasserstoffelektrode als Normalelektrode wählen, deren Wasserstoffionenkonzentration = 1 ist, d. h. welche im Liter 1 g H·-Ionen enthält oder „einfach normal" an H-Ionen ist. Eine dazu geeignete Flüssigkeit wäre z. B. eine einfach normale HCl-Lösung, welche bei Annahme totaler Dissoziation dieser Bedingung genau entsprechen würde. Da die Dissoziation nicht total ist, so ist genauer eine etwa 1,25fach normale HCl-Lösung. Unter dieser Bedingung wird $c_0 = 1$ und

$$E = 0{,}0001983 \cdot T \cdot \log \frac{1}{c} \text{ Volt}$$

$$\text{oder} \quad E = -0{,}0001983\, T \cdot \log c \text{ Volt}. \qquad (5)$$

Wenn wir die Wasserstoffionenkonzentration c einer unbekannten Lösung bestimmen wollen, so werden wir in einer Konzentrationskette ihre Potentialdifferenz E gegen die Normal-Wasserstoffelektrode messen, und es ist dann

$$\log c = -\frac{E}{0{,}0001983 \cdot T}.$$

Wir berechnen so also den Logarithmus der gesuchten Wasserstoffionenkonzentration und können den Numerus dazu aus den Logarithmentafeln finden. Wir können aber auch den Logarithmus selbst angeben. Da nun alle in der Physiologie in Betracht kommenden Wasserstoffionenkonzentrationen kleiner als 1fach normal sind, so wird log c stets negativ, also — log c stets positiv sein. Der Ausdruck — log c ist daher ein sehr bequemes Maß für die Wasserstoffionenkonzentration und wird von Sörensen als der Wasserstoffexponent, p_H, bezeichnet. Es ist also

$$p_H = -\log c = \frac{E}{0{,}0001983 \,.\, T}. \qquad (6)$$

Beispiel. Es sei die Potentialdifferenz E einer unbekannten Lösung gegen die Normalwasserstoffelektrode gefunden = 0,5 Volt bei einer Temperatur von 27⁰ (d. h. 300⁰ abs.) Dann ist

$$p_H = \frac{0,5}{0,0001983 \cdot 300} = 8,408.$$

Die Angabe $p_H = 8,408$ genügt zur Charakterisierung der Wasserstoffionenkonzentration der Lösung. Um die H·-Konzentration selbst oder die „Wasserstoffzahl" zu berechnen, schreiben wir zunächst

$$\log [H^{\cdot}] = -8,408.$$

Da wir in den Logarithmentafeln nur die Numeri positiver Mantissen finden, verwandeln wir − 8,408 in eine positive Mantisse mit negativer Kennziffer:

$$-8,408 = +0,592 - 9$$

und finden nunmehr aus der Logarithmentafel

$$[H^{\cdot}] = 0,000\,000\,003\,91 \text{ norm. oder } 3,91 \cdot 10^{-9} \text{ norm.}$$

4. Die theoretische Leistungsfähigkeit der elektrometrischen Messung. Die so erhaltenen Zahlen sind oft außerordentlich klein, und dem Ungeübten mag es befremdlich erscheinen, mit so extrem kleinen Werten überhaupt noch zu rechnen. In der analytischen Chemie wäre z. B. eine Chlorbestimmung, die einen Gehalt von $3,91 \cdot 10^{-9}$ norm. Chlor im Liter ergibt, völlig illusorisch und praktisch = 0 zu setzen; wir könnten auch einen Chlorgehalt von $3,91 \cdot 10^{-9}$ und einen solchen von $3,91 \cdot 10^{-10}$ überhaupt nicht unterscheiden, beide sind praktisch = 0. Das beruht darauf, daß alle analytischen Methoden einen gewissen unteren Schwellenwert haben, bei dem ihre relativen Fehler so ungeheuer werden, daß wir praktisch die erhaltenen Zahlen alle = 0 zu setzen berechtigt sind. Wir können z. B. sagen, der Chlorgehalt einer gegebenen Flüssigkeit beträgt weniger, als einem Tropfen einer 0,01 n . $AgNO_3$-Lösung entspricht; eine genauere Angabe über den wirklichen Chlorgehalt einer solchen Lösung können wir auf Grund irgendwelcher chemisch-analytischer Methoden nicht machen. Bei der Gaskettenmethode liegt die Sache ganz anders. Die relativen Fehler bei der Bestimmung sind genau gleich groß, mögen wir Lösungen von allerhöchster oder allerniederster H·-Ionenkonzentration messen. Das kommt daher: Die Messung selbst betrifft die elektromotorische Kraft; diese können wir stets auf, sagen wir, 1 Millivolt genau messen, ob sie groß oder klein ist. Die Fehlergrenzen bei der Messung einer EMK betragen eine gewisse, additive, nicht prozentische (relative) Größe. Daher wird auch der Fehler des Logarithmus der H·-Konzentration stets eine gewisse, additive Größe, und die Fehlergrenze in der Messung der H·-Konzentration selbst infolgedessen stets eine gewisse relative, prozentische sein.

Die Berechtigung dieser Auffassung erweist sich experimentell dadurch, daß eine gute Reproduzierbarkeit der erhaltenen Zahl $3{,}91 \cdot 10^{-9}$ in Parallelversuchen bis auf wenige Prozente (etwa 5%) des Gesamtwertes besteht, wenn nur die Flüssigkeit selbst eine genau definierte Wasserstoffzahl besitzt.

Dies ist nicht immer ohne weiteres der Fall. Ein Beispiel wird hierüber Klarheit verschaffen. Absolut reines Wasser, welches übrigens Neutralsalze wie ClNa, enthalten darf, also z. B. absolut reine physiologische Kochsalzlösung, hat bei 18^0 eine $[H^\cdot] = 0{,}85 \cdot 10^{-7}$. Läßt man dieses Wasser nur kurze Zeit in Berührung mit Luft, so nimmt es eine Spur Kohlensäure aus der Luft auf. In maximo kann es etwa $0{,}05\%$ CO_2 aufnehmen. Eine solche, gegen Luft mit CO_2-Gleichgewicht gesetzte Lösung hat aber in runder Zahl eine $[H^\cdot] > 10^{-6}$, also über 10 mal so viel H·-Ionen als reines Wasser. Je nach der zufällig aufgenommenen CO_2-Menge hat also eine physiologische ClNa-Lösung eine $[H^\cdot]$ zwischen $0{,}85 \cdot 10^{-7}$ bis über 10^{-6}, und sie wird sich innerhalb dieser Werte fast unter den Händen ändern. Es ist kaum möglich, zwei Pröbchen eines „reinen" Wassers in die Meßgefäße mit so peinlichster Vermeidung der Berührung mit der Luft einzufüllen, daß man wirklich gut übereinstimmende Werte für die $[H^\cdot]$ in beiden erhält.

Ganz anders liegt die Sache, wenn die Lösung von vornherein Stoffe enthält, die die $[H^\cdot]$ selbst bestimmen. Z. B. ist es für die $[H^\cdot]$ einer 0,01 n·HCl-Lösung natürlich ganz belanglos, ob sie außerdem noch etwas CO_2 enthält oder nicht, da ja die Dissoziation der CO_2 durch die stärkere HCl doch völlig unterdrückt wird. Aber auch Flüssigkeiten, welche schwache Säuren und gleichzeitig Salze derselben in nicht zu niederer Konzentration enthalten, sind gegen kleine CO_2-Mengen aus der Luft viel unempfindlicher. In einer solchen Lösung hängt nämlich nach S. 17 die $[H^\cdot]$ nur von dem Verhältnis der Menge der Säure zu der ihres Salzes ab. Haben wir z. B. eine Lösung von 0,01 n CO_2 + 0,01 n·$NaHCO_3$ vor uns, so beträgt die $[H^\cdot]$ derselben $= 3 \cdot 10^{-7}$.

Nehmen wir den (natürlich leicht vermeidbaren) Fehler an, daß diese Flüssigkeit die Hälfte ihrer freien CO_2 verloren hätte, so würde dieser enorme Verlust doch nur bewirken, daß die [H·] auf die Hälfte herabgesetzt würde, $1{,}5 \cdot 10^{-7}$. Oder nehmen wir an, wir hätten eine Lösung von 0,1 n primärem Natriumphosphat + 0,1 n sekundärem Natriumphosphat, so hat diese Lösung die $[H^\cdot] = 2 \cdot 10^{-7}$. Machen wir nun den ungeheuren Fehler, dieser Flüssigkeit 0,01 n. CO_2 hinzuzufügen, so würde eine Umsetzung eintreten, derart, daß von den 0,1 Molen sekundären Phosphats (höchstens) 0,01 Mol in primäres verwandelt werden können (unter gleichzeitiger Bildung von höchstens 0,01 Mol $NaHCO_3$); dann wäre zum Schluß das Verhältnis von primärem zu sekundärem Phosphat nicht mehr 0,1: 0,1, sondern 0,11: 0,09, und die [H·] nicht mehr $2 \cdot 10^{-7}$, sondern $2{,}4 \cdot 10^{-7}$, also nur ein kleiner Fehler. Solche Gemische schwacher Säuren mit ihren Alkalisalzen, welche der Änderung der [H·] durch zufällige Verunreinigungen einen so hohen Widerstand entgegensetzen, nennt man nach einem von Fernbach und Hubert (44) herrührenden, besonders durch Sörensen (211) eingeführten Ausdruck Puffer oder nach L. Michaelis (117, 156) Regulatoren. Alle physiologisch in Betracht kommenden Flüssigkeiten sind solche Puffer, und daher sind diese Flüssigkeiten sämtlich in ihrer [H·] sehr genau definiert und gut meßbar.

5. Das Diffusionspotential als Fehlerquelle. Die beschriebene Rechnung gilt für den Fall, daß die elektromotorische Kraft einer Konzentrationskette wirklich die reine Differenz der beiden Elektrodenpotentiale darstellt. Dies trifft in Wirklichkeit nicht streng zu, weil auch die Berührungsstelle der beiden verschiedenen Flüssigkeiten die Quelle eines Potentials ist und somit die EMK der Kette mitbestimmt. Dieses „Diffusionspotential“ ist in der Regel nicht bedeutend, aber doch wohl zu berücksichtigen. Es gibt nun zwei Wege, dieses Diffusionspotential mit in Betracht zu ziehen, erstens kann man es berechnen, zweitens kann man es experimentell ausschalten. Die Berechnung ist nur in besonderen Fällen relativ einfach auszuführen; da es heute mit Recht eingeführt ist, das Diffusionspotential experimentell auszuschalten, so wollen wir nur noch diese zweite Methode erörtern. Sie besteht darin, daß die beiden verschiedenen Flüssigkeiten nicht direkt miteinander in Berührung gebracht werden, sondern durch Vermittelung einer Elektrolytlösung von ganz bestimmter

Zusammensetzung leitend verbunden werden. Diese Zwischenflüssigkeit muß, um ihren Zweck zu erfüllen, auf Grund theoretischer Erwägungen folgende Beschaffenheit haben: es muß eine möglichst hoch konzentrierte Lösung eines sehr leicht löslichen, binären Elektrolyten sein, dessen Anion und Kation möglichst gleiche Wanderungsgeschwindigkeiten haben. Diese Bedingungen erfüllen eine gesättigte Lösung von Ammoniumnitrat oder von Kaliumchlorid. Da das erstere in Berührung mit Alkalien Ammoniak abspaltet, ist seine Anwendungsmöglichkeit beschränkt, und es wird fast nur die gesättigte KCl-Lösung angewendet. Gegen diese zeigen alle physiologisch in Betracht kommenden Flüssigkeiten ein Diffusionspotential von meist erheblich weniger als 1 Millivolt, so daß es praktisch zu vernachlässigen ist. Nur sehr stark saure und alkalische Flüssigkeiten können etwas größere Diffusionspotentiale gegen die gesättigte KCl-Lösung zeigen; von physiologischen Flüssigkeiten braucht dieses nur bei äußerst exakten Messungen des Magensaftes berücksichtigt zu werden, wo es auch nur unbedeutend ist. Dagegen würde es bei der Anwendung z. B. einer $^1/_1$ norm HCl schon mit mehreren Millivolt störend ins Gewicht fallen.

6. Die Ableitungselektrode. a) Die $^1/_{1000}$ n. HCl-Elektrode. Dieser Umstand bringt es nun mit sich, daß die bisher von uns gewählte Normalelektrode mit einer 1,25 n. HCl-Lösung Schwierigkeiten bietet. Ihre Acidität ist so groß, daß ihr Diffusionspotential gegen die gesättigte KCl-Lösung nicht mehr zu vernachlässigen ist. Es ist deshalb in der Praxis ratsamer, sich einer anderen Ableitungselektrode zu bedienen.

a) Als solche kann z. B. eine 0,001 n. HCl-Lösung verwendet werden. Ihr Diffusionspotential gegen die KCl-Lösung ist sehr klein, und kann noch bedeutend verringert werden, wenn man ihr noch einen Gehalt von 0,1 n KCl zufügt. Wählen wir diese Elektrode als Ableitung, so wird natürlich die EMK der Kette, E_1, eine andere sein, jedoch läßt sich leicht berechnen, um wieviel die hier gemessene EMK zu der verlangten EMK bei Anwendung der Normalelektrode, E, verhalten würde.

Das Schema (Abb. 22) gibt darüber Auskunft. Es ist nämlich

$$\mathrm{EMK}_{\text{normal El / zu messende El}} = \mathrm{EMK}_{\text{normal El / }^1/_{1000}\text{ n El}} + \mathrm{EMK}_{^1/_{1000}\text{ n El / zu mess. El}}$$

oder

$$E = E_1 + E_2$$

E_2 wird durch die Messung bestimmt, und E_1 läßt sich nach der oben entwickelten Gleichung (4), S. 121

$$E_1 = 0{,}0001983 \cdot T \cdot \log \frac{[H^\cdot] \text{ der Normallösung}}{[H^\cdot] \text{ der } {}^1/_{1000} \text{ n.-Lösung}}$$

berechnen. Die $[H^\cdot]$ der Normallösung ist $= 1$; die der $^1/_{1000}$ Salzsäurelösung $= 0{,}001 \cdot \alpha$, wenn α den Dissoziationsgrad der Salzsäure bedeutet. Dieser ist nun, wenn wir als Lösungsmittel eine 0,1 n. KCl-Lösung nehmen, $= 0{,}84$; so daß

$$E_1 = 0{,}0001983 \cdot T \cdot \log \frac{1}{0{,}00084}$$

also z. B. für 18° (291° abs.)

$$E_1 = -\,0{,}0001983 \cdot 291 \cdot 3{,}076$$
$$E_1 = -\,0{,}1775 \text{ Volt.}$$

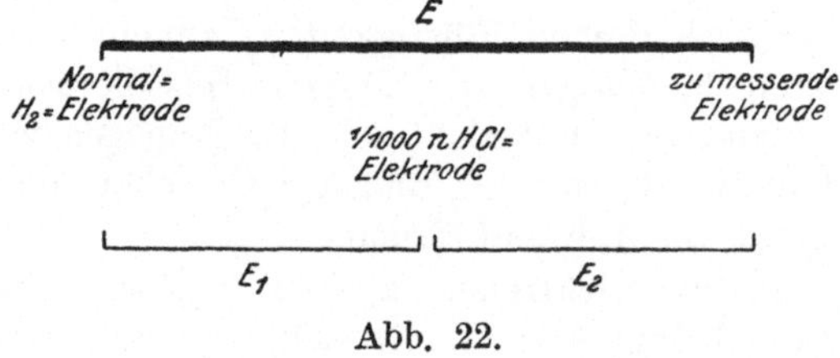

Abb. 22.

Wenn also gegen die $^1/_{1000}$ n. Elektrode die Potentialdifferenz E′ irgend einer Wasserstoffelektrode gemessen ist, so wäre die EMK E gegen die Normalelektrode:

$$E = E' - 0{,}1775$$

Und aus E können wir wie oben (S. 121, (6)) die Wasserstoffionenkonzentration berechnen. Es ist daher

$$\log [H^\cdot] = \frac{E' - 0{,}1775}{0{,}0001983 \cdot T}.$$

E′ wird in der Regel selbst einen negativen Wert haben; es ist nämlich negativ zu rechnen, sobald die $[H^\cdot]$ der zu messenden Lösung kleiner als die der 0,001 n HCl ist; positiv nur in den physiologisch selten vorkommenden Fällen, wo sie größer ist.

b) Die Standardacetatelektrode. Da die $^1/_{1000}$ n HCl-Lösung auf lange Zeit nicht haltbar ist und stärkere HCl-Lösungen in bezug auf die völlige Vernichtung des Diffusionspotential nicht ganz einwandsfrei sind, wählen wir lieber statt dessen eine andere Lösung mit niederer, aber genau definierter [H·]-Konzentration, die dauernd haltbar ist. Als solche empfehle ich die „Standardacetatlösung“, bestehend aus

50 ccm n. NaOH
100 ccm n. Essigsäure
350 ccm Wasser.

Dieses Gemisch ist sowohl in bezug auf freie Essigsäure wie auf Natriumacetat 0,1 normal. Die Wasserstoffzahl dieser Lösung beträgt, wie man entweder durch Vergleichsmessung mit der $\frac{n}{1000}$ Salzsäureelektrode oder auf einem davon unabhängigen, theoretischen Wege nach Formel (10), S. 17, findet, $= 2{,}35 \cdot 10^{-5}$ normal. Die Umrechnung einer gegen diese Elektrode gemessenen EMK in die EMK gegen die Normalelektrode geschieht prinzipiell auf dem gleichen Wege wie bei der $^1/_{1000}$ n HCl-Elektrode.

c) Die Kalomelektrode. Schließlich ist es überhaupt nicht notwendig, daß wir als Ableitungselektrode eine Wasserstoffelektrode wählen. Es bietet in der Praxis meist Vorteile, sich irgend einer haltbaren und gut reproduzierbaren Elektrode zu bedienen; es ist nur nötig, die Differenz dieser Elektrode gegen die Normal-Wasserstoffelektrode ein für allemal festzustellen und den direkt gemessenen Wert danach auf die Normalwasserstoffelektrode umzurechnen. Hierzu eignen sich eine Reihe von Elektroden (s. Fr. Auerbach), (4), besonders Quecksilberelektroden, deren Herstellung in den beiden Modifikationen der „$\frac{n}{10}$ Kalomelelektrode“ und der „gesättigten Kalomelektrode“ wir später beschreiben werden. Die Elektroden haben den Vorteil, daß sie im Gegensatz zu den stets neu zu bereitenden Wasserstoffelektroden dauernd gebrauchsfertig und haltbar dastehen.

7. Die Messung elektromotorischer Kräfte. Die eigentliche Messung bezieht sich also stets auf eine elektromotorische Kraft. Die beste Methode zur Messung derselben ist die Kompensationsmethode von Poggendorff und Du Bois-Reymond. Sie beruht auf folgendem Prinzip. Eine konstante Stromquelle A (Abb. 23) von genau bekannter EMK sei durch den Schließungsdraht ABCA geschlossen. AB und AC stellen dicke, widerstandslose Drähte, BC einen dünnen, gleichmäßigen, schlecht leitenden Draht von bekannter Länge dar. Auf demselben befinde sich ein verschiebbarer Gleitkontakt D, der über den Weg DGHC einen Nebenstrom zwischen den Punkten D und C herstellt In diesem befindet sich die zu messende Kette H und ein Meßinstrument G. Die Kette H ist in derartiger Richtung eingeschaltet, daß ihr Strom in entgegengesetzter Richtung zu dem von der Stromquelle A kommenden Strom fließt. De Widerstand des Nebenstromkreises DGHC sei sehr erheblich größer als der der direkten Strecke DC. Die gesamte EMK de Quelle A, E_A, fällt zwischen den Punkten B und C ab. De Potentialunterschied zwischen den Punkten B und C ist dahe $= E_A$.

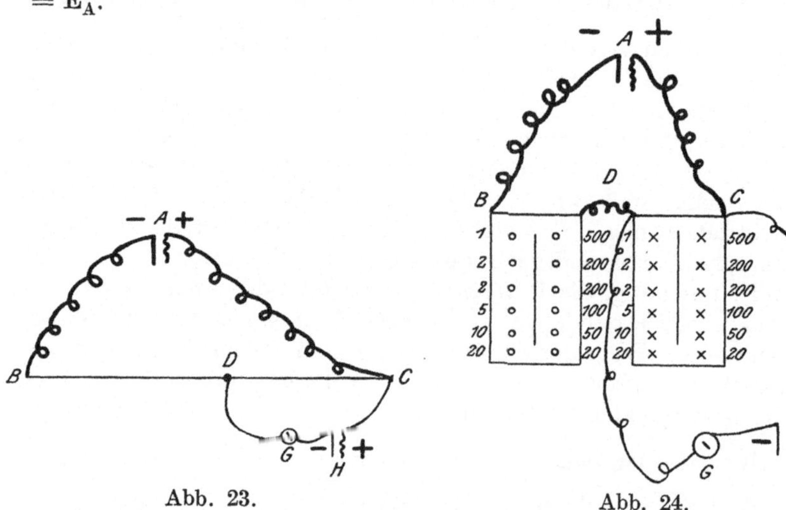

Abb. 23. Abb. 24.

Der Potentialabfall zwischen D und C, E_{D-C} verhält si nun zu diesem gesamten Potentialfall wie der Widerstand $_{D}$ Widerstand $_{BC}$, oder, bei gleichem Querschnitt des Drahtes B wie die Strecken DC: BC. Daher ist der Abfall $_{D-C}$

$$E_{D-C} = E_A \cdot \frac{DC}{BC}$$

Wenn man nun den Gleitwiderstand D so reguliert, daß d Meßinstrument G Stromlosigkeit anzeigt, so ist die EMK d Kette H gleich dem Potentialabfall $_{D-C}$, und

$$E_H = E_A \cdot \frac{DC}{BC}$$

An Stelle des Drahtes BC kann man auch zwei Widerstandssätze benutzen (Abb. 24). Man lege zunächst die Stöpsel des einen (linken) Rheostaten ganz beiseite. Wenn man nun z. B. den Stöpsel „10 Ohm" aus dem rechten Rheostaten fortnimmt und an die entsprechende Stelle des linken einsteckt, so bleibt der Gesamtwiderstand zwischen B und C, wie bei der Drahtanordnung, der gleiche, aber der auf die Strecke DC fallende Anteil des Widerstandes wird verändert, wie durch die Verstellung des Gleitkontaktes D in Abb. 23.

Die EMK der Stromquelle A muß bekannt sein. Sie wird durch Vergleich mit einem „Normalelement" vor jedem Versuch bestimmt, indem man diese an Stelle von H einsetzt und durch das Kompensationsverfahren die EMK der Stromquelle A feststellt.

Voraussetzung für die strenge Gültigkeit dieser Betrachtungen ist folgendes. Der Widerstand des Nebenstromkreises DGHC muß außerordentlich groß im Vergleich zu dem der direkten Strecke DC sein, so daß die Stromleitung zwischen D und C durch den Nebenstromkreis nicht merklich erhöht wird. Anderenfalls ist der Potentialabfall zwischen D und C aus den Längenverhältnissen von DC und CD nicht genau berechenbar. Es muß also für sehr große Widerstände im Nebenstromkreis gesorgt werden. Das besorgt in der Regel der sehr große Widerstand des eingeschalteten Elektrometers und der Gaskette selbst. Anordnungen, welche den Widerstand im Nebenstromkreis vermindern sollen (um z. B. die Ausschläge des Elektrometers wesentlich zu vergrößern), müssen daher vermieden werden.

8. Die Einrichtung des Apparates. (Fig. 25.) Die ganze Apparatur der Gasketten enthält demnach

1. die Stromquelle,
2. den Hauptstromkreis (Abb. 23 und 24, ABDC, Abb. 25, „1"), enthaltend
   a) Leitungsdrähte,
   b) einen Stromschlüssel,
   c) die beiden Rheostatenkästen,
   d) einen Vorschaltwiderstand.
3. Den Nebenstromkreis (Abb. 23 und 24, DCHG, Abb. 25 „2, 3"), enthaltend
   a) die Gaskette,
   b) das Meßinstrument,
   c) einen Stromschlüssel, den Umschalter und Leitungsdrähte,
   d) das Normalelement.

Wir beschreiben diese Einzelteile gesondert.

a) Der Hauptstromkreis:

1. Die Stromquelle. Als solche benutzt man am besten einen einzelligen Bleiakkumulator, dessen sonstige Eigenschaften (Kapazität u. dgl.) belanglos sind. Derselbe wird geladen, indem man seinen positiven Pol mit dem positiven Pol einer gewöhnlichen Gleichstromleitung, den negativen mit dem negativen Pol derselben unter Zwischenschaltung eines Widerstandes, etwa einer Glühlampe, verbindet. Die Ladung erfordert je nach der Kapazität des Akkumulators verschiedene Zeit, 3—10 Stunden; sie muß so lange geschehen, bis eine deutlich hörbare Gasentwicklung im Akkumulator eintritt. Nach beendeter Ladung vermeide man, den Akkumulator kurz zu schließen, weil er dadurch dauernd unbrauchbar werden kann. Die normale Spannung eines einzelligen Akkumulators beträgt 1,95—1,85 Volt. Ein frisch geladener Akkumulator hat die erste Zeit eine noch höhere, aber nicht konstante Spannung infolge der Beladung mit Wasserstoff- und Sauerstoffgas. Man benutzt den Akkumulator, wenn er frisch geladen ist, zur Messung erst, nachdem er einige Stunden durch einen Widerstand von 1000—2000 Ohm geschlossen gewesen ist, d. h. also durch den Widerstand des Hauptstromkreises des zusammengesetzten Apparates. Späterhin braucht man den Akkumulator vor der Messung nur etwa $^1/_4$ Stunde vor der Benutzung zu schließen, um eine lange anhaltende Konstanz der EMK zu erhalten. Die Spannung des Akkumulators hält sich dann auch bei täglicher Benutzung mehrere Wochen in der brauchbaren Höhe um 1,9 Volt. Die Spannung hält sich recht konstant, aber doch nicht so, daß es nicht nötig wäre, sie unbeobachtet zu lassen. Man muß vielmehr die Spannung jeden Tag feststellen und etwa jede Stunde, während man mißt, kontrollieren. Dies geschieht mit Hilfe eines Normalelements. (S. unten.)

2. Die Leitungsdrähte. Als solche benutze man nur bestisolierte Drähte mit Guttaperchaüberzug. Drähte, die nur mit Seide besponnen sind, können, wenn sie spurweise feucht sind, durch Berührung mit anderen Drähten oder Metallteilen des Apparates, ja sogar mit dem Tisch, zu großen Fehlerquellen Anlaß geben. Die Drähte des Hauptstromkreises dürfen keinen meßbaren Widerstand haben, müssen ca. 1 mm dick und nicht überflüssig lang sein.

3. Der Stromschlüssel dient nur zum Öffnen und Schließen des Akkumulatorstromes. Derselbe muß während der ganzen

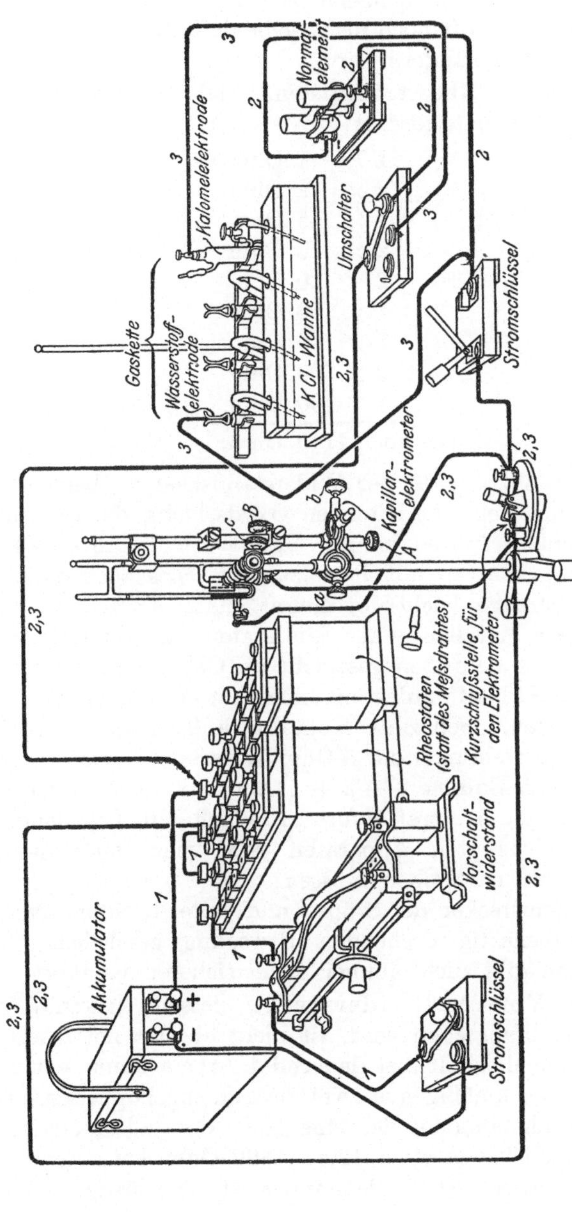

Abb. 25.
Gesamtansicht der Gaskettenapparatur nach L. Michaelis, halbschematisch; gezeichnet nach einem aus den Vereinigten Fabriken für Laboratoriumsbedarf nach Angabe des Verfassers gebauten Modell.

Dauer einer Messung geschlossen bleiben. weil ein frisch geschlossener Akkumulator oft noch nicht seine definitive Spannung zeigt, sondern sich etwas ändern kann.

4. Die beiden Rheostatenkästen. Sie enthalten zweckmäßig je folgenden Widerstandssatz

1 ×	1 Ohm
2 ×	2 Ohm
1 ×	5 Ohm
2 ×	10 Ohm
2 ×	20 Ohm
1 ×	50 Ohm
1 ×	100 Ohm
2 ×	200 Ohm
1 ×	500 Ohm
Zusammen	1110 Ohm.

Die Messingkontakte der Widerstandskästen überziehen sich leicht mit einer schlecht leitenden Oxydschicht, die zu den allergröbsten Fehlern führen kann. Man vermeidet diese Überzüge durch häufiges Putzen mit Petroleum, welches auch einmal entstandene Überzüge leicht fortnimmt. Am einfachsten benetzt man die ganze Metalleiste des Rheostaten mit etwas Petroleum. Die Ausbreitung desselben geschieht im Gebrauch spontan. Einmal oxydierte Stöpsel werden mit einem mit Petroleum befeuchteten Tuch abgerieben. Schlechte Kontakte äußern sich z. B. in der Weise, daß im Gebrauch der 5-Ohm Widerstand nicht die gleiche Wirkung wie die Summe 2 + 2 + 1 Ohm hat. Ist das der Fall, so reinige man den Apparat sofort gründlich mit Petroleum. Bei alten, vernachlässigten Apparaten wird man auch wohl mit Schmirgelpapier nachhelfen müssen.

Das Hineinstecken der Stöpsel muß unter leichtem Druck mit einer schraubenartig drehenden Bewegung geschehen. Bloßes Hineinstecken gibt nicht immer einen sicheren Kontakt.

5. Der Vorschaltwiderstand, dessen Anwendung erst weiter unten besprochen wird, ist nicht absolut notwendig, aber für die Bequemlichkeit bei dauernder Arbeit kaum entbehrlich. Er besteht zweckmäßig aus zwei zusammengekoppelten regulierbaren Gleitwiderständen, der eine grob, der andere fein regulierbar, zusammen bis zu etwa 1200—1300 Ohm enthaltend. Eine Graduierung dieses Gleitwiderstandes ist überflüssig.

b) Der Nebenstromkreis. 1. Das Meßinstrument. Am meisten zu empfehlen ist das Capillarelektrometer, und zwar seine geschlossene Form. Ich beschreibe folgendes Modell, welches auf meine Veranlassung angefertigt wird. Andere Modelle werden danach leicht verstanden werden.

Das Capillarelektrometer besteht aus dem Elektrometerrohr, dem Stativ, dem Mikroskop und dem Kurzschluß.

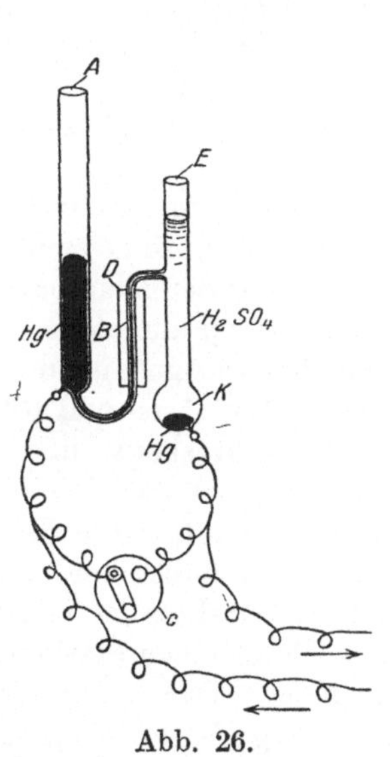

Abb. 26.
Capillarelektrometer, ältere, offene Form nach Wilh. Ostwald, nebst schematischer Darstellung der Kurzschlußverbindung (c) desselben.

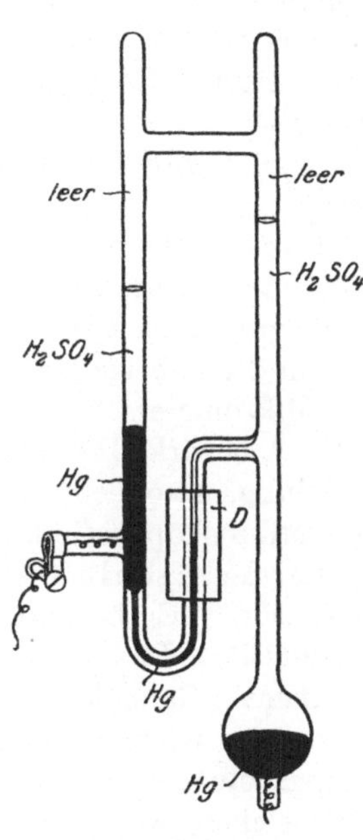

Abb. 27.
Capillarelektrometer, neue, geschlossene Form (nach Luther).

In fertig zusammengesetztem Zustand hat das Capillarelektrometer die Anordnung der Abb. 25.

1. Das Elektrometerrohr besteht aus einem Glasröhrensystem, welches früher beiderseits offen war (Abb. 26), jetzt aber erheblich vorteilhafter in der Regel nach Luther oben geschlossen hergestellt wird (Abb. 27) und mit Quecksilber und Schwefelsäure gefüllt ist. Das oben geschlossene Rohr wird zum Gebrauch folgendermaßen vorbereitet: Durch geeignetes

Kippen bringe man den größten Teil des Quecksilbers zunächst in dasjenige der beiden langen vertikalen Glasrohre, welches am unteren Ende nicht zu der Kugel erweitert ist. Nunmehr halte man das Rohr in fast senkrechter Stellung, so daß das mit der Glaskugel versehene Ende ein klein wenig nach unten geneigt ist, und lasse so viel Quecksilber in die Glaskugel überfließen, als von selbst übertropft. Der Quecksilbermeniscus zieht sich dann in den capillaren Teil des Glasrohres zurück und bleibt an derjenigen Stelle stehen, die durch ein aufgekittetes Deckglas für den Zweck des Mikroskopierens geeignet ist.

Nunmehr wird das Rohr wie in der Abbildung 25 sichtbar montiert.

2. Das Stativ hat den Zweck, das Elektrometerrohr vor dem Mikroskop in geeigneter Stellung zu fixieren. Man bringe zunächst durch die groben Einstellungen a und b (Abb. 25) den Meniscus annähernd in die richtige Stellung vor das Mikroskop und stelle dann mit den Mikrometerschrauben A, B, C den Meniscus genau ein. Die Schraube A bewirkt Hebung und Senkung, B Vorwärts- und Rückwärtsstellung, also scharfe Einstellung des Mikroskops, und die an dem Mikroskop befindliche Schraube C bewegt dieses seitlich.

3. Der Kurzschluß ist zweckmäßig auf dem Fuß des Stativs aufgeschraubt. Er besteht aus zwei Klemmschrauben und einem Tauchkontakt. Das eine Ende des Tauchkontaktes ist ein mit Quecksilber zu füllender Glasnapf, welcher durch einen Platindraht mit der einen Klemmschraube verbunden ist. Das andere Ende des Kurzschlusses ist ein erschütterungsfrei bewegliches Metallhebelchen, welches durch eine Kupferlitze oder besser durch einen Schleifkontakt mit der anderen Klemmschraube verbunden ist. Man verbinde je eine Klemmschraube des Elektrometerrohres mit je einer Klemmschraube des Kurzschlusses durch je einen gut isolierten, dünnen Kupferdraht. Die beiden Klemmschrauben bilden gleichzeitig die Zu- und Ableitung des zu messenden Stromkreises. In diesem Stromkreis befindet sich ein Stromschlüssel zum Öffnen und Schließen des Stromes.

Die Ruhestellung des Instrumentes soll stets folgende sein: Kurzschluß des Elektrometers geschlossen, Stromschlüssel des (Neben-) Stromkreises geöffnet. Bei der Messung wird zuerst der Kurzschluß geöffnet, unter mikroskopischer Kontrolle des Quecksilbermeniscus des Capillarelektrometers. Dieses muß absolut still stehen bleiben. Ist das nicht der Fall, so schließe man den Kurzschluß wieder so lange, bis ein nochmaliger Versuch völligen Stillstand ergibt. Jetzt wird der Stromschlüssel geschlossen und gleichzeitig beobachtet, ob der Meniscus in der Capillare steigt oder fällt. Dann öffne man den Stromschlüssel wieder und schließe den Kurzschluß, wonach der Meniscus rasch in seine Ruhelage zurückkehrt.

Der Stromschluß darf, solange durch das Kompensationsverfahren nicht ganz oder annähernd (auf einige Millivolt) Stromlosigkeit herrscht, nur für einen Augenblick geschehen. Andernfalls wird das Elektrometer „polarisiert", d. h. es bewegt sich, wenn man den vorher geschlossenen Kurzschluß öffnet, von selbst, ohne daß man den Stromschlüssel schließt. Alsdann lasse man das Elektrometer bei geschlossenem Kurzschluß so lange stehen, bis die Polarisation vorüber ist. Ist die Polarisation durch versehentlichen starken Stromdurchgang sehr stark oder hat sich gar ein Wasserstoffbläschen über dem Meniscus gebildet, so nehme man das Elektrometerrohr heraus und erzeuge wie oben beschrieben einen neuen Quecksilbermeniscus. Man lasse dann das Instrument mit geschlossenem Kurzschluß längere Zeit stehen, bis es wieder empfindlich und polarisationsfrei geworden ist.

Wenn der Strom durch Verschiebung des Meßdrahtes bzw. durch Umstöpseln der Rheostaten so weit kompensiert ist, daß nur noch ein minimaler Ausschlag des Elektrometers eintritt, ist es oft vorteilhaft, das Elektrometer in anderer Reihenfolge zu schließen. Man öffne erst den Kurzschluß, schließe den Stromschlüssel 1—2 Sekunden lang und beobachte jetzt, ob beim nunmehrigen Schließen des Kurzschlusses der Meniscus zurückzuckt. Wenn diese Beobachtung geschehen ist, öffne man den Stromschlüssel sofort wieder.

Mitunter kommt es vor, daß ohne fehlerhafte Behandlung des Elektrometers eine Bewegung des Meniscus nach dem Öffnen eintritt. Erfolgt dieselbe äußerst langsam, erst nach mehreren Sekunden bemerkbar werdend, so fällt sie nicht ins Gewicht. Erfolgt sie aber schneller, so ist das Elektrometer zur Zeit schlecht brauchbar. Die Ursache liegt in einer mangelnden Isolation an irgend einer Stelle. Manchmal beruht diese aber nicht auf einer Fehlerhaftigkeit der Leitungen, sondern auf Feuchtigkeitsbeschlägen. Man bemerkt dann folgendes. Ist der Hauptstromkreis des Akkumulators geschlossen, so bewegt sich das Capillarelektrometer nach Öffnung seines Kurzschlusses, obwohl der Stromschlüssel des Nebenstromkreises geöffnet geblieben ist. Unterbricht man den Hauptstromkreis, so tritt die Erscheinung nicht ein. Es wird also von dem Hauptstrom durch vagabundierende Nebenleitung über Tisch, Fußboden u. dgl. etwas in das Elektrometer geschickt. Manchmal gelingt es, die Erscheinung zu vermindern, indem man das Elektrometer auf einen Paraffinblock oder eine Glasplatte setzt. Gelingt es nicht, so sind an dem Tage alle Messungen möglicherweise mit einem kleinen Fehler behaftet. Besonders auffällig ist diese Störung, wenn sich in dem Zimmer ein warmes Wasserbad mit großer Oberfläche befindet. Daher ist es auch nicht möglich, die Elektroden zur besseren Konstanthaltung der Temperatur in ein Wasserbad zu versenken. Man erhält dann stets schwankende Werte infolge der Feuchtigkeitsüberzuge an allen offenen Metallstellen.

Man denke übrigens auch stets an folgende Fehlerquelle. Es sei z. B. der Stromschlüsselkontakt oder irgend ein durch eine Schraube hergestellter Kontakt mit einer sehr dünnen feuchten Oxydschicht bedeckt. Dann kann eine Stromleitung noch vorhanden sein, aber die Leitung durch diesen Kontakt ist dann nicht mehr metallisch, sondern elektrolytisch, und daher selbst die Quelle eines Potentials. Auf diese Weise kann man sehr grobe Fehler machen. Häufiges Abreiben aller Kontaktstellen mit Petroleum schützt vor solchem Vorkommnis sicher.

2. Der Stromschlüssel, der Umschalter und die Leitungsdrähte. Man sorge auch hier für peinlichst isolierte Leitungsdrähte. Sie dürfen im Nebenstromkreis jede beliebige Dünne haben, da es auf ihren Widerstand hier nicht ankommt. Über den Stromschlüssel ist nichts Besonderes zu sagen; man achte nur darauf, daß er einen gut isolierten Griff hat und auf einer gut isolierenden Unterlage, am besten Hartgummi oder Ebonit, nicht auf Holz, gearbeitet ist. Er wird auf dem Tisch am einfachsten dadurch etwas fixiert, daß man ihn mit kleinen Nägelchen an der Unterseite versieht, die man in die Tischplatte eindrückt.

Der Umschalter hat den Zweck, den Stromweg beliebig entweder über die Gaskette oder über das Normalelement umzuschalten, also in der Abbildung 25 entweder über den Weg 2 oder 3.

Der Umschalter kann, wenn er schlecht konstruiert ist, zu einer großen Fehlerquelle werden. Wenn das Material, aus dem er gebaut ist, nicht vollkommen isoliert, oder wenn er bei feuchter Luft mit einem Hauch von Feuchtigkeit überzogen ist, kann sehr wohl auch eine Leitung über den nicht eingeschalteten Teil des Stromkreises erfolgen, wenn dieser sonst überall geschlossen ist. Um diese Störung zu vermeiden, beachte man, daß die einzelnen Klemmen des Umschalters nicht zu dicht aneinander liegen, vor allem gewöhne man sich folgende Art der Drahtleitung an. Derjenige Draht, welcher in der Abbildung 25 vom Stromschlüssel direkt zur

Gaselektrode führt, soll gleichzeitig dazu benutzt werden, um bei anderer Stellung des Umschalters zum Normalelement zu führen, und es soll für diesen Zweck nicht so, wie die Abbildung schematisch es zeigt, ein zweiter Draht vorhanden sein. Eine Umschaltung des Stromkreises 2 (Normalelement) und 3 (Gaskette) besteht demnach immer in zwei Griffen: erstens Umstellung des Schalters, zweitens Umstellung dieses Drahtes von der Gaskette zum Normalelement oder umgekehrt. Auf diese Weise vermeidet man, daß der Stromkreis des Normalelements bis auf die Umschalterstelle in sich geschlossen ist, solange der Kreis der Gaskette eingestellt ist, und umgekehrt, und störende Nebenleitungen werden so vermieden.

3. Das Normalelement. (Abb. 28.) Das gebräuchlichste Normalelement ist das sog. Cadmium-Normalelement. Das Gefäß

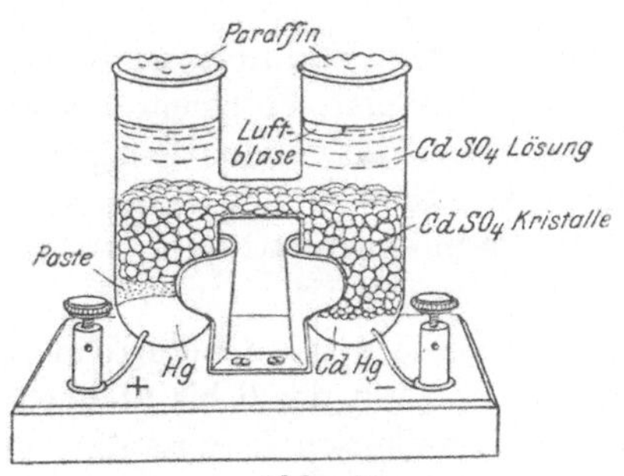

Abb. 28.
Cadmiumnormalelement.

dieses Elements hat eine H-förmige Gestalt und ist mit zwei eingeschmolzenen Platindrähten versehen, die zu den Klemmschrauben führen. Man braucht zu seiner Füllung folgende Reagenzien.

1. Reines Quecksilber. Dasselbe kann aus käuflichem Quecksilber folgendermaßen hergestellt werden. In einer 50 ccm fassenden Flasche werden etwa 20 ccm Quecksilber mit 20 ccm einer Lösung von etwa 1 Prozent Mercuronitrat (nicht Mercurinitrat) unter Zusatz von einigen Tropfen Salpetersäure etwa $^1/_2$ Stunde lang heftig geschüttelt. Dabei werden alle unedleren Metalle (Cu, Zn) aus dem Quecksilber entfernt. Dann gieße man das Ganze in eine Porzellanschale aus, gieße die Mercuronitratlösung fort, wasche das Quecksilber wiederholt mit destilliertem Wasser, wiederhole die ganze Prozedur nochmals und trockne das Quecksilber schließlich durch Bäusche von Filtrierpapier vollständig. Dann filtriert man es, indem man es durch ein Filter laufen läßt, in dessen Spitze man mit einer scharfen Nadel einige feine Löcher gebohrt hat.

2. Reines Cadmium. Es ist in brauchbarer Form von Kahlbaum zu beziehen. Es stellt ein sehr sprödes Metall dar, von dem man mit Hammer und Stemmeisen Stücke von brauchbarer Größe abmeißeln muß. Man beziehe das Metall deshalb lieber gleich in einzelnen Stücken zu je 1—2 g.

3. Reines Cadmiumsulfat und eine gesättigte Lösung desselben (etwa 50 ccm für ein Normalelement). Die Sättigung geschieht sehr langsam: die Lösung wird am besten mindestens einen Tag vorher angesetzt.

4. Mercur**o**sulfat, welches dadurch von allen löslichen Quecksilbersalzen befreit ist, daß man in einem Bechergläschen einige Messerspitzen voll des Salzes mit einigen ccm gesättigter Cadmiumsulfatlösung wäscht, dekantiert und dasselbe 2—3 mal wiederholt. Zum Schluß wird die Cadmiumsulfatlösung, so weit es ohne Mühe geht, abgegossen.

Nunmehr bereite man sich das Cadmiumamalgam. 2 bis 3 Gramm Cadmium werden mit der 6 bis 8fachen Gewichtsmenge Quecksilber in einer Porzellanschale zusammengeschmolzen, ein wenig gekühlt, und davon in noch flüssigem Zustand in den einen Schenkel des H-Gefäßes soviel eingefüllt, daß der eingeschmolzene Platindraht gut bedeckt ist. Hier erstarrt das Amalgam allmählich.

In den anderen Schenkel wird ebensoviel reines Quecksilber eingefüllt. Jetzt wird eine „Quecksilberpaste" bereitet, indem das gewaschene, noch feuchte Mercurosulfat mit einigen Tropfen Quecksilber und ein wenig gesättigter Cadmiumsulfatlösung in einer Reibschale zu einem gleichmäßigen, grauen Brei verrührt werden. Von diesem fülle man auf das Quecksilber (nicht auf das Amalgam!) eine etwa 5 mm hohe Schicht auf. Nun gebe man in beide Seiten des H-Gefäßes eine gute Menge etwa erbsengroßer Stücke von festem Cadmiumsulfat und fülle schließlich alles mit der gesättigten Cadmiumsulfatlösung auf und schließe die Öffnungen mit Korkscheibchen. Mindestens unter dem einen Korkscheibchen muß eine Luftblase bleiben, um Wärmeausdehnung der Flüssigkeit zu gestatten. Die Korken werden mit Paraffin oder Siegellack gedichtet.

Das Element kann gleich benutzt werden. Seine EMK beträgt

bei	0⁰—10⁰	15⁰	20⁰	25⁰	30⁰
	1,0189	1,0188	1,0186	1,0184	1,0181 Volt

mit einem erlaubten Fehler von $\pm$ 0,0002 Volt. Die Elemente werden von der physikalisch-technischen Reichsanstalt geeicht, pflegen jedoch bei Anwendung reiner Reagenzien richtig auszufallen.

Die fertig käuflichen „Westonelemente", die sich durch eine bessere Transportierbarkeit auszeichnen, enthalten bei 4^0 gesättigte Cadmiumsulfatlösung ohne Krystalle. Ihre EMK beträgt 1,0186 Volt innerhalb jeder in Betracht kommenden Zimmertemperatur. Sie werden von der „Weston-Company" angefertigt und können mit Prüfungsschein geliefert werden.

Die Haltbarkeit eines Normalelements ist fast unbegrenzt, wenn man ihm keinen Strom entnimmt, wenn es also immer nur in ganz oder fast ganz kompensierter Schaltung zur Eichung des Akkumulators benutzt wird. Ist dem Normalelement versehentlich durch Kurzschluß Strom entnommen worden, so kann seine EMK um einige Millivolt sinken, stellt sich aber nach mehrstündlichem Stehen wieder her.

Es ist ratsam, ein selbst gefertigtes Normalelement als Arbeitselement zu benutzen, dieses von Zeit zu Zeit mit einem geprüften Element zu eichen und zu kontrollieren, daß es sich nicht ändert. Sollte das selbstgefertigte Element sich um 1—2 Millivolt von dem geeichten unterscheiden, so ist es dennoch brauchbar, wenn es sich als konstant erweist. Man muß seine wahre EMK vermittelst der geeichten Elemente dann genau feststellen und gelegentlich kontrollieren. Das geeichte Element soll zu keinem anderen Zweck benutzt werden.

4. Die Gasketten. Die Gaskette besteht 1. aus der Gaselektrode, 2. der Ableitungselektrode, 3. der Verbindungsflüssigkeit.

I. Die Gaselektrode. Man unterscheidet Elektroden mit strömender und mit stehender Wasserstoffatmosphäre. Die ersten wurden früher fast ausschließlich benutzt, weil man glaubte, daß ohne sie ein konstantes Potential sich nicht so gut einstelle. Es hat sich jedoch erwiesen, daß die prompte Einstellung des Potentials auf ganz anderen Dingen beruht, und ich beschreibe deshalb als

Universal-Methode die der stehenden Wasserstoffatmosphäre. Als einfachsten Typus derselben, der fast in allen Fällen in jeder Beziehung den Anforderungen an Exaktheit und Einfachheit genügt, beschreibe ich diejenige Form des U-Rohres, welche ich seit vielen Jahren anwende. Sie hat als Elektrode ein Stück Platindraht; derselbe leistet genau dieselben Dienste wie das früher stets gebräuchlich gewesene Platinblech. Der Fassungsraum ist bei zwei bei mir in Gebrauch befindlichen Typen 5 bzw. 2,5 ccm. Dieses Elektrodengefäß besteht aus

1. einem U-Rohr (Abb. 29 U),
2. dem Elektrodenstöpsel (Abb. 29 E),

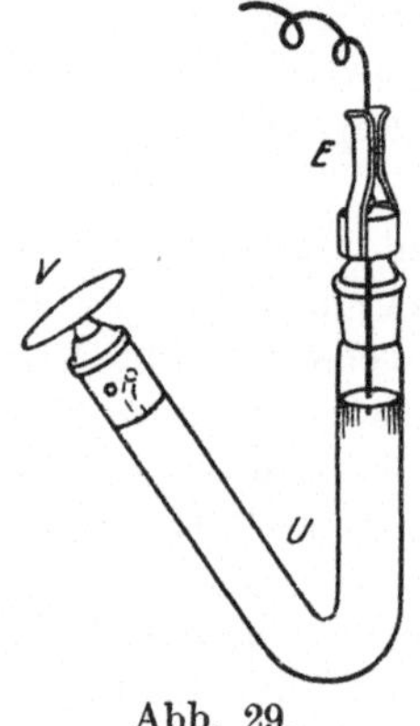

Abb. 29. Wasserstoffelektrode nach L. Michaelis (Modell der Vereinigten Fabriken für Laboratoriumsbedarf, Berlin).

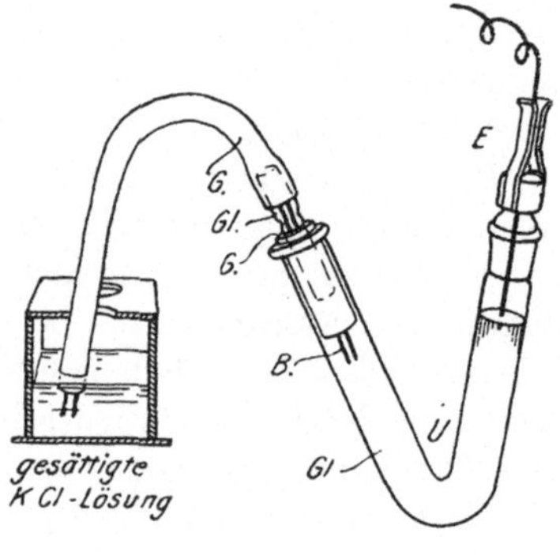

Abb. 30. G = Gummi, Gl = Glas, B = Baumwolle.

3. dem Verschlußstöpsel (V), von dem wir vorläufig noch keinen Gebrauch machen, sondern erst bei der Messung kohlensäurehaltiger Lösungen (S. 144),
4. dem Verbindungsschlauch (Abb. 30).

a) Vorbereitung der Elektrode; Platinierung. Der Elektrodenstöpsel trägt einen Platindraht, welcher 10 bis 12 mm lang herausragen soll. Man stecke den Platindraht für $^1/_4$ Stunde in konzentrierte Schwefelsäure, so, daß der Platindraht selbst ganz eintaucht, aber der federnde Nickelkontakt trocken bleibt. Dann spüle man den Draht sehr sorgfältig mit Wasser ab und vermeide von nun an jede Berührung des Platindrahtes mit dem Finger. Schließlich wird der Draht nochmals mit destilliertem Wasser abgespült und sofort der Platinierung unterworfen.

Zu diesem Zweck unterwerfe man ihn der kathodischen Polarisation in einer Lösung von 1 g „Platinchlorid“ und einer ganz minimalen Spur Bleiacetat in 30 ccm destilliertem Wasser. Von dieser Lösung fülle man in das Platinierungsgefäß genügend ein. Das Platinierungsgefäß (Fig. 31) enthält ein Platinblech, welches als positive Elektrode dient. Man schicke nunmehr den Strom eines ein- oder zweizelligen Bleiakkumulators (2—4 Volt) durch das Gefäß, derart, daß der positive Pol mit dem Platinblech, der negative mit dem zu platinierenden Elektrodendraht verbunden ist. Unter leichter Gasentwicklung schwärzt sich jetzt

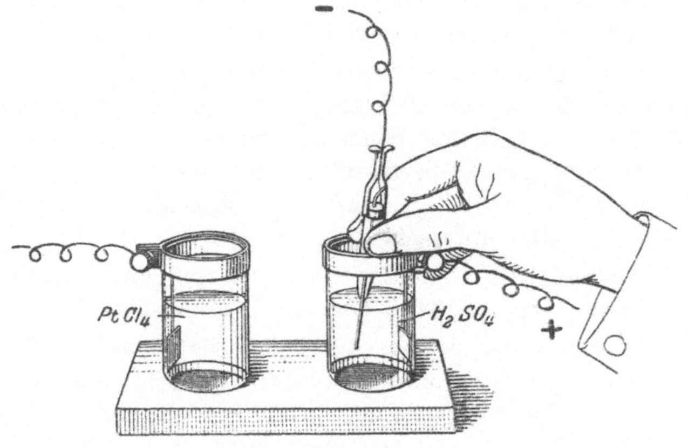

Abb. 31.

der Draht. Nach $1/_2$ bis 2 Minuten, wenn die Schwärzung gleichmäßig geworden ist, ist die Platinierung beendet. Man spüle die Elektrode sorgfältig mit destilliertem Wasser ab und unterwerfe sie sofort einer kathodischen Polarisation in zehnfach verdünnter Schwefelsäure. Dazu benutzt man ein „Reduktionsgefäß“, welches genau so gebaut ist wie das Platinierungsgefäß, nur statt des Platinchlorids die verdünnte Schwefelsäure enthält. Die Stromzuführung geschieht genau in derselben Anordnung wie bei der Platinierung. Es tritt lebhafte Gasentwicklung ein, welche 1—2 Minuten in Gang gehalten wird.

Hat man die Elektrode versehentlich anodisch polarisiert, also mit O_2 beladen, so ist sie zunächst ganz unbrauchbar, wird aber durch nachträgliche, etwas länger bemessene kathodisch Polarisation leicht repariert.

Dann wird die Elektrode sehr gut mit Wasser abgespült und de Glasschliff sehr gut mit Fließpapier getrocknet, ohne den Platin draht zu berühren. Der Glasschliff wird dann mit ein klein wenig Wachs bestrichen und in das vorher durch Fächeln in der Flamme erwärmte Ende des U-Rohres eingedreht. Das Wachs muß schlieren los schmelzen und muß in so geringer Menge angewendet werden daß es nicht in das U-Rohr selbst überquillt. Nun wird das U-Rohr mit Wasser gefüllt, dasselbe einige Male erneuert. Nach einigen Minuten kann die Elektrode in Gebrauch genommen werden.

Wird die Elektrode nicht benutzt, so muß sie stets mit Wasser gefüllt aufbewahrt werden. Eine gut behandelte Elektrode erfordert gewöhnlich erst nach vielen Wochen eine neue Platinierung, selbst wenn sie sehr viel benutzt wird.

b) Füllung der Elektrode für die Messung. Die Füllung geschieht auf verschiedene Weisen, je nachdem man auf den CO_2-Gehalt der Flüssigkeit Rücksicht zu nehmen hat oder nicht. Enthält die Flüssigkeit überhaupt keine Kohlensäure oder Carbonate, so befolge man die Vorschrift A. Enthält sie CO_2, so muß man folgende Fälle unterscheiden:

1. Die Flüssigkeit reagiert so stark alkalisch, daß CO_2 nicht entweichen kann ($[H^\cdot] = 10^{-10}$ oder noch alkalischer).

2. Die Flüssigkeit ist so sauer, daß die Kohlensäure nur in Form von freier, aber undissoziierter CO_2 vorhanden sein kann ($[H^\cdot] = 10^{-5}$ oder noch saurer). In diesen beiden Fällen kann man der Vorschrift A folgen. Vorschrift B bringt aber keine Nachteile.

3. Die Flüssigkeit enthält, wie z. B. Serum, Mineralwässer, Wasserleitungswasser etc., ein Gemisch von freier Kohlensäure und Bicarbonaten. Die $[H^\cdot]$ ist dann zwischen 10^{-9} und 10^{-5}. Dann befolge man Vorschrift B.

4. Endlich für gerinnungsfähige Flüssigkeiten, also Blut, folge man der Vorschrift C.

Vorschrift A. Die Elektrode wird zunächst nochmals mit destilliertem Wasser gewaschen, sodann zwei- bis dreimal mit etwa 1—2 ccm der zu untersuchenden Flüssigkeit gewaschen, dann die zu messende Flüssigkeit derart eingefüllt, daß der Elektrodenschenkel luftblasenfrei gefüllt und der andere Schenkel fast voll ist.

Nunmehr leite man mit Hilfe eines capillar ausgezogenen Glasrohres, welches mit der zu messenden Flüssigkeit gewaschen worden ist, Wasserstoff ein. Dieser wird in einem Kippschen Apparat aus As-freiem Zink und verdünnter Schwefelsäure (mit Zusatz von einigen Tropfen Platinchlorid oder etwas Kupfersulfatlösung) entwickelt, mit einer zweiprozentigen Permanganatlösung und mit gesättigter Sublimatlösung gewaschen. Nachdem der Wasserstoff völlig luftfrei geworden ist, schließe man die Wasserstoffzuleitung durch Kompression des Gummischlauches dicht oberhalb der ausleitenden Glascapillare mit dem Finger zunächst wieder. Man nehme nun das Elektrodengefäß zur Hand, lasse aus der Capillare wieder Wasserstoff strömen, um die Luft des Glasansatzes nochmals zu verdrängen, tauche die Capillare unter die Oberfläche der zu messenden Flüssigkeit in dem offenen Elektrodenschenkel, verschließe dann erst, aber unmittelbar nach dem Untertauchen die Wasserstoffzuleitung durch Fingerkompression des zuleitenden Gummirohres. Dann bringe man die Spitze der Glascapillare in die Tiefe des U-Rohres und lasse durch vorsichtiges Lüpfen des abklemmenden Fingers Wasserstoffbläschen in den geschlossenen Schenkel der Elektrode aufsteigen, und zwar soviel, daß der Platindraht ganz knapp noch eben in die Flüssigkeit eintaucht. Dann verschließe man die H_2-Zuleitung wieder durch stärkeren Fingerdruck und ziehe die Glascapillare heraus. Man fülle nun den offenen Schenkel des Gefäßes, wenn nötig, mit der zu messenden Flüssigkeit ganz auf. *

Nun nehme man den Verbindungsschlauch zur Hand (Abb. 30). Dieser soll folgende Beschaffenheit haben: er besteht aus einem etwa 15 cm langen, dickwandigen Gummischlauch, einem kurzen Stückchen eines dünnwandigen Gummischlauches und einem die beiden verbindenden Glasröhrchen. Der kurze Gummischlauch soll das Ende der Glasröhre um 1 cm überragen, d. h. das Ende der Glasröhre soll von außen nicht sichtbar sein. Den so zusammengesetzten Verbindungsschlauch fädele man jetzt vermittelst eines hakenförmig gekrümmten Drahtes mit einem doppelt gelegten, nicht zu dünnen Baumwollfaden (gewöhnliche käufliche, weiße Baumwolle in dicken Strähnen) ein, schneide diesen so weit ab, daß er die beiden Enden des Gummischlauches um $^1/_2$ cm überragt, durchtränke den Faden sehr gut mit gesättigter KCl-Lösung, stecke das obere, mit dem Glasansatz versehene Ende des Schlauches ziemlich tief, wie in der Abbildung 30, gleichsam wie einen Spritzenkolben in den offenen Elektrodenschenkel und das andere Ende in die Wanne mit gesättigter KCl-Lösung. Die fertige Anordnung des Verbindungsschlauches ist in Abb. 30 sichtbar. (Steckt man das Schlauchende nicht tief genug ein, oder verwendet man Schläuche mit zu dickem Lumen, so wirkt der Schlauch mit dem Faden als Saugapparat, und die Flüssigkeit des Elektrodengefäßes wird abgesaugt. Das ist aber leicht zu vermeiden.)

Vorschrift B. (Für Flüssigkeiten, welche CO_2 abgeben können.) Bis zum Zeichen * genau wie Vorschrift A. Sodann setze man den beigegebenen Glasstopfen V (Abb. 29) luftblasenfrei auf, drehe ihn einmal um, so daß für einen Augenblick die entsprechenden Bohrungen kommunizieren und eventuell etwas Flüssigkeit herausspritzt, um den Druck auszugleichen. Man achte darauf, daß der Stopfen am Schluß so steht, daß diese Kommunikation wieder unterbrochen ist. Dann bewege man ruhig das Gefäß in kippenden Bewegungen hin und her, derart, daß die Wasserstoffblase das ganze Gefäß 50 mal hin und 50 mal zurück durchstreicht. Zum Schluß muß die Wasserstoffblase wieder auf der Seite der Platinelektrode stehen. Dann nehme man den Glasschliff ab, fülle den Schenkel ganz auf und verfahre weiter wie in A, nach dem Zeichen *.

Vorschrift C. Für Messung von Blut. Man bereite sich kohlensäurefreie 0,85prozentige Kochsalzlösung, indem man gewöhnliche Kochsalzlösung in einem (alten, schon oft zum Kochen benutzten, kein Alkali abgebenden) Erlenmeyerkolben oder in einem verzinnten Kupfergefäß eben aufkocht, luftdicht verschließt und schnell abkühlen läßt. Mit dieser Lösung wird die Elektrode erst gewaschen und dann soweit gefüllt, daß der Schenkel mit dem Platindraht luftblasenfrei gefüllt ist, aber der offene Schenkel fast ganz (etwa zu $^4/_5$) leer bleibt. Nunmehr fülle man Wasserstoff ein wie sonst. Dann bringe man in den offenen Schenkel einige Körnchen Hirudin. Wenn man das Gefäß mit dem eingeschliffenen Stopfen verschließt, kann es in diesem Zustand einige Zeit aufbewahrt werden.

Das Blut wird aus der Vena cubitalis luftblasenfrei mit der Spritze entnommen und sofort in den offenen Schenkel, bis er ganz voll ist, eingefüllt, der Glasstopfen mit einem Ruck luftblasenfrei aufgesetzt, einmal um sich selbst gedreht und wie in Vorschrift B hin- und hergekippt. Man führe diese kippenden Bewegungen ruhig, ohne zu schütteln aus, um möglichst keine

Schaum zu erzeugen. (Der Schaum hat übrigens auf das Resultat keinen Einfluß.) Dann wie oben weiter. Man mache nun sofort nach der Zusammensetzung der Elektrode mit Blut die erste Ablesung und wiederhole sie alle 5 Minuten. Bleibt sie innerhalb 2—3 Ablesungen innerhalb eines Millivolts konstant und differieren dann zwei parallele Messungen nicht mehr als um höchstens 2 bis 2,5 Millivolt, so kann die Messung als beendigt angesehen werden. Wartet man sehr viel länger, so tritt häufig nach sehr langer Zeit allmählich wieder ein fortschreitender Abfall des Potentials ein, der auf einer fortschreitenden Säuerung des Blutes beruht und sich besonders bemerkbar macht, wenn die Messungen im Thermostaten bei 38^0 vorgenommen werden. Mitunter zeigt eine Elektrode überhaupt kein konstantes Potential, sondern fällt stetig. Die Ursache dafür ist oft eine Fibrinabscheidung an der Elektrode; sie verhindert die Einstellung eines guten Potentials. Mitunter ist die Ursache nicht erkennbar. Solche Messungen sind stets zu verwerfen. Ist die Ursache nicht erkennbar, so platiniere man sofort aufs neue.

Hat sich Fibrin am Platin abgeschieden, so entferne man zunächst dasselbe und wiederhole die Messung mit Anwendung von mehr Hirudin. Die Entfernung des Fibrins braucht nicht notwendig mit einer neuen Platinierung verbunden zu sein. Man kann sie ohne das dadurch bewirken, daß man die Elektrode erst, so gut es geht, auswäscht und dann mit einer 1 prozentigen Lösung von Trypsin (Grübler oder Merck) in ganz verdünnter ($^1/_2$%) $NaHCO_3$-Lösung füllt. Nach einiger Zeit ist das Fibrin aufgelöst und die Elektrode braucht nur gut ausgespült zu werden, um wieder brauchbar zu sein.

Die bei dieser Methode eintretende Verdünnung des Blutes mit 2 bis 4 Teilen 0,85 % ClNa-Lösung hat theoretisch und nachgewiesener Maßen (137) auch praktisch keinen Einfluß auf die [H·] des Blutes.

c) Andere Formen der Gaselektrode. Die Methode, welche mit dauernder Wasserstoffdurchströmung arbeitet, kann mit Hilfe etwas anders gebauter Elektroden ausgeführt werden. Dieselben haben verschiedenartige Formen erhalten. Ich beschreibe die von Sörensen abgebildete Form (214) näher, weil sie es ist, mit der S. P. L. Sörensen seine grundlegenden Untersuchungen ausgeführt hat. Sie ist wiederum die von N. Bjerrum (13) angewandte Form (Abb. 32).

Der verwendete Wasserstoff wird durch Elektrolyse von 10%iger Kalilauge zwischen Eisenelektroden hergestellt, mit alkalischer Pyrogallollösung, dann mit reinem Wasser gewaschen, dann in ein mit reiner Baumwolle gefülltes Zylinderglas geleitet, wo er mit etwas von der zu untersuchenden Flüssigkeit gewaschen wird. Es wird ein langsamer Strom von Wasserstoff dauernd durch die Elektrode geleitet. Der Wasserstoff strömt durch das in der Zeichnung links vorgelagerte Gefäß und verläßt es, nachdem es das rechts anhängende Gefäß passiert hat. Diese beiden Gefäße werden am besten mit kleinen Mengen derselben Flüssigkeit gefüllt, die in den Elektrodenraum kommen soll.

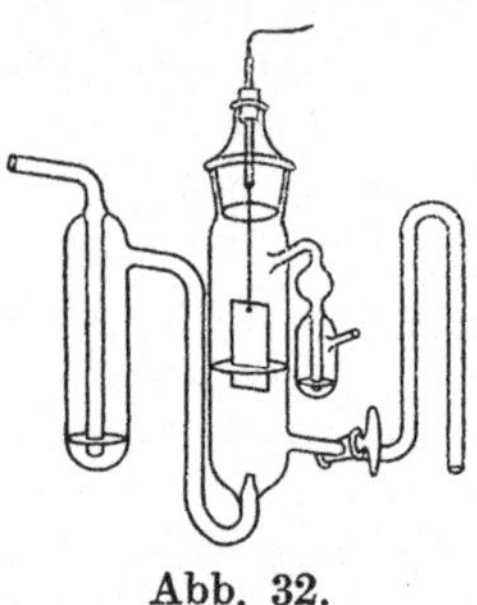

Abb. 32. Nach Sörensen.

Die Elektrode von Hasselbalch. Diese Elektrode gestattete zum erstenmal die exakte Messung CO_2-haltiger Flüssigkeit. Die oben von mir beschriebene Universalmethode benutzt das von Hasselbalch angegebene Prinzip des Schüttelns mit stehender Wasseratmosphäre ebenfalls. Die Elektrode besteht aus dem in Abb. 33 schematisch dargestellten Gefäß. Die Kapazität des Gefäßes ist 15 ccm, wovon die Flüssigkeit etwa 7 ccm einnimmt. Die obere Kuppe des Glasgefäßes, welches die plattenförmige, auf gewöhnliche Weise wie sonst platinierte Platinelektrode trägt, ist abnehmbar und paßt mit einem Schliff auf den unteren Teil des Gefäßes. Die Schliffe werden mit Vaselin gedichtet und mit einer Feder zusammengeklemmt. Durch den Trichter (statt dessen nimmt man besser eine luftblasenfrei mit der zu messenden Flüssigkeit gefüllte Rekordspritze zu 20 ccm) wird die Flüssigkeit eingefüllt.

Vor der ersten Messung wird ca. $^1/_2$ Stunde lang Wasserstoff durch das leere Elektrodengefäß gefüllt und so die Elektrode mit Wasserstoff gesättigt. Durch den Trichter — der beim Tierexperiment bei einem vorher mit Hirudin injizierten Tiere durch die Arterie oder Vene des Tieres ersetzt wird — wird soviel Flüssigkeit eingefüllt, daß die Elektrode gerade eintaucht. Gleichzeitig wird der Heber mit der Flüssigkeit gefüllt und dann sein Hahn verschlossen. Mit geschlossenen Hähnen werden jetzt 200 Umdrehungen oder kippende Bewegungen des Gefäßes vorgenommen, dann der Heber in das Gefäß mit gesättigter KCl-Lösung getaucht, der Hahn geöffnet und das Potential abgelesen, nachdem die Flüssigkeit von den Wänden des Gefäßes gut abgelaufen ist. Das Potential ist dann in der Regel schnell konstant. Nunmehr wird unter Erhaltung der alten Wasserstoffatmosphäre durch den Trichter eine neue Portion der Flüssigkeit eingeführt, und nun, ohne zu schaukeln, wiederum das Potential abgelesen. Die Flüssigkeit wird dann weitere 2- bis 3-mal gewechselt, bis das Potential konstant wird.

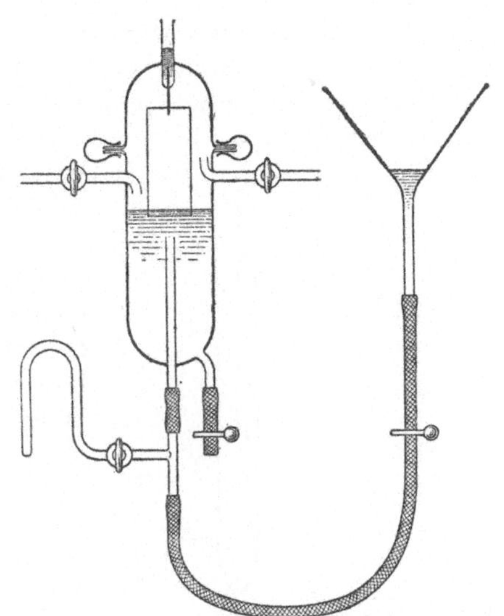

Abb. 33.
Elektrode von Hasselbalch (61).

Hasselbalch hat später diese Elektrode noch verbessert. Abb. 34 zeigt eine Form der Elektrode, welche gestattet, das Schaukeln permanent mit Hilfe eines Motors (60—90 Drehungen pro Minute) vorzunehmen. Diese Anordnung hat sich besonders bei sehr pufferarmen Lösungen, wie Meerwasser u. dgl. bewährt, welche sonst schlecht zu einem konstanten Potential sich einstellen. Hier wird

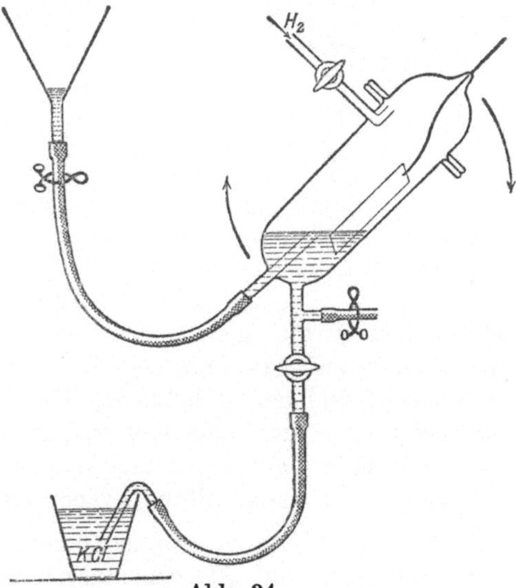

Abb. 34.
Elektrode von Hasselbalch, neue Form, zum ständigen Schütteln (63).

dauernd geschaukelt auch während der Ablesungen. Bei Meerwasser muß man gewöhnlich die Flüssigkeitsproben 4—5 mal erneuern, bis das Potential praktisch konstant bleibt. Es ist aber nach Hasselbalch besser, diese Konstanz nicht abzuwarten, sondern nach 2—3-maliger Erneuerung den Schlußwert zu extrapolieren.

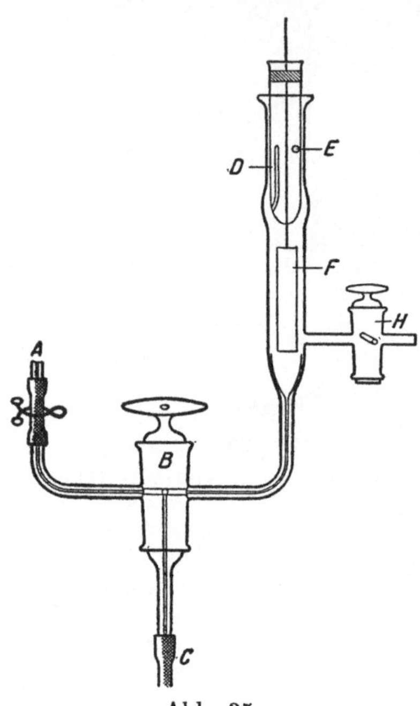

Abb. 35.
Elektrode von Hasselbalch, für sehr kleine Flüssigkeitsmengen (63).

Für kleine Flüssigkeitsmengen, insbesondere für Blut hat Hasselbalch sein Verfahren gemäß Abb. 35 abgeändert. Ich glaube, daß das oben von mir beschriebene, einfachere Verfahren dasselbe leistet und verweise auf die Originalarbeit von Hasselbalch (63). Für sehr pufferarme Lösungen (Meerwasser, Leitungswasser, destilliertes Wasser) ist die Hasselbalch'sche Anordnung mit ständigem Schaukeln auch nach Sörensen's Empfehlung sehr brauchbar.

II. Die Ableitungselektrode.

a) Wasserstoffelektroden als Ableitungselektroden. Wenn man eine Wasserstoffelektrode als Ableitung benutzen will, so ist die Herstellung und Füllung derselben genau die gleiche wie eine der soeben beschriebenen. Es kommt nur darauf an, sie mit einer Flüssigkeit zu füllen, deren Wasserstoffzahl genau bekannt, die ferner haltbar und von Verunreinigungen durch die Kohlensäure der Luft und Alkalispuren aus dem Glase möglichst unabhängig ist. Als solche empfehle ich am meisten das Standardacetatgemisch:

100 ccm n. Essigsäure und 50 ccm n. NaOH werden mit destilliertem Wasser auf 500 ccm aufgefüllt. Die [H·] dieser Lösung berechnet sich auf Grund von Formel (10), S. 17, und Tabelle 2 S. 11 u. 12:

Temperatur	[H·)	p_H
15⁰	2,3₀ . 10⁻⁵	4,63₈
18⁰	2,3₅ . 10⁻⁵	4,62₃
21⁰	2,3₆ . 10⁻⁵	4,62₇
25⁰	2,3₄ . 10⁻⁵	4.63₁
38⁰	2,3₀ . 10⁻⁵	4,63₈

b) Die Kalomelelektroden. Das Potential dieser Elektroden entsteht durch die Berührung von Quecksilber mit einer Mercuro-Ionen-Lösung. Letztere wird hergestellt durch Auflösung von Kalomel (HgCl) in einer ganz bestimmten KCl-Lösung. Die KCl-Lösung muß eine ganz genau bekannte Konzentration haben, weil von der Menge der gelösten KCl die Löslichkeit des Kalomel abhängt, und somit auch die Konzentration der Hg·-Ionen in der Lösung. (Sie ist eine „umkehrbare Elektrode zweiter Ordnung".) Früher wurde im allgemeinen die $\frac{n}{10}$ oder auch die $\frac{n}{1}$-Lösung von KCl bevorzugt. Die erstere soll ein besser definiertes Potential geben, was aber von Luther (161) bestritten wird. Für die Gaskettenmethode hat sich seit Bjerrum und Sörensen besonders die $\frac{n}{10}$-Lösung eingebürgert.

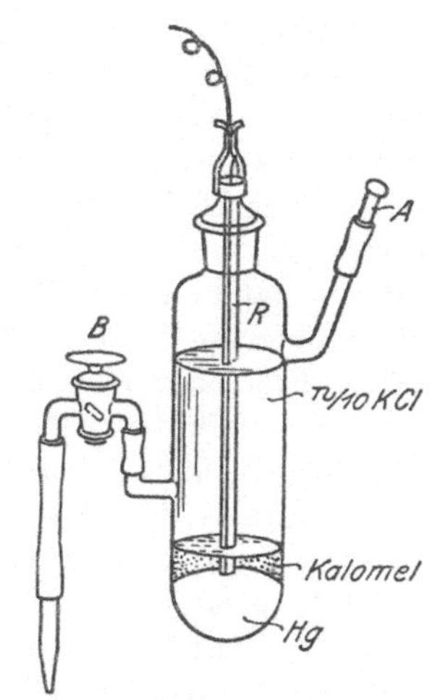

Abb. 36. Kalomelelektrode.

Die Herstellung der $\frac{n}{10}$-**Kalomelelektrode** geschieht folgendermaßen. In das Abb. 36 abgebildete Gefäß wird zunächst eine Schicht von reinem Quecksilber (s. S. 137) eingefüllt. Darauf schüttet man eine Schicht Kalomel und etwas 0,1 n KCl-Lösung und schüttelt das ganze heftig durch. Nun läßt man das Kalomel absitzen, gießt die überstehende Lösung ab, füllt neue KCl-Lösung auf und wiederholt das Schütteln und Absetzen noch 2—3 mal. Die 0,1 n KCl-Lösung muß sehr genau hergestellt sein. Schließlich wird das Gefäß mit 0,1 KCl-Lösung ziemlich hoch aufgefüllt, die Ableitungswege durch Nachfließenlassen der

Lösung luftblasenfrei gefüllt und wie in Abb. 36 fertiggestellt. Die Spitze des Glasrohres taucht man in die Verbindungsflüssigkeit (also in der Regel gesättigte KCl-Lösung). Nach Beendigung der Versuche zieht man die Spitze wieder aus der Flüssigkeit heraus. Am nächsten Tage vor dem Gebrauche lasse man zunächst etwas von der Lösung ablaufen, um einerseits die Verunreinigung der 0,1 n. KCl-Lösung durch die gesättigte KCl-Lösung zu vermeiden, andererseits um etwaige Luftblasen immer wieder aus dem Rohr auszutreiben. Eventuell füllt man vorher in das Elektrodengefäß neue 0,1 n. KCl-Lösung auf.

Das stete Nachfüllen der Lösung und die Notwendigkeit, die Elektrode überhaupt aus der gesättigten KCl-Lösung zu entfernen, erspart man bei Anwendung der von mir beschriebenen Füllung der Elektrode mit gesättigter KCl-Lösung. Ihre Reproduzierbarkeit scheint mir die gleiche zu sein wie der 0,1 n-Elektrode, und sie hat den Vorteil, daß sie ohne jegliche Veränderung stets gebrauchfertig in der Mittelflüssigkeit eingetaucht stehen bleiben kann. Freilich zeigt sie manchmal nicht gleich nach der Füllung genau ihr definitives Potential; es weicht mitunter um 2—3 Millivolt ab. Beim ruhigen Stehen erreicht sie in einigen Tagen aber ein definitives Potential, welches sich nicht mehr ändert. (Meine Beobachtung erstreckt sich auf fast ein Jahr.)

Die „gesättigte Kalomelelektrode“. Die hierzu notwendige gesättigte KCl-Lösung wird hergestellt, indem eine in der Siedehitze gesättigte Lösung von reinstem KCl auf Zimmertemperatur abgekühlt und von den abgeschiedenen KCl-Kristallen abgehoben wird. Das Gefäß für die Kalomelelektrode (Abb. 36) wird mit einer 1—2 cm hohen Schicht von absolut reinem Quecksilber gefüllt. Darauf schichte man eine ziemlich reichliche, beliebige Menge (etwa eine gute Messerspitze) Kalomel und etwas gesättigte KCl-Lösung von Zimmertemperatur, schüttle heftig durch, lasse das Kalomel absetzen und wiederhole das Waschen des Kalomels mit der KCl-Lösung etwa 3 mal. Nach dem letzten Absetzen fülle man das Gefäß mit der gesättigten Kaliumchloridlösung zu etwa $^2/_3$ seines Inhalts auf, lasse sodann durch Anblasen der Öffnung A bei offenstehendem Glashahn B ein wenig von der Lösung ausfließen, bis das ganze Ausflußrohr luftblasenfrei gefüllt ist, verschließe dann schnell den Glashahn B und halte von nun an die Ausflußöffnung stets unter einer gesättigten KCl-Lösung, damit keine Luftblase mehr eindringen kann. Nun fülle man nötigenfalls von oben her die KCl-Lösung etwas auf, wenn zuviel abgeflossen ist, und fülle das Elektrodengefäß mit festem Kaliumchlorid fast ganz auf. Nun setze man das die metallische Ableitung und Klemmschraube tragende Glasrohr mit Gummistopfen fest ein. Der unten aus dem Glasrohr eben herausragende Platindraht muß dabei unter die Oberfläche des Quecksilbers tauchen. Nun verschließe man die Anblaseöffnung A (Abb. 36) mit einem passenden Gummischlauch und eingesteckten Glasstäbchen. Die fertige Elektrode wird nun mit Hilfe eines Stativs so montiert, daß die Ausflußöffnung in eine große, mit gesättigter KCl-Lösung gefüllte Glaswanne taucht wie in Abb. 25, S. 131. Diese ist mit einem mehrfach durchlöcherten Glasdeckel verschlossen. Die Kalomelelektrode führe man durch eine der ganz seitlich angebrachten Öffnungen, die 4 mittleren Öffnungen dienen zur Aufnahme der Verbindungsschläuche der Gaselektroden.

Man drehe den Glashahn der Kalomelelektrode jetzt noch einmal um, um einen etwaigen Überdruck im Innern der Elektrode auszugleichen, und von nun ist es überhaupt niemals mehr nötig, den Glashahn zu öffnen. Die Stromleitung ist auch ohne Öffnung des Hahns, vermittelst der unsichtbaren, den Hahnschliff füllenden capillaren Schicht der KCl-Lösung genügend. Der Hahn darf aber bis jetzt nicht gefettet sein.

Um zu verhindern, daß in Tagen und Wochen die KCl-Lösungen aus den Öffnungen der Elektrode allmählich austritt und alle Spalten mit einer Kruste von KCl bedeckt, verschmiere man jetzt alle Stellen, wo Glasteile und Gummischläuche übereinandergestülpt sind, mit einer sehr dicken Schicht Vaselin, und wiederhole diese Prozedur etwa jeden Monat.

Die Richtigkeit der Elektrode wird dadurch geprüft, daß man ihr Potential gegen eine Wasserstoffelektrode (oder vielmehr in Parallelversuchen gegen 3—4 solcher Elektroden) mißt, welche mit Standardacetatmischung gefüllt ist. Sie muß dann mit einer Genauigkeit von $\pm\, ^1/_2$ Millivolt ein ganz bestimmtes Potential zeigen; d. h. die Parallelmessungen müssen bis auf etwa 1 Millivolt übereinstimmen.

Dieses Potential betrug für eine sehr lange von mir gebrauchte Elektrode nach zahlreichen Messungen im Mittel und nach Interpolation:

Tabelle über den Potentialunterschied der gesättigten Kalomelelektrode gegen das Standardacetatgemisch.

bei	15⁰	517,0 Millivolt
„	16⁰	517,1 „
„	17⁰	517,2 „
„	18⁰	517,4 „
„	19⁰	517,5 „
„	20⁰	517,8 „
„	21⁰	518,0 „
„	22⁰	518,3 „
„	23⁰	518,6 „
„	24⁰	519,0 „
„	25⁰	519,5 „
bei 34⁰ bis	38⁰	520,0 bis 520,5.

Das Potential der Elektrode hält sich, wenn sie ganz in Ruhe stehen bleibt, innerhalb weniger Zehntel Millivolt konstant. Dagegen kann es wohl vorkommen, daß der absolute Wert der Elektrode bis etwa 2 oder sogar 2,5 Millivolt von dem in der Tabelle angegebenen Standardwert abweicht. Solche Elektroden sind durchaus brauchbar, nur muß an der Messung die nötige Korrektur angebracht werden, bevor sie zur weiteren Rechnung verwertet wird. Denn die Tabelle (S. 157) über den Potentialunterschied dieser Elektrode gegen die Normal-H_2-Elektrode gilt unter der Voraussetzung des soeben mitgeteilten Potentials gegen die Standardacetatelektrode. Ist dieses etwas anders, z. B. um 1,2 Millivolt niedriger, so addiere man zu allen Messungen, die man mit dieser Elektrode macht, zunächst 1,2 Millivolt. Dieses Verfahren ist absolut einwandfrei. Nach meinen bisherigen Erfahrungen scheinen die in der Tabelle niedergelegten Werte die höchsten zu sein, die bei den Elektroden vorkommen, und es scheinen Elektroden mit einem um 1 bis 2 Millivolt niedrigeren Wert nicht selten zu sein. Immer aber erwiesen sich gut hergestellte Elektroden innerhalb weniger Zehntel Millivolt als absolut konstant.

III. Die Verbindung der Elektroden. Die verbindende Leitung zwischen den beiden Elektroden stellt zweckmäßig eine Wanne mit gesättigter KCl-Lösung dar, deren Deckel mit einzelnen Löchern versehen ist. Durch eines derselben steckt man die Ausflußöffnung der Ableitungselektrode, durch je ein zweites die Verbindungsschläuche je einer Gaselektrode. Die Zuleitung jeder Gaselektrode zu dieser Wanne geschieht durch den in dem Gummischlauch eingeschlossenen Baumwollfaden. Dieser Baumwollfaden ist, wie schon gesagt vorher mit gesättigter KCl-Lösung zu durchtränken. Verbindet man mehrere solcher Wannen durch Heber, so kann man beliebig viele Messungen fast gleichzeitig und mit einer einzigen Kalomelelektrode machen.

5. Die Ausführung der Messung. a) Beim Arbeiten ohne Vorschaltwiderstand.

1. Eichung des Akkumulators. Man entferne die Stöpsel des linken Rheostaten, so daß der gesamte Rheostatenwiderstand 1110 Ohm beträgt. Man schließe den Akkumulatorstrom und schalte in den Nebenstromkreis das Normalelement ein, lasse jedoch den Schlüssel des Nebenstromkreises geöffnet. Nachdem der Akkumulator mindestens $^1/_4$ Stunde geschlossen gewesen ist, nehme man den Stöpsel „500“ aus dem rechten Rheostaten heraus und stecke ihn in die entsprechende Stelle des linken. Nun öffne man den Kurzschluß des Capillarelektrometers und schließe, indem man auf das Mikroskop blickt, auf eine möglichst kurze Zeit den Schlüssel des Nebenstromkreises. Man beobachtet dabei eine Bewegung des Meniscus. Man öffne den Schlüssel sofort wieder, nachdem man die Richtung des Ausschlages beobachtet hat und schließe den Kurzschluß des Elektrometers wieder. Nunmehr transportiert auch man noch den Stöpsel „50“ auf den anderen Rheostaten und wiederhole die Beobachtung. Schlägt der Meniscus nach derselben Richtung, aber weniger stark aus, so bringe man weitere Stöpsel, etwa den Stöpsel „10“ auf die andere Seite. Jetzt wird der Ausschlag im umgekehrten Sinne erfolgen. Man bringe den Stöpsel „10“ zurück und nehme dafür „5“, usw., bis der Meniscus keinen Ausschlag mehr zeigt. Die Grenze der Stromlosigkeit läßt sich noch genauer als auf ein 1 Ohm angeben; anderenfalls ist das Elektrometer nicht empfindlich genug. Ist der Ausschlag z. B. bei 555 nach oben, bei 556 doppelt so viel nach unten, so schätzt man die wahre Nullstellung auf 555,3 usw.

Befindet man sich von der vollkommenen Kompensation nicht mehr weit, so kann man zur besseren Beobachtung den Strom etwas länger (1—2 Sekunden) geschlossen halten. Man habe nun z. B. die Nullstellung bei der Stellung

Rheostat I	Rheostat II
553	557

gefunden. Dann ist

$$E_{\text{Accum.}} = E_{\text{Normalelement}} \times \frac{\text{Widerstand I} + \text{II}}{\text{Widerstand II}}$$

$$= 1{,}0183 \cdot \frac{1110}{557} \; (= 2{,}031 \text{ Volt}).$$

Je nach den Umständen muß man statt 1,0183 den wahren Wert des Normalelementes einsetzen.

2. Messung der Gaskette. Man schalte nun das Normalelement aus und die Gaskette ein und bestimme auf dieselbe Weise, durch Hin- und Herstöpseln, diejenige Widerstandsverteilung, bei der Stromlosigkeit herrscht. Diese Messung wiederhole man nach 10 Minuten, und dann wieder solange, bis mehrere Messungen im Abstand von 10 Minuten konstant werden. Dies erfordert $^1/_2$ bis 3 Stunden, je nach der Güte der Platinierung, je nach der Tiefe, bis zu der die Elektrode eintaucht (je weniger sie eintaucht, um so schneller gewöhnlich die Einstellung), und je nach anderen, unbekannten Einflüssen. Man finde beispielsweise eine definitive Stellung von 200 Ω rechts (als 910 Ω links) als die beste. Dann ist die EMK der Gaskette

$$E_{\text{Gaskette}} = E_{\text{Accum.}} \cdot \frac{200}{1100}.$$

Setzen wir die Werte von $E_{\text{Accum.}}$, nämlich $1{,}0183 \cdot \frac{1110}{557}$, ein,

so ist $$E_{\text{Gaskette}} = \frac{1{,}0183 \cdot 1110}{557} \cdot \frac{200}{1110}.$$

An dieser Formel ändert sich also, so lange der Akkumulator gleich bleibt, bei Messungen verschiedener Gasketten immer nur die Messungszahl (200 in diesem Fall); das andere stellt einen konstanten Faktor f dar, der sich nur dann ändert, wenn der Akkumulator eine andere EMK ergab. Es ist also

$$E_{\text{Gaskette}} = 200 \cdot f,$$

wo $$f = \frac{1{,}0183}{557}$$

oder allgemein, wo

$$f = \frac{1{,}0183}{n},$$

wenn n die bei der Akkumulatoreichung aus dem Rheostaten II fortgenommene Ohmzahl bedeutet.

b) Messung beim Arbeiten mit Vorschaltwiderstand. Es wäre nun viel bequemer, wenn wir eine Stromquelle von einer derartigen EMK benutzten, daß $n = 1{,}0183$ d. h. gleich der EMK des Normalelements und daher $f = 0{,}001$ würde. Dies erreichen wir, wenn wir einen Teil der EMK des Akkumulators vor dem Eintritt in den Meßapparat durch einen regulierbaren Vorschaltwiderstand abfallen lassen. Wir verfahren dabei anstatt des soeben beschriebenen Verfahrens: „Eichung des Akkumulators" folgendermaßen. Wir schalten in der auf Abb. 125 angegebenen Anordnung den Vorschaltwiderstand ein, ziehen aus dem Rheostat II Stöpsel im Betrage von 1018 Ohm heraus und bringen sie in den Rheostaten II (welcher also dann 1110—1018 Ω Widerstand enthält). Nun schalten wir, erst durch Verstellung des groben (feingewickelten), dann des feinen (dicken, grobgewickelten) Vorschaltwiderstandes so viel Widerstand vor, daß beim Messen (wie vorher) gegen das Normalelement Stromlosigkeit herrscht.

[Genauer: wir schalten den Vorschaltwiderstand so, daß die Stellung 1018 Ohm einen kleinen Ausschlag nach der einen, die Stellung 1019 einen größeren Ausschlag nach der anderen Richtung gibt, so daß die wahre Nullstellung 1018,3 wäre.]

Da das Normalelement 1018,3 Millivolt mißt, so bedeutet jetzt jedes Ohm, welches wir vom Rheostat II nach I bringen, genau ein Millivolt; denn die eingestellten 1018 Ohm bedeuteten 1018 Millivolt. Je nach dem wahren Werte des Normalelements muß man statt 1018,3 den jeweilig zutreffenden Wert wählen.

Der Vorschaltwiderstand wird nun nicht mehr berührt; höchstens alle Stunde einmal kontrolliert, ob seine Stellung die richtige ist. Infolge der allmählichen Änderung der Akkumulatorspannung wird allmählich eine leichte Korrektion des Vorschaltwiderstandes erforderlich.

Nunmehr schalte man das Normalelement aus und die Gaskette ein und messe die EMK wie vorher. Die aus dem Rheostat II entfernten und nach Rheostat I transportierten Stöpsel geben jetzt die EMK direkt in Millivolt an.

Übungsbeispiele für Messungen. Als Übungsbeispiel führe man die Messung von Flüssigkeiten von genau bekannte Zusammensetzung und bekannter EMK gegen die gebräuchliche Ableitungselektroden aus. Als solche Flüssigkeiten empfehle ic vor allem

das „Standardacetatgemisch"

n. NaOH	50
n. Essigsäure	100
dest. Wasser	350

Dasselbe muß innerhalb der erlaubten Fehlergrenze vo + 0,5 Millivolt das Potential haben:

	gegen die Decinormal-kalomelektrode	gegen die gesättigte Kalomelektrode
bei 15°	602,5 Millivolt	517 Millivolt (15°–18°)
16°		
17°		
18°	604,5	
19°		518 Millivolt (19°–22°)
20°		
21°	607,5	
22°		
23°		519 Millivolt (23°–24°)
24°		
38°		520 Millivolt.

Eine solche Messung gestaltet sich z. B. folgendermaßen Gleich nach Ansetzung der Kette findet man gegen die gesättigt Kalomelelektrode z. B. 505,0 Millivolt. Im Laufe der Zeit änder sich das Potential z. B. in folgender Weise

nach 0	Stunden	505,0	Millivolt
1/4	„	513,0	„
1/2	„	516,5	„
3/4	„	517,0	„
1	„	517,5	„
1 1/2	„	517,5	„
2	„	517,5	„
3	„	517,5	„

Jetzt messe man die Temperatur in der Elektrode; sie betrage 18,0° Der definitive Wert ist also befriedigend gut und konstant. Setz man die Kette nach der Messung wieder zusammen, so mache ma einmal zur Belehrung auch folgenden mehrtägigen Versuch:

Nach 3	Stunden	517,5
24	„	517,5
48	„	517,8
72	„	518,0
96	„	520,0

Man sieht hieraus, daß die Diffusion so langsam ist, daß der Wert selbst in Tagen sich nur minimal ändert.

Sollte sich bei wiederholten Versuchen herausstellen, daß z. B. statt des erwarteten Wertes 517,0 als Mittelwert nur 516,0 herauskommt, so schließt man daraus, daß die Kalomelelektrode 1 Millivolt tiefer steht als diejenige, an der ich die Eichungen vorgenommen habe, und addiert in Zukunft, bevor man weitere Rechnungen unternimmt, zu allen mit dieser Elektrode gemachten Messungen zunächst 1 Millivolt.

6. Die Berechnung des Wasserstoffexponenten und der Wasserstoffzahl aus der EMK. Aus der gemessenen EMK, die wir mit E bezeichnen und in Millivolt ausdrücken, berechne man zunächst die auf die Normalwasserstoffelektrode reduzierte EMK, E_n. Es ist

$$E_n = E - F$$

F ist eine Größe, die hauptsächlich von der Wahl der Ableitungselektrode, in zweiter Linie auch ein wenig von der Temperatur abhängt. F ist

	in Millivolt	
	für die Dezinormalkalomelelektrode (211, 102)	für die gesättigte Kalomelelektrode
bei 15°		252,5
16°		251,7
17°		250,9
18°	337,7	250,3
19°		249,5
20°	337,5	248,8
21°		248,2
22°		247,5
23°		246,8
24°		246,3
25°		245,8
30°	336,4	

	in Millivolt für die Dezinormal-kalomelelektrode	für die gesättigte Kalomelelektrode
37°	. . . .	235,5
38°	335,5	235,0
40°	334,9	
50°	332,6	
60°	329,0	

Nunmehr ist $p_H = \frac{E_n}{\vartheta}$

wo ϑ eine von der Temperatur abhängige Größe bedeutet, welch beträgt

für	15°	57,1
	16°	57,3
	17°	57,5
	18°	57,7
	19°	57,9
	20°	58,1
	21°	58,3
	22°	58,5
	23°	58,7
	24°	58,9
	25°	59,1
	26°	59,3
	27°	59,5
	28°	59,7
	29°	59,9
	30°	60,07
	31°	60,27
	32°	60,47
	33°	60,66
	34°	60,86
	35°	61,06
	36°	61,25
	37°	61,45
	38°	61,64
	39°	61,85
	40°	62,05

Aus p_H wird [H·] auf die S. 122 angegebene Weise un gerechnet.

Man könnte beim Anblick der ersten dieser beiden Tabellen den Eindruck gewinnen, daß die gesättigte Elektrode gegenüber der $\frac{n}{10}$-Elektrode darin im Nachteil sei, daß sie eine viel genauere Berücksichtigung der Temperatur erfordere. Genau das Umgekehrte ist aber der Fall. Die Temperatur muß nämlich auf jeden Fall zur Ermittelung des richtigen Wertes von ϑ genau gemessen werden, weil dieser Faktor sich eo ipso mit der Temperatur ändert. Da nun der Potentialwert der $\frac{n}{10}$-Elektrode sich mit der Temperatur kaum ändert, so bedeutet eine bestimmte Anzahl von Millivolt, die eine Wasserstoffelektrode gegen die $\frac{n}{10}$-Kalomelelektrode zeigt, einen ganz verschiedenen p_H je nach der Temperatur. Bei der gesättigten Kalomelelektrode ist dagegen der spezifische Potentialwert in der Weise von der Temperatur abhängig, daß er sich in fast gleicher Weise wie der Faktor ϑ ändert, so daß eine bestimmte Anzahl von Millivolt meist fast genau den gleichen p_H bedeutet, ob die Temperatur der Messung z. B. 18^0 oder 20^0 war.

7. Berücksichtigung der Temperatur. Im allgemeinen werden die Messungen wohl bei Zimmertemperatur ausgeführt werden. Die genaue Messung derselben geschieht in der Weise, daß man nach dem Konstantwerden des Potentials den Verbindungsschlauch aus der Gaselektrode herauszieht und dafür ein schmales, in halbe Grade geteiltes Thermometer, welches von $10-50^0$ C reicht, einsteckt. Meist genügt es sogar, die Temperatur einfach in der Wanne mit der gesättigten KCl-Lösung festzustellen; die Abweichung wird, wenn das Zimmer nicht gerade sehr zugig ist, kaum in Betracht kommen. Man überzeuge sich durch passende blinde Kontrollversuche von der Übereinstimmung der Temperatur in der Wanne und in der Elektrode.

Will man die Messung bei höherer Temperatur machen, so montiere man den Teil des Apparates, der die Ableitungselektrode, die Wanne und die Gaselektrode umfaßt, in einem Luftthermostaten. Wasserbäder sind meist nicht geeignet, weil die feuchte Luft über demselben fast stets Isolationsfehler und vagabundierende Ströme verursacht.

Die Einstellung der Kalomelelektroden bei stark veränderter Temperatur erfordert ziemlich lange Zeit. Wenn man nicht längere Versuchsreihen bei Thermostatentemperatur beabsichtigt, empfehle ich deshalb als Ableitungselektrode hierbei mehr die Standardacetatelektrode. Die Berechnung von p_H geschieht dann folgendermaßen:

$$p_H = E + p_{H\,\text{Acet.}}$$

ϑ ist in der vorigen Tabelle angegeben; $p_{H\,Acet.}$ bedeutet den Wasserstoffexponenten des Acetatgemisches, der auf der Tabelle (S. 149) angegeben ist.

Alle Elektroden werden zweckmäßig vor Einsetzung in den Thermostaten annähernd in einem Wasserbad auf die richtige Temperatur vorgewärmt.

Füllt man die Wasserstoffblase bei Zimmertemperatur ein, so denke man daran, daß sie sich bei der Erwärmung ausdehnt. Man fülle daher etwas weniger Wasserstoff ein als sonst, oder fülle ihn in die vorgewärmte Flüssigkeit ein.

Wendet man die Schüttelmethode in der von mir beschriebenen Form, aber für Brutschranktemperatur an, so ist es zweckmäßig, vor und mehrere Male während des Schüttelns (mit dem inzwischen pausiert wird) die Elektrode in einem Wasserbad annähernd auf die Thermostatentemperatur vorzuwärmen.

8. Einiges über Fehlerquellen und Fehlergrenzen der Messung. Die Fehlergrenzen der Messung beruhen einerseits auf der Genauigkeit, mit der die Wasserstoffzahl der Flüssigkeit definiert ist, andererseits auf den eigentlichen Fehlergrenzen der Messungsmethode.

Die mehr oder weniger genaue Definition der $[H^{\cdot}]$ der Flüssigkeit hängt davon ab, ob die Flüssigkeit so beschaffen ist, daß der niemals in vollkommener Weise unterdrückbare Austausch mit der Kohlensäure der Luft einen Einfluß hat. Der Einfluß der Kohlensäure ist folgender:

a) Bei Flüssigkeiten von erheblicher Acidität, etwa von 10^{-5} aufwärts, spielt ein selbst erheblicher CO_2-Gehalt der Flüssigkeit keine Rolle, weil hier die CO_2 völlig undissoziiert vorhanden ist und die $[H^{\cdot}]$ der Flüssigkeit nicht meßbar ändert. Allzuhoher CO_2-Gehalt wirkt nur insofern schädlich, als der Gasraum der Elektrode etwas CO_2 aufnimmt, der Partialdruck des H_2-Gases geringer wird und dadurch die EMK ein wenig zu klein ausfallen könnte. Jedoch macht das selbst in ungünstigen Fällen nur wenig, und bei Flüssigkeiten von so saurer Reaktion, welche nur soviel CO_2 enthalten, daß sie gegen die Luft im Gleichgewicht sind, ist dieser Fehler ganz zu vernachlässigen.

b) Bei Flüssigkeiten unterhalb dieser Acidität, von 10^{-5} abwärts, hängt der Einfluß der CO_2 davon ab, ob und wieviel Regulatoren (Puffer) sich in der Lösung befinden. Als solche bezeichnet man Mischungen von schwachen Säuren mit ihren Alkalisalzen oder von schwachen Basen mit ihren Chlorhydraten (oder anderen Salzen mit starken Säuren). Deshalb ist z. B. die [H·] von reinem Wasser oder einer ClNa-Lösung innerhalb 10^{-7} bis 10^{-5} unbestimmt, wenn sie nicht unter besonderen Vorsichtsmaßregeln hergestellt und aufbewahrt werden. Während theoretisch reines Wasser bei 22° ein [H·] $= 1 \cdot 10^{-7}$ hat, ist diese, wenn es nur $^{1}/_{100000}$ Mol CO_2 ($= 0{,}44$ g $= ^{1}/_{3}$ ccm) pro Liter aus der Luft aufgenommen hat, $> 10^{-6}$.

Andererseits wird z. B. eine Mischung von $\frac{n}{15}$ primären und $\frac{n}{15}$ sekundärem Phosphat zu gleichen Teilen durch eine ebenso geringe Verunreinigung mit CO_2 noch nicht meßbar geändert.

c) Bei Flüssigkeiten, deren [H·] durch ein Gemisch von $NaHCO_3$ und CO_2 reguliert wird, wie Blut, hängt die Genauigkeit der Definition der [H·] davon ab, wie weit man die Flüssigkeit unter Luftabschluß hält und eine Abgabe der gelösten freien CO_2 vermeidet.

d) Eine besondere, in ihrem Wesen noch nicht erklärte Fehlerquelle der Methode ist folgende. Wenn man reines oder fast reines Wasser, welches beliebige Mengen Neutralsalze enthalten kann, mit der gewöhnlichen Methode mit stehender Wasserstoffatmosphäre mißt, so findet man, daß das Potential sich erstens sehr langsam, zweitens überhaupt nicht scharf einstellt. Diese Erscheinung wurde zuerst von Hasselbalch (63) ausdrücklich beschrieben. Sie trifft immer bei „pufferarmen" Lösungen ein. Hasselbalch fand nun, daß solche Lösungen ein konstantes Potential geben, wenn man sie dauernd, auch während der Messung schaukelt. Er hat einen dazu brauchbaren Apparat konstruiert, welcher oben schon beschrieben worden ist.

Es seien noch folgende, ganz unerklärliche Beobachtungen über die Schnelligkeit der Potentialeinstellungen mitgeteilt.

Bei Anwendung der Methode des knappen Eintauchens der Elektrode ohne Schütteln zeigen alle Flüssigkeiten etwa 5 Minuten nach dem Zusammensetzen des Gefäßes ein Potential, welches selten mehr als 10 Millivolt, meist nur etwa 5 Millivolt tiefer steht als das definitive, welches sich in 1—2 Stunden einstellt, um konstant zu bleiben. In Lösungen, welche ausgesprochen sauer oder alkalisch reagieren ($p_H = 0$ bis 5,5 und 9 bis 14) wird hieran durch vorangehendes Schütteln nichts geändert. Z. B. Ein Standardacetatgemisch (p_H= 4,63) oder 0,1 n NaOH (p = ca. 12) zeigt nach 200 maligem Umschütteln nicht seinen konstanten Wert, sondern nimmt denselben erst nach einigem Stehen ($^1/_4$—2 Stunden) allmählich an. Dagegen eine etwa neutral reagierende, nicht zu pufferarme Flüssigkeit (p_H = 5,5 bis 9), also auch Blut, zeigt, wenn die Elektroden gut imstande sind, sofort nach Beendigung des Schüttelns schon annähernd seinen konstanten Wert. Ich glaubte früher, daß das mit der Verteilung der CO_2 durch das Schütteln zusammenhinge. Aber auch ganz CO_2-freie Phosphatgemische zeigen dieselbe Erscheinung. Es gibt nun Elektroden, welche zwar stark sauer und alkalisch reagierende Flüssigkeiten ganz richtig anzeigen, aber bei neutralen Flüssigkeiten die Erscheinung zeigen, daß die nach dem Schütteln sofort abgelesene EMK allmählich fällt. Solche Messungen sind, wenn das Fallen 2 Millivolt überschreitet, zu verwerfen, und die Elektroden sind neu zu platinieren.

e) **Die Rolle des Sauerstoffs.** Eine besondere Besprechung erfordert noch der Fehler, den ein Sauerstoff- bzw. Luftgehalt der Flüssigkeit oder des Gasraums macht. Man könnte meinen, daß jede Spur Sauerstoff, die sich dem Wasserstoffgas etwa durch Versehen oder durch Austausch mit luft- oder sauerstoffhaltigen Lösungen, besonders Blut beimischt, das Potential stark verändern sollte, weil ja die Platinelektrode auch Sauerstoff absorbiert und sich dann wie eine stark negative Elektrode im Gegensatz zur Wasserstoffelektrode verhält. Besonders Konikoff (87) hat diesen Fehler genauer erörtert und beobachtet, daß der durch den Sauerstoff entstehende Fehler am geringsten ist, wenn man den von mir angegebenen Kunstgriff des knappen Eintauchens der Elektrode anwendet. Die Beobachtung zeigt nun, daß wenigstens bei der von mir angegebenen Elektrodenform selbst merkliche Mengen von O_2-Gas, die man dem H_2 absichtlich beimischt, keinen Einfluß haben. Zwar stellt sich das Potential langsamer ein; anfänglich ist es oft weit von dem definitiven Wert entfernt, aber es stellt sich schließlich richtig ein. Gleichzeitig verringert sich in diesem Fall während des Einstellens das Volumen der Gasblase deutlich. Diese Erscheinung gibt den Schlüssel zur Erklärung der Unschädlichkeit des Sauerstoff: durch die Katalyse des Platinschwarzes vereinigt sich der Sauerstoff mit dem überschüssigen H_2 zu H_2O und wird so unschädlich gemacht. Bei sauerstoffgesättigten Lösungen (z. B. mit O_2-Gas durchströmte Durchblutungsflüssigkeiten) fülle man daher in die Elektrode etwas mehr H_2-Gas ein, als zum Eintauchen nötig ist, in der Erwartung, daß der Gasraum allmählich kleiner wird.

Nebenbei sei bemerkt, daß jeder Versuch, die Platinelektrode mit reinem Sauerstoff zu beladen und als O_2-Elektrode zur direkten Messung der OH'-Konzentration zu benutzen, gescheitert ist, weil die Sauerstoffelektrode sich überhaupt nicht auf ein festes Potential einstellt und gewöhnlich um 100—200 Millivolt hinter dem zu erwartenden Werte zurückbleibt. Nernst versucht diese Erscheinung zu erklären, indem er die Bildung eines Platinsuboxyds annimmt, so daß die Elektrode eben keine reine Sauerstoffelektrode mehr darstellt. Übrigens verhalten sich mit O_2 beladene Goldelektroden genau ebenso unsicher.

Über die gebräuchlichen Antiseptica kann ich nach meinen Erfahrungen folgendes sagen. Flüssigkeiten, die nur gelöstes Chloroform, Toluol enthalten, sind durchaus verläßlich verwendbar. Man muß aber jeden Tropfen von reinem Toluol u. dgl. vermeiden, weil die Berührung der Elektrode mit demselben eine Einstellung des Potentials verhindern kann. Phenol ist in neutralen und sauren Lösungen unschädlich; bei alkalischen Lösungen denke man daran, daß Phenol selbst eine schwache Säure ist und die Alkalität daher vermindern kann. Fluorsalze verhindern zwar die Messung nicht, man denke aber daran, das FNa nicht ein Neutralsalz im gewöhnlichen Sinne ist, sondern, wie Natriumacetat, die Reaktion neutraler oder saurer Lösung nach der alkalischen Seite zu etwas verschieben kann.

Es gibt besondere Stoffe, die die Platinelektrode „vergiften", d. h. zur Einstellung falscher Potentiale führen. Hierhin gehört vor allem freies Ammoniak und Schwefelwasserstoff. Lösungen mit solchen Substanzen (z. B. gefaulte Lösungen) können elektrometrisch überhaupt nicht gemessen werden; hier muß die Indicatorenmethode aushelfen.

Sörensen fand, daß manchmal auch Toluol die Elektrode vergiftet, daß aber die Elektroden bei längerem Gebrauch sich an das Toluol gewöhnen. Ich erhielt bei strenger Vermeidung des Einführens von reinem ungelösten Toluol stets dieselben Werte wie ohne Toluol.

9. Die Berücksichtigung des Gasdruckes und der entwichenen Kohlensäure. Alle bisherigen Potentialangaben gelten eigentlich unter der Bedingung, daß das feuchte Wasserstoffgas der Elektrode unter dem Druck einer Atmosphäre steht. Ist der Druck größer, so wird das Potential gegen die Kalomelelektrode zu groß, ist er kleiner, wird es zu klein. Das Potential ε, welches man als Korrektur von dem wirklich gemessenen zu subtrahieren bzw. zu addieren hat, um den auf eine Atmosphäre Druck reduzierten Wert zu erhalten, ist:

$$\varepsilon = \frac{0{,}0001983}{2} \cdot \mathrm{T} \cdot \log \mathrm{p} \text{ Volt}$$

wenn p den Druck des Wasserstoffs in Atmosphären bedeutet. Bei einem Barometerstand von 780 mm beträgt demnach diese Korrektur ε bei 18^0

$$\varepsilon = \frac{0{,}0001983}{2} \cdot (273 + 18) \cdot \log \frac{780}{760}$$

$$\varepsilon = 0{,}3 \text{ Millivolt.}$$

Diese Korrektur fällt also selbst bei den größten Schwankungen des Barometerdrucks noch in das Bereich der Fehlerquellen.

Anders ist es, wenn Flüssigkeiten gemessen werden, die an den Gasraum Gase abgeben und daher den Partialdruck des Wasserstoffs merklich verringern. Vorausgesetzt, daß diese Gase elektrochemisch ganz indifferent sind, wie N_2, CO_2, kann man zur Korrektur dieselbe Formel benutzen. Unter p ist dann der Partialdruck des Wasserstoffs zu verstehen.

Angenommen z. B., es werde ein kohlensäurehaltiges Mineralwasser elektrometrisch gemessen, und zwar mit der Schüttelmethode (S. 144). Nach Einstellung des Gasgleichgewichtes sei das Volumen des Gasraumes um $^1/_3$ des ursprünglichen vergrößert. Dann hat der Wasserstoff einen Partialdruck von $^3/_4$ Atmosphären, und das Potential gegen eine Kalomelelektrode (oder gegen eine Wasserstoffelektrode von Atmosphärendruck) wird zu groß; und zwar ist die Korrektur ε bei 18^0

$$\varepsilon = \frac{0{,}0001983}{2} (273 + 18) \cdot \log \frac{3}{4}$$

$$\varepsilon = -\,0{,}0036 \text{ Volt}$$

Tabelle über die Korrektur ε für Zimmertemperatur.

Partialdruck des Wasserstoffs in Atmosphären	ε
1	0 Millivolt
0,95	0,6 „
0,9	1,3 „
0,8	2,9 „
0,7	4,5 „
0,6	6,4 „
0,5	8,7 „

Um den Betrag ε ist das wirklich gemessene Potential zu klein; ε muß also zu dem gemessenen Wert addiert werden, um den auf den Atmosphärendruck bezüglichen Normalwert zu erhalten. Wie man sieht, ist diese Korrektur sehr unbedeutend.

Nach Anbringung dieser Korrektur erhält man also dasjenige Potential, aus dem die wahre [H·] der Lösung in der Elektrode berechnet werden kann. Ist nun das an den Gasraum abgegebene Gas Kohlensäure, so ist die in der Elektrode gemessene Flüssigkeit nicht die ursprüngliche, die gemessen werden sollte, sondern eine etwas CO_2-ärmere und daher zu alkalische. Die berechnete [H·] wird daher zu klein ausfallen. Sie läßt sich auf folgende Weise rechnerisch korrigieren:

Bei Zimmertemperatur verteilt sich CO_2 zwischen einem Gasraum und einer wässerigen Lösung ziemlich genau in gleichen Konzentrationen, d. h. die Konzentration des Gasraumes und der Lösung an CO_2 ist annähernd gleich. Wenden wir unsere Universalelektrode mit Schütteln an (S. 144), so entreißt der Gasraum der Lösung $^1/_{10}$ der freien Kohlensäure, wenn sein Volumen $^1/_{10}$ des der Lösung beträgt, wie es etwa der Fall ist. Ist die Lösung ziemlich sauer (durch Hefe gärende Flüssigkeiten u. dgl.), so ändert das Entweichen der CO_2 nichts an der [H·]. Ist aber die [H·] etwa neutral, 10^{-6} bis 10^{-8}, so haben wir zwei Fälle zu unterscheiden.

a) Die Lösung enthalte keine anderen Puffer als CO_2 + Bicarbonat. Dann ist die [H·] der freien CO_2 proportional, und die [H·] der ursprünglichen Flüssigkeit ist um $10\,^0/_0$ höher zu veranschlagen als der gemessene Wert; oder p_H ist um 0,04 zu verkleinern.

b) Die Lösung enthalte auch noch andere Puffer, wie Phos phate, Eiweiß; dann ist die Korrektur noch kleiner.

Bei den Messungen von Blut und ähnlichen Flüssigkeiten liegt die Sache nun folgendermaßen. Der Fehler infolge des Entweichens der CO_2 in den Gasraum besteht 1. in einer minimalen Verkleinerung des Potentials infolge Verminderung des Partialdrucks des Wasserstoffs; 2. in einer minimalen Vergrößerung des Potentials infolge Alkalitätszunahme. Da beide Fehler kaum aus dem Bereich der Fehlergrenzen fallen und einander entgegengesetzt sind, ist man berechtigt, diese beiden Korrekturen einfach zu vernachlässigen.

10. Die Anwendung der Gaskette bei der acidimetrischen Titration. Bisher hatten wir die Gaskette nur zu dem Zweck der Bestimmung der [H·], d. h. der „aktuellen Reaktion" benutzt. Sie kann aber auch in manchen Fällen vorteilhaft zur Bestimmung der „Titrationsacidität oder -alkalität" herangezogen werden.

Der Endpunkt bei jeder Titration wird durch den Umschlag eines zugefügten Indicators angezeigt. Dieser Umschlag besagt aber nichts anderes als das Vorhandensein einer ganz bestimmten [H·]. Statt zu fragen: wieviel ccm n. NaOH verbrauche ich, um 10 ccm einer Salzsäurelösung unbekannter Konzentration auf den Umschlagspunkt des Phenolphthalein zu bringen, kann man fragen: wieviel ccm n NaOH verbrauche ich, um die [H·] dieser HCl-Lösung auf den Wert von etwa 10^{-7} bis 10^{-8} zu bringen? Statt einen Indicator hinzufügen, kann man also auch während der Titration ständig die [H·] messen und solange NaOH zufließen lassen bis [H·] $= 10^{-7}$ bis 10^{-8} ist. Vergegenwärtigen wir uns den Gang einer derartigen Titration. Wir nehmen an, wir hätten 10 ccm 0,1 n HCl und lassen portionsweise 0,1 n NaOH zu. Nach jedem Zusatz rühren wir um und messen die [H·].

Die ursprüngliche 0,1 n HCl hat eine [H·] = ungefähr $1 \cdot 10^{-1}$. Nach Zusatz von 1 ccm 0,1 n NaOH besteht die Lösung aus 9 Teilen HCl und 1 Teil NaCl; die [H·] ist daher $= 0{,}9 \cdot 10^{-1}$, wenn man von der geringfügigen stattgehabten Verdünnung durch das Wasser der 0,1 n NaOH absieht; nach Zusatz von 2 ccm unter derselben Annahme ist [H·] $= 0{,}8 \cdot 10^{-1}$; nach Zusatz von 9,8 ccm bleibt nur noch der hundertste Teil des HCl übrig, also ohne die stattgehabte Verdünnung gerechnet, ist [H·] $= 1 \cdot 10^{-3}$; und die Verdünnung mitgerechnet, ist [H.] = rund $0{,}5 \cdot 10^{-3}$. Nach Zusatz von 10 ccm 0,1 n. NaOH ist die Flüssigkeit genau neutral, d. h. [H.] = ungefähr 10^{-7}; weiterer Zusatz von 1 ccm Lauge zu den jetzt vorhandenen 20 ccm Flüssigkeit erzeugt also etwa eine $\frac{n}{200}$ NaOH, deren [OH′] = ungefähr $5 \cdot 10^{-3}$, [H·] also = $2 \cdot 10^{-11}$ ist. Betrachten wir den Verlauf der [H·] als Funktion der zugesetzten ccm Lauge, so ergibt sich folgendes Bild (Abb. 37). Es entsteht in dem Augenblick,

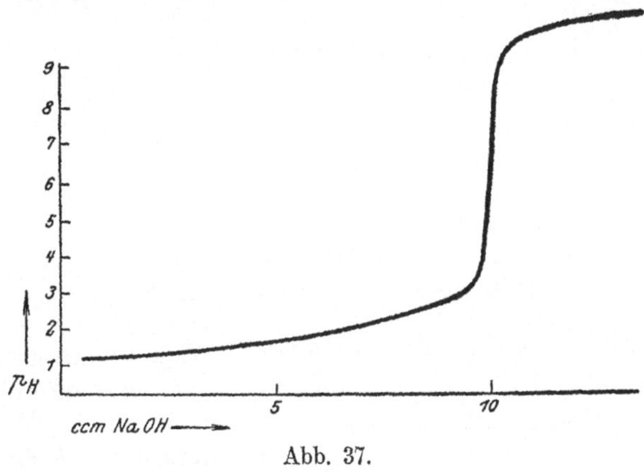

Abb. 37.
Elektrometrische Titration von Salzsäure.

wo eine der vorhandenen Säuremenge äquivalente Menge NaOH zugegeben ist, eine sprunghafte Änderung der [H·] und daher auch des Potentials. Statt einen Indicator hinzuzufügen, kann man daher auch eine ständige Potentialmessung machen und diejenige Menge der 0,1 n. NaOH ermitteln, bei welcher ein Sprung im Potential auftritt.

Dieses Verfahren ist statt des üblichen Titrierens von Vorteil zunächst bei stark gefärbten Flüssigkeiten, bei denen die Farbe eines Indicators nicht erkannt werden kann, z. B. beim Bier und Wein; auch für Blut dürfte sie die Anwendung eines Indicators an Genauigkeit weit übertreffen. Zweitens ist diese Methode die bei weitem überlegenere, wenn man in der Wahl des Indicators zweifelhaft sein kann. Wir werden im nächsten Kapitel sehen, daß z. B. Methylorange bei [H·] = 10^{-4}, Phenolphthalein bei 10^{-8} umschlägt. Bei dem soeben gewählten Beispiel ist das nun gleichgültig, denn der Sprung geht plötzlich von $[H^{\cdot}] = 10^{-4}$ bis 10^{-8}; d. h. weniger als ein Tropfen 0,1 n. NaOH bewirkt diesen Sprung, und es ist daher praktisch gleichgültig, ob wir den Punkt $[H^{\cdot}] = 10^{-4}$ oder 10^{-8} als Endpunkt

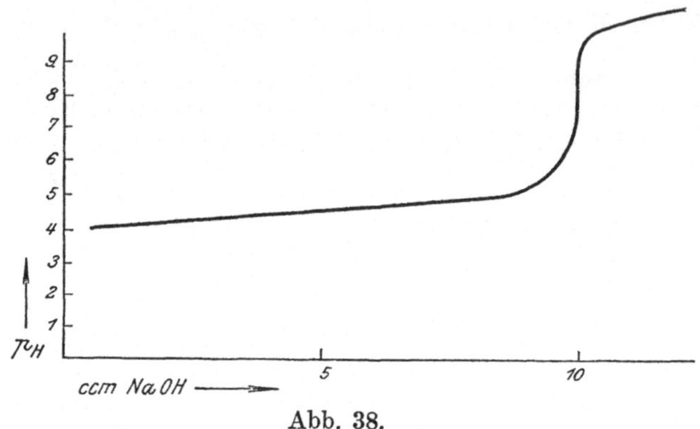

Abb. 38.
Elektrometrische Titration von Essigsäure.

betrachten. Denken wir uns aber Essigsäure statt der HCl, so ist schon die Konzentration der reinen Säurelösung kaum $> 10^{-4}$, und der Sprung ist weder so steil noch so hoch (Abb. 38). Er umfaßt das Gebiet 10^{-7} bis 10^{-9} und wir ersehen daraus, daß man, um Essigsäure zu titrieren, einen Indicator wie Phenolphthalein wählen muß. Hat man aber ein Gemisch von Säuren, wie im Blut oder im Bier, so ist die Wahl des Indicators von vornherein ziemlich willkürlich, während diese Methode stets brauchbar ist.

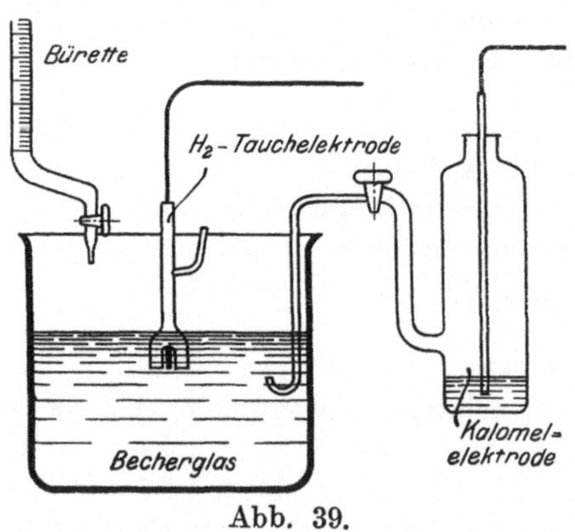

Abb. 39.

Zur Durchführung dieser Methode ist die angegebene Apparatur (S. 131) in allen Punkten brauchbar, nur die Wasserstoffelektrode selbst muß anders konstruiert sein. Man benutzt dazu am besten eine sog. Tauchelektrode, von der z. B. Hildebrand (72) und Walpole (234) brauchbare Formen angegeben haben. Die Anordnung zeigt Abb. 39. Man braucht auf wirklich konstante

Einstellungen der Potentiale nicht zu warten, die Genauigkeit der Messungen auf die Hundertel Volt reicht aus.

II. Die Indicatorenmethode.

Das Prinzip der Indicatorenmethode beruht darauf, daß viele organische Farbstoffe ihre Nuance mit der Wasserstoffzahl der Lösung ändern. Man versetzt nun eine Reihe von Standardlösungen von bekannter Wasserstoffzahl mit einem geeigneten Indicator, ebenso die zu messende Flüssigkeit, und vergleicht die Farben. Auf diese Weise ermittelt man die [H·] der unbekannten Lösung. Die Methode wurde von H. Friedenthal (49 ff) eingeführt, bald danach von Fels (40) und Saleski (201) (im Nernstschen Institut) ebenfalls. Die Methode ist aber erst durch die Arbeit von S. P. L. Sörensen (211) wirklich brauchbar geworden, ihre Indikationen und Fehlerquellen wurden erst von ihm genau erkannt.

1. Das Wesen eines Indicators; der Übergangspunkt. Ein Indicator ist ein Farbstoff, der seine Nuance mit der [H·] ändert. Über den Mechanismus dieser Farbänderung kann man sich folgende Vorstellungen machen. Die Farbstoffe sind schwache Säuren oder Basen. Sie bilden daher mit Basen bzw. Säuren Salze, welche elektrolytisch dissoziiert sind. Es befindet sich daher z. B. bei einem sauren Indicator in der Lösung nebeneinander stets die undissoziierte Säure und ihr Anion, aber in wechselnden Mengenverhältnissen. Dieses Mengenverhältnis hängt von der Wasserstoffzahl der Lösung ab, denn nach dem Massenwirkungsgesetz ist $\frac{[\text{Säure-Anion}] \times [\text{H}^{\cdot}]}{[\text{undissoziierte Säure}]} = \text{k}$ (d. i. die Dissoziationskonstante der Säure).

Es ist also das Verhältnis

$$\frac{[\text{Säure-Anion}]}{[\text{undissoziierte Säure}]} = \frac{\text{k}}{[\text{H}^{\cdot}]} \tag{1}$$

von der [H·] abhängig. Hat nun das Säure-Anion eine andere Färbung als die undissoziierte Säure, so ändert sich der Farbenton mit der Wasserstoffzahl.

Die auffällige Erscheinung, daß das Ion dieser Säuren eine andere Farbe hat als die undissoziierte Säure, wird durch folgendes Beispiel verständlich. Das Phenolphthalein ist in zwei tautomeren, leicht ineinander übergehenden Formen existenzfähig, die aus einander nur durch die Verschiebung eines H-Atoms und eine

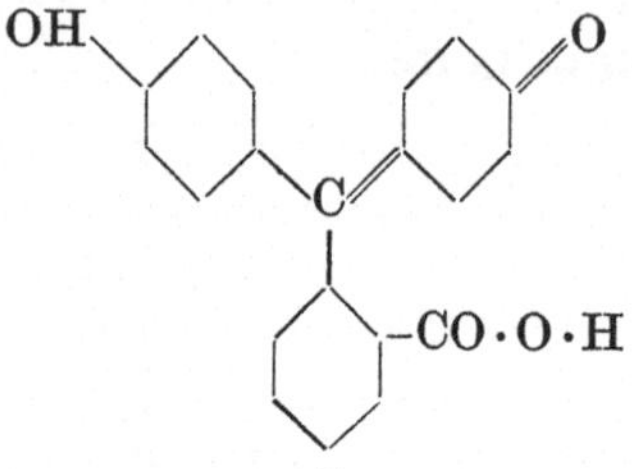

OH, O, C, $-CO\cdot O\cdot H$ — I

OH, OH, C, —CO O — II

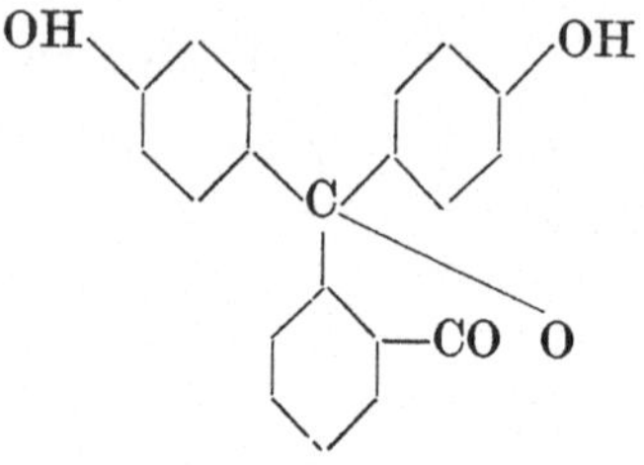

andere Anordnung der Valenzbindungen entstehen. Die Form I nennt man die „chinoide Form“, weil sie zwei Doppelbindungen, wie das Chinon, zeigt. Alle chinoiden Körper sind gefärbt. Die Form II nennt man die „lactoide Form“, weil sie ein inneres Anhydrid einer Carbonsäure, ein „Lacton“ darstellt. Infolge des Mangels der chinoiden Doppelbindung ist diese Form farblos. Die Form I ist eine Säure, die Form II ist keine Säure, sondern hat nur latent, durch Übergang in die Form I die Fähigkeit in sich, eine Säure zu werden. Solche Körper nennt Hantzsch Pseudosäuren. Die Form I, die saure Form, ist nun nur in Form ihrer Salze bzw. Ionen existenzfähig; die freie Säure lagert sich sofort praktisch vollkommen in die Form II um. Aus dieser Ursache ist das Ion gefärbt, die undissoziierte Säure farblos. Die Formel (1) (S. 169) lehrt, daß wenn $[H^\cdot] = k$ ist, das Phenolphthalein zu gleichen Teilen in seiner roten und in seiner farblosen Modifikation vorhanden ist; es hat also dann gerade die Hälfte seiner maximalen Farbintensität (bei gegebener Farbstoffmenge). Bei irgend einem anderen Indicator, der z. B. von rot nach blau umschlägt, wäre dieser Punkt dadurch charakterisiert, daß die Hälfte der Moleküle rot, die andere Hälfte blau wäre, und so als Mischton ein Violett entstände. Diesen Punkt wollen wir den Übergangspunkt des Indicators nennen. Dieser hängt also von der Dissoziationskonstante des Indicators ab. Daher kommt es, daß die verschiedenen Indicatoren ihren Übergangspunkt bei ganz verschiedener $[H^\cdot]$ haben.

2. Die Herstellung der Testlösungen. Die Testlösungen sollen sehr genau bekannte, gut reproduzierbare, und von äußeren Einflüssen möglichst unabhängige Wasserstoffzahlen haben, welche noch dazu möglichst fein abgestuft werden können. Diese Bedingungen erfüllen Gemische von schwachen Säuren oder Basen mit ihren Salzen. S. P. L. Sörensen (211) hat eine Reihe von solchen Testlösungen empirisch mit Hilfe der elektrometrischen Methode geeicht. Die Indicatorenmethode ist daher keine selbständige Methode, sondern von der elektrometrischen Methode abhängig.

Die Herstellung derselben erfordert folgende Stammlösungen, die ich genau nach Sörensen zitiere:

1. Eine 0,1 n. Salzsäure (im folgenden als „HCl" bezeichnet).
2. Eine 0,1 n. Natronlauge („NaOH").
3. Eine Lösung von 7,505 g Glykokoll und 5,85 Natriumchlorid auf 1 Liter Wasser („Glykokoll").
4. $^1/_{15}$ mol. Lösung von primärem Kaliumphosphat, welche 9,078 g KH_2PO_4 im Liter enthält („prim. Phosphat").
5. $^1/_{15}$ mol. Lösung von sekundärem Natriumphosphat, welche 11,876 g $Na_2HPO_4, 2\,H_2O$ im Liter enthält („sek. Phosphat").
6. Eine 0,1 mol. Lösung von sekundärem Natriumcitrat, hergestellt aus 21,008 Citronensäure + 200 ccm n. Natronlauge, aufgefüllt auf 1 Liter („Citrat").
7. Eine alkalische Borsäurelösung, aus 0,2 Molen, d. i. 12,404 g Borsäure in 100 ccm n. Natronlauge, aufgefüllt auf 1 Liter.

Das zur Herstellung dieser Lösungen angewendete Wasser muß kohlensäurefrei sein, was das gewöhnlich destillierte Wasser niemals ist. Es wird deswegen in verzinnten Kupfergefäßen ausgekocht. (Nach meinen Erfahrungen kann man auch alte, oft gebrauchte Glaskolben benutzen, ohne einen merklichen Fehler zu erhalten.) Die Aufbewahrung geschieht am besten in einer Woulffschen Flasche, die mit einer Bürette versehen ist. Die Bürette ist oben durch ein Natronkalkrohr geschlossen. Sie wird gefüllt vermittelst eines Gebläses, welches die Luft vor dem Eintritt in die Woulffsche Flasche durch eine (20 cm) hohe Schicht eines Natronkalkgefäßes führt.

Für die CO_2-Freiheit des Wassers empfehle ich folgende Probe. Man koche etwa 1 ccm „Lackmuslösung nach Kubel-Tiemann" (Kahlbaum) in einem Reagenzglas aus und gieße den Inhalt bis auf einen kleinen, den Wänden anhaftenden Rest in noch heißem Zustand aus. Dann fülle man etwa 10 ccm des zu prüfenden Wassers ein. Die Färbung muß, wenn das Wasser Zimmertemperatur hat, blauviolett, und nicht rotviolett oder gar rot sein.

Für alle Lösungen, deren $[H^{\cdot}] = 10^{-5}$ und kleiner ist (also die sehr schwach sauren, die neutralen und alle alkalischen Flüssigkeiten), kommt es auf gute Fernhaltung der CO_2 an; bei saureren Lösungen sind CO_2-Beimengungen für die $[H^{\cdot}]$ ohne Belang.

Die Materialien für diese 7 Stammlösungen müssen folgende Proben bestehen bzw. auf folgende Weise hergestellt werden:

Die 0,1 n. Salzsäure wird durch 10fache Verdünnung einer mittelst Natriumoxalat eingestellt n HCl hergestellt.

Die 0,1 n. NaOH muß kohlensäurefrei sein. Das wird nach Sörensen durch folgende einfache Weise erreicht:

250 g „Natriumhydroxyd aus Natrium" (Kahlbaum) werden mit 300 ccm Wasser in einem engen, mit Glasstöpsel versehenen Cylinder behandelt. In einer Lauge dieser Stärke ist Na_2CO_3 absolut unlöslich und sinkt in einigen Tagen zu Boden. Es wird mit der Pipette etwas von der klaren Flüssigkeit abgehoben und in einer Woulffschen Flasche mit CO_2-freiem Wasser verdünnt, und auf gewöhnliche Weise gegen die Salzsäure der Titer gestellt.

Das Glykokoll ist in der von Kahlbaum erhältlichen Form brauchbar.

Das primäre Kaliumphosphat „nach Sörensen" wird von Kahlbaum gut geliefert. Das sekundäre Natriumphosphat, welches „nach Sörensen" ebenfalls bei Kahlbaum zu beziehen ist, ist ein Salz mit 2 Mol. H_2O, welches an der Luft gut haltbar ist. Das gewöhnliche käufliche Salz mit 12 H_2O oder das mit 7 H_2O ist als Titersubstanz wegen der Verwitterbarkeit nicht geeignet. Besondere Vorschriften über die Prüfung der Reinheit der angewendeten Citronensäure und Borsäure finden sich bei

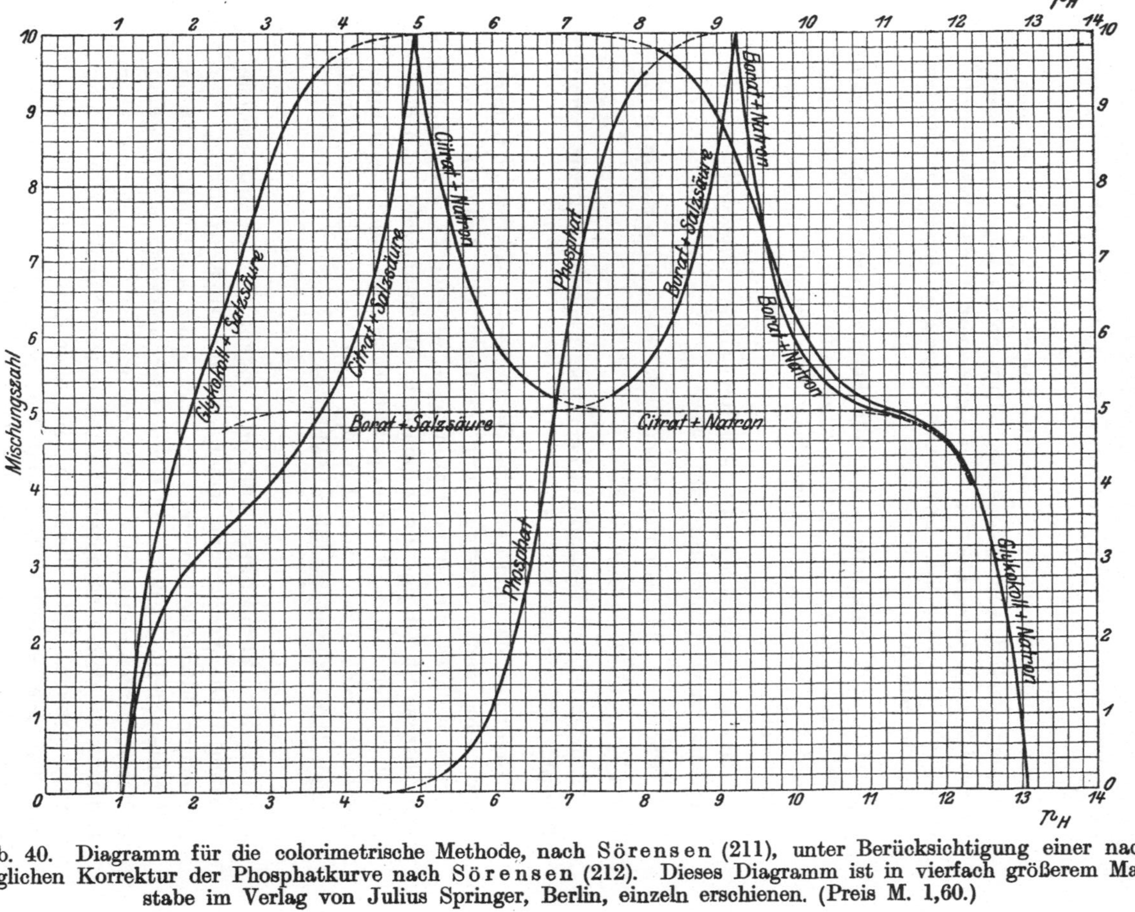

Abb. 40. Diagramm für die colorimetrische Methode, nach Sörensen (211), unter Berücksichtigung einer nachträglichen Korrektur der Phosphatkurve nach Sörensen (212). Dieses Diagramm ist in vierfach größerem Maßstabe im Verlag von Julius Springer, Berlin, einzeln erschienen. (Preis M. 1,60.)

Sörensen; diese Präparate pflegen jedoch jetzt genügend rein erhältlich zu sein. Man achte besonders darauf, daß die Lösung des sekundären Phosphats allein Phenolphtalein tief rot färben muß.

Wenn man nun je zwei passende von diesen 7 Stammlösungen in einem bestimmten Mengenverhältnis miteinander vermischt, so erhält man eine Lösung von ganz bestimmter Wasserstoffzahl. Es soll nun mit Sörensen folgende Bezeichnungsweise gebraucht werden:

„Glykokoll-Salzsäure, 3" soll heißen: ein Gemisch von 3 ccm der obigen Glykokollösung und 7 ccm (also auf 10 ccm) der obigen, 0,1 n. Salzsäure. Wir wollen 3 die Mischungszahl nennen.

„Glykokoll-Salzsäure, 4" bedeutet 4 ccm Glykokoll, 6 ccm Salzsäure; usw. (Mischungszahl: 4).

„Phosphat, 2" bedeutet 2 ccm sek. Phosph. + 8 ccm prim. Phosphat. (Mischungszahl: 2).

„Phosphat, 8" bedeutet 8 ccm sek. Phosph. + 2 ccm prim. Phosph. (Mischungszahl: 8).

Sörensen hat nun derartige Gemische auf elektrometrischem Wege sehr genau geeicht und danach ein Diagramm gezeichnet, welches alle nötigen Daten besser als eine Tabelle enthält. Die Abszisse ist der p_H, die Ordinate die Mischungszahl. An denjenigen Stellen, wo die Kurven punktiert gegeben sind, liefern die Gemische keine genau definierte $p_{\overline{H}}$, sind also daselbst nicht mit völliger Exaktheit anwendbar. (Abb. 40.)

3. Die Vorprüfung und die eigentliche colorimetrische Messung. Die Vorprüfung einer auf die H·-Konzentration zu messenden Flüssigkeit besteht in einer ganz rohen Abschätzung mit Hilfe von Indicatoren, auf Grund deren die eigentliche Messung später vorgenommen wird. Die Vorprüfung soll feststellen, welcher Indicator in dem verlangten Bereich anwendbar ist, d. h. seinen Übergangspunkt hat. Es haben, in roher Annäherung, folgende, aus den von Friedenthal und Salm, sowie von Sörensen beschriebenen, sowie aus eigener Erfahrung ausgewählten Indicatoren folgende Übergangspunkte:

Indicator	gelöst in	ungefährer p_H des Übergangspunkts	Farbänderung im Sinne zunehmender Acidität
Nilblau	1 ‰ in Wasser	10—11	violett—blau
Phenolphthalein	1 % in 90 % Alkohol	9	rot—farblos
Neutralrot	1/4 ‰ in Wasser	7,5	blaßgelb—rot
Lackmus	käufl. Lösung	6,8	blau—rot
p-Nitrophenol	1 % in 90 % Alkohol	6	gelb—farblos
Methylrot	1/2 % in 90 % Alkohol	5	blaßgelb-rot
Methylorange	1/2 % in 90 % Alkohol	4	blaßgelb—rot
Kongorot	1/2 % in 50 % Alkohol	4	rot—blau
Methylviolett	1 ‰ in Wasser	3	violett—blaugrün
„	1 ‰ in Wasser	2—1	grün—gelb

Man versetzt einige ccm der zu prüfenden Lösung mit einem Tropfen einer Lösung einer dieser Indicatoren; man findet beispielsweise, daß Phenolphthalein ganz farblos bleibt. Daraus folgt, daß $p_H < 9$ ist. Jetzt wiederholt man die Probe mit Neutralrot; man findet, daß dieses ganz rot ist; p_H ist also auch < 8. Lackmus wird ganz rot; also p_H auch < 7. p-Nitrophenol ist ganz farblos; also p_H auch < 6. Methylorange wird orangegelb; also p_H ungefähr $= 5$.

Nunmehr sucht man in dem Sörensenschen Diagramm, welche Testlösungen ungefähr $p_H = 5$ haben. Man bemerkt, daß das Gemisch „Citrat + Natron, 9,6" einen $p_H = 5$ hat. Man stellt nun etwa folgende Citrat- + Natron-Mischungen her (jedesmal 10 ccm, wie oben angegeben):

„5", „6", „7", „8", „9", „10".

und gibt in jede dieser Lösungen genau die gleiche Anzahl gleich großer Tropfen Nitrophenol. Die Farbe des Indicators zeigt von „5" bis „10" eine feine Abstufung. Nun versetzt man 10 ccm der zu prüfenden Lösung mit genau derselben Indicatormenge und vergleicht die Farbe mit obiger Reihe. Man finde z. B., daß „8“ am ähnlichsten ist. Aus dem Diagramm entnimmt man den zugehörigen $p_H = 4{,}66$. Sollte die ähnlichste Farbe zwischen „7“ und „8“ liegen, so interpoliert man experimentell, durch Zwischenschaltung einer Vergleichslösung „7,5“, ev. noch mehrerer Zwischenglieder zwischen „7“ und „8“.

Zur besseren Farbenvergleichung empfiehlt Sörensen Reagenzglasgestelle, bei denen die Reagenzgläser geneigt stehen. Man beobachte von oben durch die Höhe des ganzen Reagensglases hindurch gegen einen weißen Hintergrund. Bevor wir nun näher auf die Auswahl geeigneter und genügend zahlreicher Indicatoren eingehen, müssen erst diejenigen Fehlerquellen der Methode besprochen werden, welche nicht subjektiver Natur (Grenze der Farbenvergleichung) sind; denn diese Fehler sind sehr gering; wir meinen jetzt nur die objektiven Fehler der Methode.

Fehler der Indicatoren entstehen durch reichlichere Anwesenheit von Neutralsalzen sowie von Eiweißstoffen, besonders genuinen Eiweißkörpern, aber auch von hydrolytischen Spaltprodukten desselben, Albumosen, Peptonen. Durch die Anwesenheit solcher Stoffe kann also bewirkt werden, daß der p_H der zu untersuchenden Flüssigkeit ein anderer ist als die gleichgefärbte Röhre der Testreihe; die Nuance der Indicatoren hängt also nicht immer allein von der Wasserstoffzahl ab. Wir unterscheiden mit Sörensen so den Salzfehler und den Eiweißfehler.

Der Salzfehler wurde zuerst von Michaelis und Rona (109) für das Kongorot, Methylorange und Methylviolett festgestellt, von Sörensen (211) genau für alle Indicatoren untersucht. Der Eiweißfehler ist nach Sörensen ebenfalls für verschiedene Indicatoren ganz verschieden. Bei beiden Fehlern handelt es sich unter Umständen bei manchen Indicatoren nicht nur um kleine Abweichungen, sondern um Angaben der [H·], die um mehr als eine Zehnerpotenz fehlerhaft sind. Dieser Umstand bringt es mit sich, daß gerade für biologische Zwecke die colorimetrische Methode ohne langwierige Voruntersuchungen sehr selten wirklich exakte Werte liefert. Ich kann sie daher als eine allgemeine exakte Methode bei beliebigem Material nicht empfehlen, wohl aber als vorläufig orientierende Methode und ferner als unentbehrlich für die wenigen Fälle, in denen die Gaskette nicht anwendbar ist (z. B. bei Gegenwart von NH_3, und eventuell auch bei sehr pufferarmen Wässern, wie „destilliertes Wasser“). Ich gebe nunmehr eine mir geeignet scheinende Auswahl besonders derjenigen Indicatoren, welche nach Sörensen den geringsten Salz- und Eiweißfehler aufweisen.

	Indicator	anwendbares Übergangsgebiet pH
1.	Methylviolett „6 B extra“ [1])	0,1—3,2
2.	Mauvein (Grübler) [1])	0,1—2,9
3.	p-Benzolsulfosäure-azodiphenylamin (Tropaeolin 00)	1,4—2,6
4.	m-Benzolsulfosäure-azo-diphenylamin (Metanilgelb extra)	1,2—2,3
5.	Rotkohlauszug[3])(nach Walbum(229)	2,0—4,5
6.	p-Benzolsulfosäure-azo-dimethylanilin („Methylorange“)	3,1—4,4
7.	Methylrot (p-Dimethylaminoazobenzol-o-carbonsäure) (nach Palitzsch) (164)	4,2—6,3
8.	p-Nitrophenol (Merck)	4,0—6,4
9.	Neutralrot[2]) (L. Cassella u. Co.)	6,5—8,0
10.	Rosolsäure	6,9—8,0
11.	Benzolsulfosäure-azo-α-naphthol (Tropaeolin 000)	7,6—8,9
12.	α-Naphtolphtalein (nach Sörensen und Palitzsch) (213)	7,3—8,7
13.	Phenolphthalein	8,3—10,0
14.	Thymolphthalein (Grübler)	9,3—10,5
15.	p-Nitrobenzol-azo-salicylsäure (Alizaringelb R, Grübler)	10,1—12,1
16.	p-Benzolsulfosäure-azoresorcin (Tropaelin 0, Grübler)	11,1—12,7

[1]) Gegen Neutralsalze besonders empfindlich; Farbe ändert sich auch beim Stehen.

[2]) In Gegenwart von (ungelöstem) Toluol oder Chloroform u. dgl. nicht brauchbar, weil darin löslich; außerdem beim längeren Stehen im alkalischen Gebiete sich aus der Lösung abscheidend.

[3]) Selbst bei Gegenwart genuiner Eiweißstoffe ganz gut brauchbar.

Anwendung dieser Indicatoren; zu 10 ccm der Versuchsflüssigkeit: Nr. 1. für p_H 0,1—1,5: 8 bis 3 Tropfen 0,5‰ wässer. Lösung; für p_H 1,5—3,2: 10 bis 4 Tropfen 0,1‰ wässer. Lösung. Nr. 2. für p_H = 0,1—1,5: 8 bis 3 Tropfen 0,5‰ wässer. Lösung; für p_H = 0,5—2,9: 10 bis 4 Tropfen 0,1‰ wässer. Lösung. Nr. 3. 3—5 Tropfen 0,1‰ wässer. Lösung. Nr. 4: ebenso. Nr. 5. 500 g feingeschnittener Rotkohl in 500 g 96%igem Alkohol 48 Stunden extrahiert, dann filtriert; davon 5—10 Tropfen zu 10 ccm Flüssigkeit. Nr. 6. 3—5 Tropfen einer 0,1‰ wässer. Lösung. Nr. 7. 2—4 Tropfen einer Lösung von 0,1 g in 300 ccm 93% Alkohol + 200 ccm Wasser. Nr. 8. 3—20 Tropfen einer Lösung von 0,4 g in 60 ccm Alkohol + 940 ccm Wasser. Nr. 9. 10—20 Tropfen einer Lösung von 0,1 g in 500 ccm Alkohol + 500 ccm Wasser. Nr. 10. 6—15 Tropfen einer Lösung von 0,4 g in 400 ccm Alkohol + 600 ccm Wasser. Nr. 11. 4—10 Tropfen einer Lösung von 0,1‰ wässer. Lösung. Nr. 12. 8 Tropfen einer Lösung von 0,1 g in 150 ccm Alkohol + 100 ccm Wasser. Nr. 13. 3—20 Tropfen einer Lösung von 0,5 g in 500 Alkohol + 500 Wasser. Nr. 14. 3—10 Tropfen einer Lösung von 0,4 g in 500 Alkohol + 500 Wasser. Nr. 15. 5—10 Tropfen einer 0,1‰ wässer. Lösung. Nr. 16. 5—10 Tropfen einer 0,1‰ wässer. Lösung.

Bezüglich des Salzfehlers der Indicatorenmethode seien folgende Angaben von Sörensen und Palitzsch (216) hervorgehoben, welche bei der Messung von Meerwasser von Wichtigkeit sind.

Der Salzfehler beträgt

	bei 35‰ Salzgehalt	bei 20‰ Salzgehalt
p-Nitrophenol	— 0,12	— 0,08
Neutralrot	+ 0,10	+ 0,05
α-Naphtholphthalein	— 0,16	— 0,11
Phenolphthalein	— 0,21	— 0,16

Ist durch colorimetrischen Vergleich mit Phosphatlösung in einer Flüssigkeit von dem Salzgehalt des Meerwassers (35‰) mit p-Nitrophenol z. B. p_H scheinbar = 6,24 gefunden worden, so ist die Korrektur — 0,12 anzubringen, und der wahre p_H ist = 6,12.

Eine weitere Fehlerquelle liegt in einer Eigenfärbung der Flüssigkeit. Sie kann vermindert werden, indem die Testflüssigkeit vor dem Zusatz des Indicators durch einen geeigneten, von der Wasserstoffzahl in seiner Nuance unabhängigen Farbstoff auf gleiche Farbe gebracht wird. Als solche empfiehlt Sörensen

Bismarckbraun (0,2‰ wässer. Lösung),
Helianthin II (0,1 g in 800 ccm 93% Alkohol + 200 Wasser),
Tropaeolin 0 }
Tropaeolin 00 } (0,2‰ wässer. Lösung),
Curcumein (0,2 g in 600 ccm 93% Alkohol + 400 Wasser),
Methylviolett (0,02‰ wässer. Lösung),
Baumwollblau (0,1% wässer. Lösung).

Diese Farbstoffe dürfen natürlich nur für dasjenige Bereich von [H·] benutzt werden, in welchem sie wirklich von derselben unabhängig sind. Man setzt diese Farbstoffe tropfenweise bis zur Erreichung des gewünschten Farbentons hinzu.

Die Sörensenschen Standardlösungen sind also genau genommen nur für salzarme und sehr eiweißarme Lösungen anwendbar. Man kann natürlich besondere Eichungen mit Hilfe der Gaskettenmethode für salzreichere Lösungen vornehmen, wie es Sörensen und Palitzsch für das Meerwasser getan haben. Diese Eichungen lohnen aber in der Regel nicht die Mühe, weil die direkte Gaskettenmessung viel schneller geht. Nur die eben erwähnte Eichung für Meerwasser hat einen großen Vorzug, weil sie die colorimetrische Messung von Wasserproben während der Schiffsreise ermöglicht hat und die elektrometrische Messung so pufferarmer Lösungen wie Meerwasser auch ihre Schwierigkeiten hat.

Man kann auch bei Flüssigkeiten, die einen einigermaßen konstanten Gehalt an Eiweißkörpern haben, eine colorimetrische Eichung vornehmen. Diese wurde zur vorläufigen Orientierung über den p_H des nach einem Probefrühstück entnommenen Mageninhalts von Michaelis und Davidsohn ausgearbeitet und ist in folgender Tabelle wiedergegeben.

Diese Tabelle ist nur als Orientierung gedacht. Genaue Werte des Mageninhalts gibt nur die Gaskettenmethode.

Es sei zum Schluß daran erinnert, daß Flüssigkeiten mit einem Gehalt von Ammoniak oder Schwefelwasserstoff nur mit der Indicatorenmethode, nicht mit der Gaskettenmethode gemessen werden können.

	pH [H·]	0,1 = 1 . 10^{-1}	0,033 = 3 . 10^{-2}	0,01 = 1 . 10^{-2}	0,0033 = 3 . 10^{-3}
1.	Methylviolett[1])	grün	grün	grün	grünblau
2.	Tropaeolin 00[2])	burgunder-rot	burgunder-rot	orange	orange
3.	Kongorot[3])	blau, Nieder-schlag	blau, Nieder-schlag	blau, Nieder-schlag	blauviolett, Niederschlag
4.	Methylorange[4])	rot	rot	rot	rot
5.	Lackmus[5])	rot	rot	rot	rot
6.	p-Nitrophenol[5]	farblos	farblos	farblos	farblos
7.	Neutralrot[5])	himbeerrot	himbeerrot	himbeerrot	himbeerrot

Anmerkung: Bei Mischfarben ist die dominierende zuletzt, die modi-
zu beurteilen ist, was mitunter vorkommt, so orientiere man sich an einer

III. Methoden zur Herstellung bestimmter Wasserstoffzahlen.

1. Ziel und Zweck der Herstellung einer bestimmten [H·]. Der Ablauf zahlreicher chemischer Reaktionen, insbesondere aller chemischen Reaktionen im lebenden Organismus wird von der [H·] der Lösung stark beeinflußt. Es ist daher eine häufige Aufgabe, den Einfluß der [H·] auf die Wirkung irgend einer Reaktion (z. B. einer Fermentwirkung, einer Antikörperwirkung u. dgl.) oder auf die Löslichkeit schwerlöslicher Substanzen (z. B. des $CaCO_3$, der Harnsäure) u. dgl. zahlenmäßig zu studieren. Um dies zu erreichen, werden wir dem Reaktionsgemisch verschiedene, willkürlich bestimmbare, und möglichst durch äußere und innere Einflüsse nicht änderliche [H·] erteilen müssen. Im Prinzip haben wir die dazu geeignete Methode schon theoretisch (S. 16) und praktisch bei der Indicatorenmethode in Form der Puffer oder Regulatoren kennen gelernt. Da nun aber die Lösungen, mit denen wir zu arbeiten haben (z. B. etwa eine Lösung von Trypsin + Eiweiß) selbst Stoffe enthalten, welche die [H·] mitbestimmen (teils die eiweißartigen Körper selbst, teils ihr unvermeidlicher Gehalt an

[1]) 0,01 % wässer. Lösung.
[2]) 0,25 % in 50 % Alkohol.
[3]) 0,125 % wässer. Lösung.
[4]) 0,25 % wässer. Lösung.
(Fußnoten 1–4:) Je ein Tropfen auf 1 ccm Magensaft in einem kleinen Reagenzglas („Agglutinationsröhrchen").
[5]) Nach Kubel-Tiemann (Kahlbaum).
[5]) 0,25 % wässer. Lösung.

0,001 $= 1 . 10^{-3}$	0,0001 $= 1 . 10^{-4}$	0,00001 $= 1 . 10^{-5}$	0,000001 $= 1 . 10^{-6}$	0,0000001 $= 1 , 10^{-7}$
blau	violettblau	blauviolett	violett	violett
gelb	gelb	gelb	gelb	gelb
blauviolett, Niederschlag	schmutzig-rot	rot	rot	rot
rot	orange	gelb	gelb	gelb
rot	rot	Stich violett	violett	violett
farblos	farblos	Stich gelb	gelb	gelb
himbeerrot	himbeerrot	himbeerrot	himbeerrot	orange

fizierende zuerst genannt. Wenn bei Methylviolett die Farbnuance schwierig Kontrolle von 1 Tropfen Indicator auf 1 ccm destillierten Wassers.

Phosphaten und Carbonaten), so werden wir in solchen Gemischen nach Zugabe eines Regulators nicht genau die erwartete [H·] erhalten. Die [H·] wird sich der erwarteten um so mehr nähern, je größer die molare Konzentration des zugegebenen Regulatorgemisches gegenüber den molaren Konzentrationen der vorher in der Lösung befindlichen, auf die [H·] wirksamen Stoffe ist. Die Erhöhung der molaren Konzentration des Regulatorgemisches hat aber praktisch bald eine Grenze, weil ja die betrachteten chemischen Vorgänge nicht ganz allein von der [H·], sondern in höheren Konzentrationen auch von anderen Elektrolyten beeinflußt werden könnten. Man wird daher sich meist mit relativ niederen Konzentrationen der Regulatoren begnügen. Dann kann man mit Hilfe des Regulators die [H·] der Lösung nur *annähernd vorher*-bestimmen. Die *genaue* Bestimmung muß alsdann nachträglich noch die *Gaskettenmethode* geben. Aber immer wird man jedenfalls durch stufenweise abgepaßte Regulatorgemische auch eine Abstufung der [H·] erzeugen können, deren *ungefähre* Werte vorher berechnet, und deren *genaue* Werte dann elektrometrisch bestimmt werden können.

In manchen Fällen haben nun außer den H·-Ionen auch andere Anionen oder Kationen oder beide einen Einfluß auf den Ablauf des betrachteten Vorganges. Will man in einem solchen Fall den reinen Einfluß der [H·] studieren, so muß man je nachdem die Anionen, oder die Kationen, entweder in einer an sich unwirksam niederen Konzentration anwenden, oder man muß innerhalb einer Reihe die [H·] variieren und dabei gleich tig die anderen Ionen konstant halten. Das sind die Aufgaben dieses Kapitels.

2. Die verschiedenen Regulatoren. Die Anwendung der Regulatoren muß meist nach einem ganz anderen Prinzip geschehen, als es bei der Indicatorenmethode beschrieben war. Die Eichungen der [H·] von Sörensen beziehen sich nur auf die genau nach der Vorschrift hergestellten Pufferlösungen, ohne jeden anderen Zusatz, und ohne weitere Verdünnung. Diese Vorschrift gestattet zum Teil nicht, die übrigen Anionen und Kationen konstant zu halten; zum Teil bestehen die Pufferlösungen aus Stoffen, die oft nicht indifferent sind. Boratmischungen sind z. B. für zuckerhaltige Lösungen nicht brauchbar, weil Borsäure mit allem Zucker komplexe Verbindungen eingeht. Citratmischungen sind oft von spezifischer Wirkung, weil die Citronensäure eine ganz besondere Neigung zur Bildung undissoziierter Salze hat (sie ändert z. B. das Flockungsoptimum des denaturierten Serumalbumins bedeutend); Glykokollösungen scheinen manchmal sich in Gegenwart vieler anderer Stoffe unbeständig in ihrer [H·], weil offenbar in alkalischer Lösung Glykokoll chemische Umsetzungen mit manchen Körpern erleiden kann.

Ein für unsere Zwecke gut brauchbarer Regulator muß am besten aus einer an sich möglichst indifferenten und haltbaren Säure im Gemisch mit ihrem Natronsalz bestehen. Hält man innerhalb einer Versuchsreihe die Konzentration des Na-Salzes konstant und variiert nur die Menge der Säure, so erreicht man damit praktisch, daß in den Lösungen nur die [H·], sonst keine anderen Ionen in meßbarer Menge variiert werden. Als eine sehr geeignete Säure für diesen Zweck kann die Essigsäure empfohlen werden. Die Anordnung wird ein Beispiel zeigen.

Lösung Nr.		1	2	3	4	5	6
$\frac{n}{10}$ Na-acetat	ccm	1	1	1	1	1	1
$\frac{n}{10}$ Essigsäure	ccm	0,1	0,2	0,4	0,8	1,6	3,2
Wasser	ccm	8,9	8,8	8,6	8,2	7,4	5,8

In diesen 6 Lösungen ist das Volumen durch Auffüllung mit Wasser konstant = 10 ccm. Der Gehalt an Na-acetat ist daher überall = 0,01 n. Der Gehalt an Essigsäure variiert zwischen 0,1 und 3,2 ccm 0,1-Normallösung, er variiert also von 0,001 bis 0,32 Normalität an Essigsäure. Die Wasserstoffzahl dieser 6 Lösungen berechnet sich nach der Formel (8), S. 16

$$[H^{\cdot}] = k \cdot \frac{[\text{freie Essigsäure}]}{[\text{Na-acetat}]}$$

$$k = 1{,}86 \cdot 10^{-5}$$

oder noch genauer

$$[H^{\cdot}] = k \cdot \frac{[\text{freie Essigsäure}]}{\alpha \cdot [\text{Na-acetat}]}$$

α, der Dissoziationsgrad des Natriumacetat, ist in einer 0,01 n-Lösung desselben etwa = 0,87, und daher ist

$$[H^{\cdot}] = \frac{1{,}86 \cdot 10^{-5}}{0{,}87} \cdot \frac{[\text{freie Essigsäure}]}{[\text{Na-acetat}]}.$$

Daraus berechnet sich $[H^{\cdot}]$

Lösung Nr.	1	2	3	4	5	6
	$2{,}1 \cdot 10^{-6}$	$4{,}3 \cdot 10^{-6}$	$8{,}6 \cdot 10^{-6}$	$1{,}7 \cdot 10^{-5}$	$3{,}5 \cdot 10^{-5}$	$6{,}9 \cdot 10^{-5}$

Die Steigerung der $[H^{\cdot}]$ in der Reihe von links nach rechts beruht natürlich darauf, daß eine steigende Menge von freier Essigsäure in Acetationen und $H^{\cdot}$-Ionen gespalten ist. Es wachsen daher in der Reihe von links nach rechts außer den $H^{\cdot}$-Ionen auch die Acetationen. Die Summe aller Acetationen in jeder einzelnen Lösung setzt sich zusammen aus der vom Na-Acetat und der von der Essigsäure stammenden Menge derselben; die Konzentration an Acetat-Ionen ist daher in:

Lösung Nr.	1	2	3	4	5	6
Acetat-Ionen aus d. Salze	0,0087	0,0087	0,0087	0,0087	0,0087	0,0087
Acetat-Ionen aus der Säure	0,0000021	0,0000043	0,0000086	0,000017	0,000035	0,000069
Summe =	0,0087021	0,0087043	0,0087086	0,008717	0,008735	0,008769

Diese Summe ist praktisch selbst bei weitgehendsten Ansprüchen an Genauigkeit als konstant zu betrachten, und hiermit ist die Aufgabe gelöst, den sonstigen Elektrolytgehalt einer Lösung konstant zu halten und gleichzeitig die [H·] beliebig zu variieren (124).

Daß die Konzentration des undissoziierten Teils der Essigsäure innerhalb der Reihe geändert wird, ist für Reaktionen, die nur durch Ionen beeinflußt werden, ohne Belang. Sollte es auch Reaktionen geben, die durch die undissoziierten Moleküle beeinflußt werden, so ist dies gewiß erst in hohen Konzentrationen der Fall, während in dieser Reihe der höchste Gehalt an undissoziierter Essigsäure nur etwa $\frac{1}{3}$ n ist.

Wenn wir, bei gleicher Menge an Natriumacetat, auch noch mit $\frac{n}{100}$ und $\frac{n}{1}$ Essigsäure arbeiten, können wir das Bereich der [H·] noch weiter umspannen, z. B.:

$\frac{n}{10}$ Na-acetat ccm	1	1	1	1	1	1	1	1	1	1			
$\frac{n}{100}$ Essigsäure	0,1	0,2	0,4	0,8	1,6	3,2							
$\frac{n}{10}$ Essigsäure							0,64	1,28	2,56	5,12			
$\frac{n}{10}$ Essigsäure											1,02	2,04	4,08
Wasser	auf gleiches Volumen aufgefüllt.												
[H·] annähernd	$2 \cdot 10^{-7}$	$4 \cdot 10^{-7}$	$8 \cdot 10^{-7}$	$1{,}7 \cdot 10^{-6}$	$3{,}4 \cdot 10^{-6}$	$6{,}8 \cdot 10^{-6}$	$1{,}3 \cdot 10^{-5}$	$2{,}6 \cdot 10^{-5}$	$5{,}2 \cdot 10^{-5}$	$1 \cdot 10^{-4}$	$2 \cdot 10^{-4}$	$4 \cdot 10^{-4}$	$8 \cdot 10^{-4}$

Wir umspannen somit eine Zone von [H·] beinahe zwischen 10^{-7} bis 10^{-3} allein mit den „Acetatgemischen". Wir können diese aber noch weiter ins alkalische Gebiet verlängern. Auch reines Natriumacetat, ohne Essigsäure, wird der Reaktion eine gewisse [H·] erteilen; diese wird jedoch in viel stärkerem Maße von den übrigen Stoffen (Eiweißlösungen, Fermentlösungen mit ihren Carbonatverunreinigungen u. dgl.) verändert, als bei den Acetatgemischen. Jedenfalls wird sich irgend eine, der Neutralität sehr nahe liegende

[H·] durch Zusatz von 1 ccm 0,1 n . Na-Acetat herstellen, die durch Messung genauer bestimmt werden kann.

In den Fällen, wo die Eigenreaktion der zu untersuchenden Lösung schwach sauer ist, z. B. Hefeextrakte, wird die Reaktion durch reines Natriumacetat immer noch schwach sauer ausfallen. Hier kann man nun durch stufenweisen Zusatz äußerst kleiner Mengen von NaOH eine weitere Verminderung der [H·] erreichen, ohne die Menge der Na-Ionen wesentlich zu erhöhen, z. B.

$\frac{n}{10}$ Na-acetat	1	1	1	1	1
$\frac{n}{100}$ NaOH	0	0,1	0,2	0,3	0,4
Hefeextrakt	5	5	5	5	5
Wasser			alles auf 10		

Hier kann man allerdings die [H·] der einzelnen Lösungen nicht mehr im voraus berechnen, sondern nur durch Messung feststellen.

Während die Essigsäuremenge in der früheren Reihe in geometrischer Reihe abgestuft war, weil dadurch die erwünschte geometrische Progression der [H·] annähernd erreicht wurde, ist hier die NaOH arithmetisch abgestuft. Der Grund dafür ist, daß bei der Steigerung der NaOH in einem an sich pufferhaltigen Hefeextrakt die [H·] nicht proportional der NaOH steigt, sondern sehr viel schneller, so daß oft mit einiger Annäherung in einem gewissen Bereich durch die arithmetische Steigerung der NaOH ein geometrischer Abfall der [H·] erreicht wird. Solche Reihen erfordern aber wegen der Unmöglichkeit einer einigermaßen zutreffenden Vorausberechnung viel mehr Herumprobieren als die eigentlichen Acetatgemische mit Essigsäure. Trotzdem sind sie recht brauchbar.

Man kann sich aber nicht auf die Acetatgemische beschränken; einerseits umfassen sie nicht alle erforderlichen [H·], andererseits muß man im Einzelfall den Beweis erbringen, daß eine gleiche, durch einen anderen Regulator festgelegte [H·] denselben Effekt hat. Außer der Essigsäure empfehle ich folgende Säuren für den Zweck vor allem

	k
Weinsäure	$1 \cdot 10^{-3}$
Milchsäure	$1{,}35 \cdot 10^{-4}$
Propionsäure	$1{,}3 \cdot 10^{-5}$.

Von schwächeren Säuren ist allenfalls brauchbar eine frische Lösung von

Kakodylsäure, $k = 1 \cdot 10^{-6}$.

Das dazu gehörige Natriumsalz muß natürlich, wo es sich um mehrbasische Säuren handelt, stets das primäre sein.

Die dazu notwendigen Lösungen werden folgendermaßen hergestellt. Es eignen sich folgende Stammlösungen:

n-Weinsäure: 15,00 g krystallisierte Weinsäure auf 100 ccm Wasser.

$\frac{n}{2}$ prim. weinsaures Natrium: 50 ccm n NaOH, mit 1 Tropfen Phenolphthaleinlösung versetzt, mit 50 ccm n. Weinsäure versetzt. Wenn der Titer der Lösungen nicht genau stimmen sollte, setzt man noch so viel Tropfen Lauge oder Weinsäure hinzu, daß das Phenolphthalein gerade entfärbt ist.

n-Milchsäure: Eine 10—12 % Lösung von Milchsäure wird zunächst aufgekocht[1]), um etwa vorhandenes Milchsäureanhydrid in die Säure umzuwandeln, gegen n. NaOH mit Phenolphthalein titriert und dann entsprechend verdünnt.

$\frac{n}{2}$ milchsaures Natrium: 50 ccm n. NaOH werden mit einem Tropfen Phenolphthalein versetzt und mit soviel 10—12 %iger, gekochter und wieder abgekühlter Milchsäure versetzt, daß gerade Entfärbung eintritt, dann auf 100 ccm mit Wasser aufgefüllt.

n-Essigsäure oder Propionsäure: mit Phenolphthalein gegen n NaOH eingestellt.

n-Natriumacetat: 13,4 g ($CH_3COONa + 2\ H_2O$), krystallisiertes Natriumacetat, auf 100 ccm Wasser.

$\frac{n}{2}$ propionsaures Natron wie $\frac{n}{2}$ milchsaures Natron, aber nicht aufkochen.

Die Einstellung einer 0,1 n-Kakodylsäure geschieht durch Lösung von 1,38 g in 100 ccm Wasser; das Na-Salz wird in Form einer 0,05 n-Lösung hieraus durch Vermischen mit dem gleichen Volumen 0,1 n-NaOH hergestellt.

---

[1]) Diese Vorsichtsmaßregel gebe ich auf eine briefliche Empfehlung von Parnas.

Diese einfachen Vorschriften genügen, da ja die [H·] doch in jedem Fall nachträglich gemessen werden muß.

Im allgemeinen ist es vorteilhaft, die definitiven Lösungen des Ferment- oder Eiweißgemisches so einzurichten, daß der Gehalt an Natriumacetat-, lactat usw. $\frac{n}{30}$ bis $\frac{n}{10}$ nicht überschreitet. Die meisten Wirkungen der Salze selbst beginnen erst oberhalb dieser Konzentrationen, so daß derartige Gemische für viele Zwecke noch als praktisch salzfrei zu betrachten sind.

Es wäre sehr erwünscht, eine geeignete indifferente, haltbare, gut lösliche Säure von noch niederer Dissoziationskonstante, 10^{-7} bis 10^{-8} zu haben. Eine solche ist aber noch nicht beschrieben worden. Will man [H·] um die Neutralität herum herstellen, so kann man nur ausnahmsweise mit Acetatgemischen mit sehr geringem Essigsäuregehalt auskommen. Hier tritt nun ein anderes Gemisch in Kraft:

das Phosphatgemisch.

In einem Gemisch von primärem Natriumphosphat NaH_2PO_4 und sekundärem Natriumphosphat Na_2HPO_4 ist in erster Annäherung

$$[H^\cdot] = k \cdot \frac{\text{prim. Phosph.}}{\text{sek. Phosph.}}$$

Zur genaueren Berechnung müßte man den Dissoziationsgrad der beiden Phosphate kennen, und zwar für die verschiedensten Konzentrationen. Aber da die Vorausberechnung doch eine ungefähre zu sein braucht, so genügt es, in die obige Formel $k = 2 \cdot 10^{-7}$ (besser vielleicht meist $1{,}7 \cdot 10^{-7}$) zu setzen.

Auch reines primäres Phosphat kann als Regulator benutzt werden. Seine [H·] ist in eiweißhaltiger Lösung genau kaum voraus zu berechnen und beträgt je nach den sonst in der Lösung befindlichen Stoffen und je nach seiner Konzentration 10^{-4} bis 10^{-5}.

Reines sekundäres Phosphat pflegt unter gleichen Bedingungen eine [H·] von 10^{-10} bis 10^{-9} zu erzeugen.

Die Herstellung der Stammlösungen geschieht entweder mit Hilfe der von Sörensen bei der Indicatorenmethode beschriebenen Salze, prim. Kaliumphosphat und sek. Natr. phosph. + 2 H_2O. Da es aber für viele physiologische Zwecke unangenehm ist,

Kaliumsalze in der Lösung zu haben, so habe ich folgende einfache Vorschriften für Phosphatlösungen gegeben:

1. „$^1/_3$ mol. prim. Natriumphosphat":
   100 ccm „molare" oder „dreifach normale" Phosphorsäure (Kahlbaum) + 100 ccm n NaOH + 100 ccm H_2O.
2. „$^1/_3$ mol. sek. Natriumphosphat":
   100 ccm molare Phosphorsäure + 200 ccm n. NaOH.

Bei den Phosphatgemischen läßt sich die Forderung, den Salzgehalt der Lösung bei der Variierung der [H·] konstant zu halten, nicht erfüllen. Die freie Säure, welche bei den anderen Regulatorgemischen überwiegend als Nichtelektrolyt in Lösung war, ist hier durch das stark dissoziierte prim. Natriumphosphat ersetzt. Man ist daher gezwungen, gleichzeitig mit der „freien Säure" die Natriummenge zu variieren. Trotz dieses Übelstandes sind die Phosphatgemische unentbehrlich. In Fällen, in denen eine Salzwirkung in Frage kommt, wende man daher das Phosphatgemisch in möglichst niederer Konzentration an. Ein Schema für seine Benutzung wäre z. B.

$\frac{m}{3}$ prim. Phosph.	1	1	1	1	1	0,5	0,25	0,12	0,06
$\frac{m}{3}$ sek. Phosph.	0,06	0,12	0,25	0,5	1	1	1	1	1
Wasser	auf 10,0 ccm								
[H·] ungefähr	$1{,}2 \cdot 10^{-8}$	$2{,}5 \cdot 10^{-8}$	$0{,}5 \cdot 10^{-7}$	$1 \cdot 10^{-7}$	$2 \cdot 10^{-7}$	$4 \cdot 10^{-7}$	$8 \cdot 10^{-7}$	$1{,}6 \cdot 10^{-6}$	$3{,}2 \cdot 10^{-6}$

Ein Regulatorgemisch für noch alkalischere Gebiete ist ein Gemisch von sekundärem und tertiärem Phosphat. Man versetzt entweder eine konstante Menge sek. Phosphat mit steigenden Mengen NaOH oder mischt Proben der Stammlösung des sek. Phosphats mit verschiedenen Mengen einer $\frac{\text{mol.}}{6}$ Lösung von tert. Natriumphosphat. (100 ccm „molare" Phosphorsäure, 300 ccm n. NaOH, 200 ccm Wasser). Vom reinen sek. Phosphat angefangen, welches eine [H·] von etwa 10^{-10} erzeugt, gelangt man bei reinem tert. Phosphat bis etwa 10^{-12}.

Ein anderer Regulator im alkalischen Gebiet ist ein Gemisch von $NH_3 + NH_4Cl$. Es hat den Nachteil, daß ammoniakalische

Lösungen mit der Gaskette nicht meßbar ist, weil sie kein richtiges Wasserstoffpotential geben, und man auf die Indicatorenmethode angewiesen ist, die in eiweißhaltigen Lösungen nur mit Vorsicht zu gebrauchen ist. In einem solchen Gemisch ist angenähert

$$[OH'] = 1{,}8 \cdot 10^{-5} \cdot \frac{[\text{Ammoniak}]}{[\text{Chlorammon}]}$$

und daher

$$[H^{\cdot}] = \frac{k_w}{1{,}8 \cdot 10^{-5}} \cdot \frac{[\text{Chlorammon}]}{[\text{Ammoniak}]},$$

wo für k_w der für die Beobachtungstemperatur zutreffende Wert einzusetzen ist (vgl. S. 8).

Folgende Tabelle gibt die zur angenäherten Berechnung verwendbaren Werte der $[H^{\cdot}]$ für die am meisten empfehlenswerten Regulatoren.

	Chlorammon / Ammoniak[1])	prim. Phosphat / sec. Phosphat	Essigsäure / Essigs. Na	Milchsäure / Milchs. Na	Weinsäure / prim. Weins. Na
1/32	$1 \cdot 10^{-11}$	$5 . 10^{-9}$	$6 \cdot 10^{-7}$	$5 \cdot 10^{-6}$	$3 \cdot 10^{-5}$
1/16	$2 \cdot 10^{-11}$	$1 \cdot 10^{-8}$	$1{,}2 \cdot 10^{-6}$	$1 \cdot 10^{-5}$	$6 \cdot 10^{-5}$
1/8	$4 \cdot 10^{-11}$	$2 \cdot 10^{-8}$	$2{,}5 \cdot 10^{-6}$	$1{,}8 \cdot 10^{-5}$	$1{,}3 \cdot 10^{-4}$
1/4	$8 \cdot 10^{-11}$	$5 \cdot 10^{-8}$	$5 \cdot 10^{-6}$	$3{,}7 \cdot 10^{-5}$	$2{,}5 \cdot 10^{-4}$
1/2	$1{,}6 \cdot 10^{-10}$	$1 \cdot 10^{-7}$	$1 \cdot 10^{-5}$	$7{,}5 \cdot 10^{-5}$	$5 \cdot 10^{-4}$
1/1	$3{,}2 \cdot 10^{-10}$	$2 \cdot 10^{-7}$	$2 \cdot 10^{-5}$	$1{,}5 \cdot 10^{-4}$	$1 \cdot 10^{-3}$
2/1	$6{,}4 \cdot 10^{-10}$	$4 \cdot 10^{-7}$	$4 \cdot 10^{-5}$	$3 \cdot 10^{-4}$	$2 \cdot 10^{-3}$
4/1	$1.3 \cdot 10^{-9}$	$8 \cdot 10^{-7}$	$8 \cdot 10^{-5}$	$6 \cdot 10^{-4}$	$4 \cdot 10^{-3}$
8/1	$2{,}6 \cdot 10^{-9}$	$1{,}5 \cdot 10^{-6}$	$1{,}6 \cdot 10^{-4}$	$1{,}2 \cdot 10^{-3}$	$1 \cdot 10^{-2}$
16/1	$5 \cdot 10^{-9}$	$3 \cdot 10^{-6}$	$3{,}2 \cdot 10^{-4}$	$2{,}4 \cdot 10^{-3}$	$2 \cdot 10^{-2}$
32/1	$1 \cdot 10^{-8}$	$6 \cdot 10^{-6}$	$6{,}4 \cdot 10^{-4}$	$5 \cdot 10^{-3}$	$4 \cdot 10^{-2}$

Übungsbeispiele. 1. Bestimmung des Fällungsoptimum des Caseins. Man löse 0,2 g völlig fettfreies Casein (nach Hammersten) in 5 ccm n Natriumacetat + etwas Wasser unter leichtem Erwärmen. Man erhält eine schwach opalisierende Lösung.

[1]) Die $[H^{\cdot}]$ dieses Ammonium-Gemisches hat einen großen Temperaturkoeffizienten; obige Zahlen gelten für 18°; jede einzelne Zahl ist für 38° mit etwa 4 zu multiplizieren.

Man fülle sie mit dest. Wasser auf 50 ccm auf. Somit haben wir eine Lösung von etwas Casein in 0,1 n. Natriumacetat. Man setzt nun folgende Reihe an:

Röhrchen Nr.		1	2	3	4	5	6	7	8	9
$\frac{n}{10}$ Na-acetat + Casein	ccm:	1	1	1	1	1	1	1	1	1
dest. Wasser	ccm:	8,38	7,75	8,75	8,5	8	7	5	1	7,4
$\frac{n}{100}$ Essigsäure	ccm:	0,62	1,25							
$\frac{n}{10}$ Essigsäure	ccm:			0,25	0,5	1	2	4	8	
n Essigsäure	ccm:									1,6

Man fülle in alle Röhrchen zuerst das Casein-Na-Acetat, dann das Wasser ein und schüttele um. Nunmehr fülle man die Essigsäure in das erste Röhrchen, schüttele sofort heftig um, dann fülle man die Säure ebenso in das zweite Röhrchen usf. Durch den Zusatz der Essigsäure erfolgt die Niederschlagsbildung, welche nur schwer reversibel ist; deshalb muß man in jedes Röhrchen die notwendige Essigsäurenmenge schnell auf einmal einfüllen und schnell vermischen.

Nunmehr beachte man die eintretende Trübung (+) und Fällung (×). Die Zahl der Kreuze soll den Grad der Trübung bzw. Fällung bedeuten.

	1	2	3	4	5	6	7	8	9
sofort:	0	0	+	++	+++	++	+	+	0
nach 5 Min.:	0	0	+	+++	××	×	++	+	0
„ 10 „	0	0	+	+++	×××	××	++	+	0
„ 20 „	0	0	+	+++	×××	××	++	+	0

Das Röhrchen Nr. 5 ist also das Optimum der Fällung. Die $[H^{\cdot}]$ der einzelnen Röhrchen wäre nach der Berechnung aus der Menge der darin enthaltenen Essigsäure und Natriumacetat etwa

1	2	3	4	5	6	7	8	9
$1{,}2 \cdot 10^{-6}$	$2{,}5 \cdot 10^{-6}$	$5 \cdot 10^{-6}$	$1 \cdot 10^{-5}$	$2 \cdot 10^{-5}$	$4 \cdot 10^{-5}$	$8 \cdot 10^{-5}$	$1{,}6 \cdot 10^{-4}$	$3{,}2 \cdot 10^{-4}$

Das Optimum wäre also $[H^{\cdot}] = 2 \cdot 10^{-5}$. Eine elektrometrische Messung des Röhrchens Nr. 5, welche nunmehr vorgenommen wird, ergibt z. B.

$$[H^{\cdot}] = 2{,}25 \cdot 10^{-5}$$

Nunmehr kann man versuchen, das Ganze zu wiederholen, indem man die Mengen der Essigsäure feiner abstuft. Immer aber muß das in geometrischer Reihe geschehen. Die Reihe der Essigsäure und somit auch die Reihe der [H·[hatte hier den Quotienten 2; man versuche jetzt eine ähnliche Reihe mit dem Quotienten 1,5.

2. Bestimmung des Wirkungsoptimums der Speicheldiastase. Man stelle durch kurzes Aufkochen eine 0,5% Lösung von „löslicher Stärke" in etwa 0,3% ClNa-Lösung her. Von dieser fülle man nach dem Erkalten je 50 ccm in 7 Erlenmeyer-Kolben und gebe außerdem dazu

Nr.	1	2	3	4	5	6	7
$\frac{n}{3}$ prim. Phosphat	4,7	4,4	3,3	2,5	1,7	0,6	0,3 ccm
$\frac{n}{3}$ sek. Phosphat	0,3	0,6	1,7	2,5	3,3	4,4	4,7 ccm

Nun fülle man etwa 30 Reagenzgläschen mit je 5 ccm $\frac{n}{1000}$ Jodlösung (oder einer beliebigen, stark verdünnten, ganz schwach hellgelben Lugolschen Lösung). Jetzt gebe man in Abständen von genau 2 Minuten in die 7 Erlenmeyerkolben je 5 ccm eines 100 bis 1000fach verdünnten Speichels. Man entnehme jetzt aus einem der Kölbchen, etwa Nr. 4, alle paar Minuten 5 ccm Flüssigkeit und gebe sie in ein mit Jod beschicktes Reagenzglas. Das wiederholt man so lange, bis eine deutliche violette oder besser rote bis rotgelbe Färbung statt der anfänglichen, rein blauen eintritt. Wenn das erreicht ist, entnehme man in Abständen von genau 2 Minuten nacheinander den 7 Kölbchen je 5 ccm und bringe sie in die Jodlösung. Nun vergleiche man die Farben. Man findet beispielsweise folgendes Resultat:

1	2	3	4	5	6	7
blau	violett	rot	gelbrot	rot	rotviolett	violett

Das Optimum der Wirkung ist somit Nr. 4. Nunmehr entnehme man diesem Kölbchen 4 eine weitere Probe Flüssigkeit und messe mit der Gaskette die [H·]; man findet: $[H^{\cdot}] = 1{,}7$ bis $1{,}8 \cdot 10^{-7}$.

Anhang: Methode zur Bestimmung der Wanderungsrichtung vo[n] Kolloiden im elektrischen Stromfeld bei konstanter Wasserstoffzahl

Wenn man die Wanderungsrichtung eines Kolloids bestimme[n]

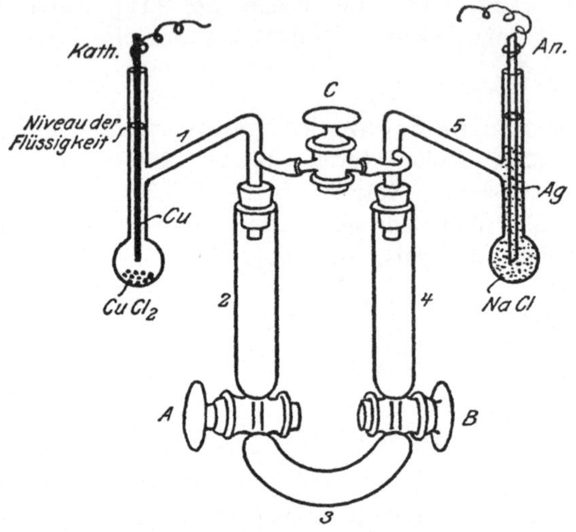

Abb. 41.
Überführungsapparat nach L. Michaelis,
Modell der Vereinigten Fabriken f. Laboratoriumsbedarf, Berlin.

will, so ist es notwendig, die [H·] während des Versuchs konstant zu halten, da ja die Wanderungsrichtung von der [H·] abhängig ist. Dies erreicht man am einfachsten mit folgendem seit Jahren von mir ausprobierten Verfahren (113).

Der Apparat ist zum großen Teil nach dem von Landsteiner und Pauli (89) eingeführten Prinzip gebaut, besitzt aber außerdem noch die zur Aufrechterhaltung der [H·] notwendigen Vorrichtungen.

Ein U-Rohr ist durch zwei mit weiter Bohrung versehene Glashähne A und B in drei Abteilungen geteilt (2, 3, 4). Mittelst zweier Gummistopfen sind Aufsätze 1 und 5 darüber angebracht, die über den Glashahn c zur Kommunikation gebracht werden können. In diese Aufsätze ragen die metallischen Elektroden bis tief in die kugelförmigen Erweiterungen hinein.

Die Beschreibung der Handhabung geschieht am besten an der Hand eines Beispiels. Wir stellen folgende Aufgabe: es soll die Wanderung des Hämoglobins bei einer $[H^{\cdot}] = 1 \cdot 10^{-6}$ untersucht werden. Der Gang des Verfahrens ist folgender:

1. Man stellt eine Hämoglobinlösung her, deren [H·] durch ein Phosphatgemisch auf die [H·] $1 \cdot 10^{-6}$ gebracht wird und füllt sie in das Mittelgefäß (3). („Mittelflüssigkeit".)

2. Man stellt eine rein wässerige, hämoglobinfreie Phosphatlösung der gleichen Zusammensetzung her und füllt sie in die Seitengefäße (2, 3) und in die Aufsätze (1, 5). („Seitenflüssigkeit".)

3. Man taucht unpolarisierbare Elektroden in die Aufsätze, schließt den Strom und beobachtet $^1/_2$ bis 1 Stunde lang die Wanderung des Hämoglobins.

Die Ausführung geschieht folgendermaßen und nach folgenden Grundsätzen:

1. Die Herstellung der Mittelflüssigkeit. Defibriniertes Blut (mit dem gleichen Resultat kann auch krystallisiertes Hämoglobin genommen werden) wird mit destilliertem Wasser 20—40 mal verdünnt, um die Pufferwirkung der Blutsalze möglichst zu verringern, und 30 ccm dieser Lösung mit 3 ccm $\frac{n}{3}$ primärem Natriumphosphat und 0,6 ccm $\frac{n}{3}$ sekundärem Natriumphosphat versetzt. Für das Verhältnis dieser beiden Salze ist maßgebend die geforderte [H·]; für ihre absolute Menge ist maßgebend, daß sie einerseits nicht gar zu verdünnt sein darf, weil sonst die Pufferwirkung der Blutsalze die [H·] anders gestaltet, als man erwartet. Andererseits darf die Konzentration nicht zu groß werden, weil sonst die Flüssigkeit zu gut leitet und die depolarisierende, später zu beschreibende Vorrichtung versagt, so daß sich während des Versuchs die [H·] ändert. Im allgemeinen darf man den Salzgehalt der Lösung nicht über $\frac{n}{20}$, allenfalls auf $\frac{n}{10}$ bringen; am bequemsten ist es, ihn etwa $\frac{n}{30}$ bis $\frac{n}{100}$ zu halten. In unserer Flüssigkeit beträgt der Salzgehalt jetzt etwa $\frac{n}{30}$. Nun überzeuge man sich zunächst durch elektrometrische Messung einer Probe, inwieweit die Herstellung der gewünschten [H·] gelungen ist. Ist man von dem Resultat befriedigt, so fülle man so viel von der Flüssigkeit in das U-Rohr, daß das Mittelgefäß (3), die Hahnwege und noch etwas darüber gefüllt ist. (Die Hähne müssen vorher absolut

trocken und gut gefettet sein.) Jetzt schließe man die Hähne und gieße die überstehende Hämoglobinlösung aus den Seitengefäßen und wasche sie mit destilliertem Wasser gut aus.

2. Herstellung der Seitenflüssigkeit. Man stelle genau dieselbe Lösung, aber ohne Blut her. Da man von dieser Flüssigkeit mehr braucht, stelle man etwa die doppelte Menge her. Da ferner das spezifische Gewicht dieser Flüssigkeit auf keinen Fall größer sein darf als das der Mittellösung, nehme man ein Spürchen mehr Wasser, wodurch die [H·] nicht beeinflußt wird. Dies erreicht man durch folgende Mischung: 62 bis 63 ccm destillierten Wasser, 6 ccm $\frac{n}{3}$ primäres Natriumphosphat, 1,2 ccm $\frac{n}{3}$ sekundäres Natriumphosphat.

Man überzeugt sich zunächst an einer Probe elektrometrisch von der [H·] der Lösung, füllt sie dann in die Seitengefäße (2 und 4) ein, setzt mit Hilfe der Gummistopfen die Aufsätze (noch ohne Elektroden) auf, füllt die Lösung mittelst einer Pipette auch von oben her in die Aufsätze bei geöffnetem Hahn C, sorgt durch geeignetes Kippen des Apparates in der freien Hand dafür, daß nirgends eine Luftblase bleibt. Zum Schluß soll die Flüssigkeit in den Aufsätzen so hoch stehen, daß diese, nach Einführung der Elektroden, beinahe ganz gefüllt sind. Nun klemme man den Apparat in ein Stativ derart ein, daß die Gefäße 2 und 4 senkrecht stehen.

Jetzt trifft man die Vorrichtungen zur Depolarisation. In den Aufsatz, der zur Kathode werden soll, schüttet man etwa 0,2 g $CuCl_2$ ein, so daß es bis auf den Boden der kugelförmigen Erweiterung fällt. Dann steckt man als Elektrode einen Kupferdraht hinein, der, ausgenommen das allerunterste Ende, sorgfältigst durch Paraffin isoliert ist. In den anodischen Aufsatz schüttet man etwa 1 g NaCl oder KCl und sorgt durch sanftes Auf- und Abfahren mit einem Draht dafür, daß das NaCl nicht ganz am Boden bleibt, sondern auch ein wenig sich in dem oberen Teil des Aufsatzes löst. Man rühre aber nicht so, daß erheblichere Mengen NaCl in den schrägen, fast horizontalen Teil des Aufsatzes kommen. Als Elektrode steckt man dann einen (nicht paraffinierten) Streifen Silberblech hinein.

Nachdem sich der hydrostatische Druck durch den geöffneten Hahn C sicher ausgeglichen hat, schließt man denselben. Dann öffnet man behutsam die Hähne A und B und beobachtet ein

Weile, ob nicht spontan Strömungen oder Niveauverschiebungen oder Wolkenbildungen eintreten. Ist das nicht der Fall, so schließe man den Strom. 110 Volt reichen völlig aus; man muß natürlich Gleichstrom nehmen. Die erreichte Stromstärke hängt natürlich von dem Salzgehalt der Flüssigkeit ab; man erhält in der Regel etwa um 1 Milliampère. Für das Resultat ist aber die Stromstärke ganz belanglos; je schwächer sie ist, um so sicherer funktioniert die Depolarisationsvorrichtung des Apparats.

Es ist vorteilhaft, in die Leitung als Sicherung bei Kurzschluß eine Glühlampe einzuschalten; bei dem sehr großen Widerstand des Apparates nimmt diese nicht viel von dem Potentialgefälle fort.

Nach $^1/_2$ Stunde ist die Wanderung des Hämoglobins eindeutig kathodisch. Die Grenzfläche der farblosen und der roten Flüssigkeit hat sich nach der Kathode zu verschoben. Es ist aber eine scharfe Grenzfläche geblieben. Streifige oder wolkige Verschiebungen beruhen immer auf mechanischen Strömungen. Man öffne den Strom, schließe die Hähne A und B, entferne die Elektroden, und dann die Aufsätze, ohne daß ihr Inhalt in die Seitengefäße gelangt. (Man verschließe sie oben mit dem Finger und entferne schnell die Gummistopfen mit den Aufsätzen daran.) Dann fange man den Inhalt der Mitte und der beiden Seitengefäße getrennt auf und überzeuge sich durch elektrometrische Messung, daß die [H·] in allen 3 Flüssigkeiten dieselbe wie zu Anfang ist.

Nach einiger Übung wird man sich darauf beschränken dürfen, nach Abschluß des Versuches nur die [H·] des Mittelgefäßes zu kontrollieren.

Je nach dem Objekt wird die Methode leichte Abänderungen zulassen, die man nach erlangtem völligen Verständnis derselben von Fall zu Fall anbringen wird.

Literaturverzeichnis.

1. Allaria, G. B., Untersuchungen über [H.] im Säuglingsmagen. Jahrb. f. Kinderheilk. **67** (Erg.-Heft), 123 (1908).

1a. Allemann, P., Die Bedeutung der [H·] für die Milchgerinnung. Biochem. Zeitschr. **45**, 346 (1912).

2. Arrhenius, Svante, Über die Dissoziation der in Wasser gelösten Stoffe. Zeitschr. f. physikal. Chemie **1**, 631 (1887).

2a. Arrhenius, Svante, Theorie der isohydrischen Lösungen. Zeitschr. f. physikal. Chemie **2**, 284 (1888).

3. Atzler, Edgar, Beiträge zur Methodik Nernstscher Gasketten in ihrer Anwendung auf serologische Fragen. Diss. Heidelberg 1914.

4. Auerbach, Fr., Die Potentiale der wichtigsten Bezugselektroden. Zeitschr. f. Elektrochemie, **18**, 13 (1912).

4a. Auerbach, Fr., und H. Pick, Die Alkalität wässeriger Lösungen kohlensaurer Salze. Arb. a. d. Kaiserl. Gesundheitsamt, **38**, 243 (1911).

4b. Auerbach, Fr. und H. Pick, Freies Alkali in Mineralwässern Arb. a. d. Kaiserl. Gesundheitsamt, **38**, 562 (1912).

5. Auerbach, Fr., Der Zustand des Schwefelwasserstoffs in Mineralquellen. Zeitschr. f. physikal. Chemie **49**, 217 (1904).

6. Auerbach, Fr., und H. Pick, Die Alkalität von Pankreassaft und Darmsaft lebender Hunde. Arbeiten aus dem Kaiserl. Gesundheitsamt, Berlin **43**, 155 (1912).

7. Auerbach, Fr., und H. Pick, Bemerkung zur Pankreasverdauung. Biochem. Zeitschr. **48**, 425 (1913).

8. Batelli und Stern, Die accessorische Atmung in den Tiergeweben. Biochem. Zeitschr. **21**, 487 (1909).

9. Batelli und Stern, Die Alkoholoxydose in den Tiergeweben. Biochem. Zeitschr. **28**, 145 (1910).

10. Benedikt, H., Der Hydroxylionengehalt des Diabetikerblutes. Pflügers Arch. **115**, 106 (1906).

11. Beniasch, M., Die Säureagglutination der Bakterien. Zeitschr. f. Immunitätsforschung **12**, 268 (1912).

12. Bethe, Die Bedeutung der Elektrolyse für die rhythmische Bewegung der Medusen. II. Pflügers Arch. **127**, 219 (1909).

13. Bjerrum, N., det kgl. Danske Vidensk. **4**, 13 (1906).

14. Bjerrum, Über die Elimination des Diffusionspotentials etc. Zeitschr. f. physikal. Chemie, **53**, 428 (1905).

15. Bierry, H., Die Rolle der Elektrolyse bei der Wirkung einiger tierischen Fermente. Biochem. Zeitschr. **40**, 357 (1912).
16. Bottazzi, In „Der Harn“, ein Handbuch von C. Neuberg.
17. Bredig, G., Über amphotere Elektrolyte und innere Salze. Zeitschr. f. Elektrochemie, **6**, 33 (1899).
18. Bredig, G., und W. Fränkel, Über eine neue, sehr empfindliche Wasserstoffionen-Katalyse. Zeitschr. f. Elektrochemie **11**, 525 (1905) u. Zeitschr. f. physikal. Chemie **60**, 202 (1907).
19. Bruenn, Arthur, Über das Desinfektionsvermögen der Säuren. Diss. Berlin 1913.
20. Buch, Kurt, Föredrag vid Finska kemist-somfundets möte den 9. nov. 1910, zitiert nach Sörensen, Ergebn. d. Physiol. 1912.
21. v. Bugarszky, A., Beiträge zu den molekularen Konzentrationsverhältnissen physiol. Flüssigkeiten. Pflügers Arch. **68**, 389 (1897).
22. v. Bugarszky u. v. Liebermann, Über das Bindungsvermögen eiweißartiger Körper für HCl, NaOH und NaCl. Pflügers Arch. **72**, 51 (1898).
23. Chiari, R., Die Glutinquellung in Säuren und Laugen, Biochem. Zeitschr. **33**, 167, 1911.
24. Chick, Hariette und Martin, C. J., Die Hitzekoagulation der Eiweißkörper. Kolloidchem. Beihefte **5**, 49 (1913). (Daselbst weitere Literatur).
25. Chick, H., und C. J. Martin, On the Heat Coagulation of Proteins Journ. of. Physiol. **40**, 404 (1910); **43**, 1 (1911).
26. Christiansen, Johanne, Untersuchungen über freie und gebundene HCl im Mageninhalt I, II, III, IV. Biochem. Zeitschr. **46**, 24, 50, 71, 82 (1912).
27. Christiansen, Johanne, Beiträge zum Mechanismus der Pepsinverdauung. Biochem. Zeitschr. **47**, 226 (1912).
28. Christiansen, Johanne, Deutsch. Arch. f. klin. Med. **102**, 103 (1911).
29. Mc Clendon und Mitchell, How do isotonic NaCl Solution etc., increase Oxidation in Sea Urchin Ezg? Journ. of Biolog. Chem. **10**, 459, 1912.
30. Dam, W. van, Beitrag zur Kenntnis der Labgerinnung. Zeitschr. f. physiol. Chemie **58**, 295 (1908; **61**, 147 (1909).
31. Davidsohn, H., Beitrag zum Studium der Magenlipase. Biochem. Zeitschr. **45**, 284 (1912).
32. Davidsohn, H., Beitrag zum Chemismus des Säuglingsmagens. Zeitschr. f. Kinderheilkunde **2**, 420 (1911).
33. Davidsohn, H., Die Pepsinverdauung im Säuglingsmagen. Zeitschr. f. Kinderheilk. **4**, 208 (1912).
33a. Davidsohn, H.. Über die Reaktion der Frauenmilch. Zeitschr. f. Kinderheilk. **9**, 11 (1913).
34. Davidsohn, Heinrich, Über die Abhängigkeit der Lipase von der [H·]. Biochem. Zeitschr. **48**, 249 (1913).
35. Emslander, Fritz, Die Wasserstoffionenkonzentration im Biere und bei dessen Bereitung. Kolloid-Zeitschr. **13**, 156 (1913) und **14**, 44 (1914).
36. Euler, H., Fermentative Spaltung von Dipeptiden. Zeitschr. f. physiol. Chemie **51**, 213 (1907).

37. Euler, H., Zur Kenntnis der Katalasen, Hofmeisters Beiträge **7**, 1 (1906).
38. Farkas, Über die Konzentration der Hydroxylionen im Blutserum. Pflügers Arch. **98**, 551 (1903).
39. Farkas und Scipiades, Über die molekulären Konzentrationsverhältnisse des Blutserums der Schwangeren etc. Pflügers Arch. **98**, 577.
40. Fels, Studien über Indicatoren. Zeitschr. f. Elektrochemie **10**, 208 (1904).
41. Fernbach, A., Ann. de l'Inst. Pasteur **3**, 531 (1889).
42. Fernbach, A., Ann. de la Brasserie et de la distillerie 1911, p. 217 u. Zeitschr. f. d. ges. Brauwesen **34**, 359 (1911).
43. Fernbach, A., Influence de la réaction du milieu sur l'activité des diastases. Compt. rend. (Paris) **142**, 285 (1906).
44. Fernbach, A. und Hubert, L., De l'influence des phosphates et de quelques autres minerales sur la diastase protéolytique du malt. Compt. rend. **131**, 293 (1900).
45. Fletcher u. Hopkins, Lactic Arid in Amphibian Muscle. Journ. of Physiol. **35**, 247 (1906).
46. Foà, C., Arch. di fisiologia **3**, 369 (1906).
47. Fränkel, P., Die H·-Konzentration des reinen Magensaftes und ihre Beziehung zur elektrischen Leitfähigkeit und zur titrimetrischen Acidität. Zeitschr. f. experiment. Pathol. u. Therapie **1**, 431 (1905).
48. Fränkel, P., Pflügers Arch. **96**, 601 (1903).
49. Friedenthal, H., Über die Reaktion des Blutserums der Wirbeltiere und die Reaktion der lebendigen Substanz im Allgemeinen. Zeitschr. f. allgemeine Physiol. **1**, 56 (1901).
50. Friedenthal, H., Verhandlungen der physiologischen Gesellschaft 8. Mai 1903. Arch. f. Anat. u. Physiol., Physiol. Abteil., 1903.
51. Friedenthal, H., Die Bestimmung der Reaktion einer Flüssigkeit mit Hilfe von Indikatoren. Zeitschr. f. Elektrochemie **10**, 113 (1904).
52. Friedenthal, H., Teil II von (49). Zeitschr. f. allgemeine Physiol. **4**, 44 (1904).
53. Gros, O., Über die Haemolyse durch Ammoniak, Natriumhydroxyd und Natriumkarbonat. Biochem. Zeitschr. **29**, 350 (1910).
54. Hamburger, H. J., und E. Hekma, Quantitative Studien über Phagocytose. Biochem. Zeitschr. **3**, 88 (1906); **7**, 102 (1907); **9**, 275 (1908).
55. Hamburger, J., Der osmotische Druck etc. **2**, 391 (1909).
56. Handovsky, H., Fortschritte in der Kolloidchemie der Eiweißkörper. Dresden 1911.
57. Handovsky, H., Die Einwirkung von organischen Basen und amphoteren Elektrolyten auf Eiweiß. Biochem. Zeitschr. **25**, 510 (1910).
58. Hardy, Colloidal Solutions. The Globulines. Journ. of Physiol. **33**, 251 (1905).
59. Hardy, W. B., Eine vorläufige Untersuchung der Bedingungen, welche die Stabilität von nicht umkehrbaren Hydrosolen bestimmen. Zeitschr. f. physikal. Chemie **33**, 385 (1900).

60. Hardy, W. B., und Whetham, On the Coagulation of Proteid by Elektricity. Journ. of Physiol. **24**, 288 (1899).
61. Hasselbalch, K. A., Elektrometrische Reaktionsbestimmungen CO_2-haltiger Flüssigkeiten. Biochem. Zeitschr. **30**, 317 (1911).
62. Hasselbalch, K. A., Neutralitätsregulation und Reizbarkeit des Atemzentrums in ihren Wirkungen auf die CO_2-Spannung des Blutes. Biochem. Zeitschr. **47**, 403 (1912).
63. Hasselbalch, K. H., Verbesserte Methodik bei der elektrometrischen Reaktionbestimmung biologischer Flüssigkeiten. Biochem. Zeitschr. **49**, 451 (1913).
64. Hasselbalch, K. A., und Chr. Lundsgaard, Elektrometrische Reaktionsbestimmungen des Blutes bei Körpertemperatur. Biochem. Zeitschr. **38**, 77 (1912).
65. Hasselbalch, K. A. und Lindhard, Analyse des Höhenklimas in seinen Wirkungen auf die Respiration. Skandin. Arch f. Physiol. **25**, 360 (1911).
66. Hasselbalch, K. A., und Chr. Lundsgaard, Blutreaktion und Lungenventilation. Skandin. Arch. f. Physiol. **27**, 13 (1912).
67. Henderson, Lawrence J., Zur Kenntnis des Ionengleichgewichtes im Organismus III. Biochem. Zeitschr. **24**, 40 (1910).
68. Henderson, Lawrence J., Das Gleichgewicht zwischen Basen und Säuren. Ergebn. d. Physiol. (Asher - Spiro) 8, 254 (1909).
69. Henderson, Lawrence J., und O. F. Black, A Study of equilibrium between carbonic ac. etc. American Journ. of. Physiology **21**, 420 (1908).
69a. Henderson, L. J. und Spiro, E., Über Basen- und Säuregleichgewicht im Harn. Biochem. Zeitschr. **15**, 105 (1908).
69b. Henderson, L. J. Zur Kenntnis des Ionengleichgewicht im Organismus III. Messungen der normalen Harnacidität. Biochem. Zeitschr. **24**, 40 (1910).
70. Herbst, Curt, Arch. f. Entwicklungsmechanik **7**, 486; **17**, 385.
71. Heydweyler, A., Wiedemanns Ann. der Physik **53**, 209 (1894).
72. Hildebrand, Joel H., Applications of the hydrogen son estimation on analysis, research and teaching. Americ. Journ. of Chem.
73. Höber, R., Über die OH-Ionen des Blutes. Pflügers Arch. **81**, 522 (1900).
74. Höber, R., Über die OH-Ionen des Blutes II. Pflügers Arch. **99**, 572 (1903).
75. Höber, R., und P. Jankowsky, Die Azidität des Harns vom Standpunkt der Ionenlehre. Hofmeisters Beitr. **3**, 525 (1903).
76. Hofmeister, Zur Lehre von der Wirkung der Salze. Arch. f. exp. Path. **28**, 210 (1891).
77. Howe, P. E. und Hawk, P. B. Studies on Water Drinking; XIII: [H·] of Feces. Journ. of Biolog. Chem. **11**, 129 (1912).
78. Hudson, C. S., The Inversion of Cane Sugar by Invertase. VI. A Theory of the Influence of Acids and Alkalis on the Activity of Invertase. Journ. Amer. Chem. Soc. **32**, 1220 (1910).
79. Hudson und Paine, The Inversion of Cane Sugar by Invertase. IV. The Influence of Acids and Alkalis on the Activity on Invertase. Journ. of the American Soc. **32**, 774 (1910).

80. Jessen-Hansen, H., Über die Backfähigkeit des Weizenmehls. Compt. rend. du Lab. de Carlsberg **10**, Heft 1 (1911).
81. Kanitz, A., Die Affinitätskonstanten einiger Eiweißspaltprodukte. Zeitschr. f. physiol. Chemie **47**, 476 (1906) u. Pflügers Arch. für die gesamte Physiologie **143**, 539 (1907).
82. Kanitz, Aristides, Über den Einfluß der H-Ionen auf die Invertase des Aspergillus niger. Pflügers Arch. **100**, 547 (1903).
83. Kanitz, Aristides, Über den Einfluß der Hydroxylionen auf die tryptische Verdauung. Zeitschr. f. physiol. Chemie **37**, 75 (1902).
84. Kanitz, A., Über den Einfluss der H-Ionen auf die Invertase des Aspergillus niger. Pflügers Arch. **100**, 547 (1903).
85. Kohlrausch, F., und A. Heydweiller, Über reines Wasser. Zeitschr. f. physikal. Chemie **14**, 317 (1894).
86. Koltzoff, Über die Wirkung von H-Ionen auf die Phagocytose von Carchesium. Internat. Zeitschr. f. physico-chem. Biologie **1**, 82 (1914).
87. Konikoff, A. P., Über die Bestimmung der wahren Blutreaktion mittels der elektrischen Methode. Biochem. Zeitschr. **51**, 200 (1913).
88. Landolt und Börnstein, Physikochemische Tabellen. Berlin, 1913.
89. Landsteiner, K., und W. Pauli, 25. Kongreß für innere Medizin. Wien 1908 (S. 57).
90. Laqueur, E. und O. Sackur, Über die Säureeigenschaften und das Molekulargewicht des Caseins. Hofmeisters Beitr. **3**, 193 (1903).
91. Loeb, Jacques, Über die Ursachen der Giftigkeit einer reinen ClNa-Lösung (daselbst 3. Abschnitt: Über die Konzentration der OH-Ionen, welche für die Entwicklung der Seeigeleier nötig ist. Biochem. Zeitschr. **2**, 81 (1906).
91a. Loeb, Jacques, Elektrolyt. Dissoziation und physiologische Wirksamkeit von Pepsin und Trypsin. Biochem. Zeitschr. **19**, 534 (1909).
92. Löb, W., Beitr. zur Frage der Glykose. 2. Mitt.: Die Bedeutung der Phosphate für die oxydative Glykolyse. Biochem. Zeitschr. **32**, 43 (1911).
93. Löb, W., und S. Higuchi, Über Ionen-Konzentrationen in Organflüssigkeiten. 1. Mitt. Die [H·] und [OH·] des Plazentar- und Retroplazentarserums. Biochem. Zeitschr. **24**, 92 (1910).
94 Loeb, Jacques, Über den Einfluß von Säuren und Alkalien auf die embryonale Entwicklung und das Wachstum. Arch. f. Entwicklungsmechanik **7**, 631 (1898).
95. Loeb, Jacques, On the artificial Production of normal Larvae from the unfertilized Eggs of the Sea-Urchin. Amer. Journ. of Physiol. **3** (1900).
96. Loeb, Jacques, Untersuchungen über künstliche Parthenogenese. Leipzig 1906.
97. Loeb, J., und H. Wasteneys, Die Beeinflußung der Entwicklung und Oxydationsvorgänge im Seeigelei durch Basen. Biochem. Zeitschr. **37**, 410 (1911).
98. Löwenherz, R., Über den Einfluß des Zusatzes von Äthylalkohol auf die elektrolytische Dissoziation des Wassers. Zeitschr. f. physikal. Chemie **20**, 283 (1896).

99. Lundén, H., Hydrolyse des sels des acides faibles etc. Journ. de Chim. physique **5**, 574 (1907).
100. Lundén, Affinitätsmessungen an schwachen Säuren und Basen. Samml. chem. u. chem.-techn. Abhandl. Stuttgart (F. Encke) 1908.
101. Lundén, H., Über amphotere Elektrolyte. Zeitschr. f. physikal. Chemie **54**, 532 (1906).
101a. Lundén, H., Amphoterie Electrolytes. Journ. of Biolog. Chem. **4**, 267 (1908).
102. Lundsgaard, Christen, Die Reaktion des Blutes. Biochem. Zeitschr. **41**, 247 (1912).
103. Masel, Jos., Zur Frage der Säurevergiftung beim Coma diabeticum. Zeitschr. f. klin. Med. **79**, 1 (1913).
104. Mathison, C., The Influence of Acids upon the Reduction of arterial Blood. Journ. of Physiology **43**, 5 (1911).
105. Meyer, Kurt, Zur Kenntnis der Bakterienproteasen. Biochem. Zeitschr. **32**, 274 (1911).
106. Michaelis, L., Dynamik der Oberflächen. Dresden (Th. Steinkopff) 1909. Englische Übersetzung von Perkins, London 1914.
107. Michaelis, L., Ultramikroskopische Untersuchungen. Virchows Arch. **179**, 195 (1905).
108. Michaelis, L., Die Säureagglutination der Bakterien, insbesondere der Typhusbazillen. Deutsche med. Wochenschr. 1911, Nr. 21.
109. Michaelis, L., und P. Rona, Zur Frage der Bestimmung der [H·] durch Indikatoren. Zeitschr. f. Elektrochemie **14**, 251 (1908).
110. Michaelis, L., Physikalische Chemie der Kolloide, in Richter, Koranyi, die Physikalische Chemie und Medizin, ein Handbuch. **2**, 391.
111. Michaelis, L., und H. Davidsohn, Die Bedeutung und Messung der Magensaftacidität. Zeitschr. f. experim. Pathol. u. Therapie 8, 2 (1910).
112. Michaelis, L., und M. Ehrenreich, Die Adsorptionsanalyse der Fermente. Biochem. Zeitschr. **12**, 26 (1908).
113. Michaelis, L., Elektrische Überführung von Fermenten. I. Das Invertin. Biochem. Zeitschr. **16**, 81 (1909).
114. Michaelis, L., II. und III. Trypsin und Pepsin. Biochem. Zeitschr. **16**, 486 (1909).
115. Michaelis, L., und P. Rona, Elektrochem. Alkalitätsmessungen an Blut und Serum. Biochem. Zeitschr. **18**, 317 (1909).
116. Michaelis, L., Die elektr. Ladung des Serumalbumins und der Fermente. Biochem. Zeitschr. **19**, 181 (1909).
117. Michaelis, L., und P. Rona, Beitr. zur Frage der Glykolyse I, nebst Anhang: Über die Herstellung von Lösungen bestimmter Reaktion um den Neutralitätspunkt herum. Biochem. Zeitschr. **23**, 364 (1910).
118. Michaelis, L., und B. Mostynski, Der isoelektrische Punkt des Serumalbumins. Biochem. Zeitschr. **24**, 79 (1910).
119. Michaelis, L., und P. Rona, Die Beeinflussung der Adsorption durch die Reaktion des Mediums. Biochem. Zeitschr. **25**, 359 (1910).
120. Michaelis, L., und B. Mostynski, Die innere Reibung von Albuminlösungen. Biochem. Zeitschr. **25**, 401 (1910).

121. Michaelis, L., und P. Rona, Beiträge zur allgemeinen Eiweißchemie I. Biochem. Zeitschr. **27**, 38 (1910). b) Beiträge zur allgemeinen Eiweißchemie II. Ibid. **28**, 193 (1910).

122. Michaelis, L., und H. Davidsohn, Die isoelektrische Konstante des Pepsins **28**, 1 (1910).

123. Michaelis, L., und D. Takahashi, Die isoelektrischen Konstanten der Blutkörperchenbestandteile und ihre Beziehungen zur Säurehämolyse. Biochem. Zeitschr. **29**, 439 (1910).

124. Michaelis, L., und P. Rona, Beiträge zur allgemeinen Eiweißchemie. **29**, 494 (1910).

125. Michaelis, L., und H. Davidsohn, Zur Theorie des isoelektrischen Punktes. Biochem. Zeitschr. **30**, 143 (1910).

126. Michaelis, L., und H. Davidsohn, Trypsin und Pankreasnucleoproteid. Biochem. Zeitschr. **30**, 481 (1911).

127. Michaelis, L., Die Dissoziation der amphoteren Elektrolyte. Biochem. Zeitschr. **33**, 182 (1911).

128. Michaelis, L., und H. Davidsohn, Der isoelektrische Punkt des genuinen und des denaturierten Serumalbumins. Biochem. Zeitschr. **33**, 456 (1911).

129. Michaelis, L., und H. Davidsohn, Die Wirkung der H·-Ionen auf das Invertin. Biochem. Zeitschr. **35**, 386 (1911).

130. Michaelis, L., und H. Davidsohn, Über das Flockungsoptimum von Kolloidgemischen. Biochem. Zeitschr. **39**, 496 (1912).

131. Michaelis, L., und P. Skwirsky, Der Einfluß der Reaktion auf die spezifische Hämolyse I. Zeitschr. f. Immunitätsforschung, **4**, 357 (1909). Der Einfluß der Reaktion auf die spezifische Hämolyse II, Ibid. **4**, 629.

132. Michaelis, L., und P. Skwirsky, Das Verhalten des Komplements bei der Komplementbindungsreaktion. Berl. klin. Wochenschr. 1910, Nr. 4.

133. Michaelis, L., und H. Davidsohn, Zur Methodik der elektrischen Überführung von Kolloiden. Zeitschr. f. physiolog. Chemie **76**, 385 (1912).

134. Michaelis, L., und H. Davidsohn, Die Abhängigkeit der Trypsinwirkung von der [H·]. Biochem. Zeitschr. **36**, 280 (1911).

135. Michaelis, L., und H. Davidsohn, Über die Kataphorese des Oxyhämoglobin. Biochem. Zeitschr. **41**, 102 (1912).

136. Michaelis, L., und W. Grineff, Der isoelektrische Punkt der Gelatine. Biochem. Zeitschr. **41**, 373 (1912).

137. Michaelis, L., und W. Davidoff, Methodisches und Sachliches zur elektrometrischen Bestimmung der Blutalkalescenz. Biochem. Zeitschr. **46**, 131 (1912).

138. Michaelis, L., und H. Davidsohn, Die Abhängigkeit spezifischer Fällungsreaktionen von der [H·]. Biochem. Zeitschr. **47**, 59 (1912).

139. Michaelis, L., und H. Pechstein, Der isoelektrische Punkt des Caseins. Biochem. Zeitschr. **47**, 260 (1912).

140. Michaelis, L., Zur Theorie des isoelektrischen Punktes III. Biochem. Zeitschr. **47**, 250 (1912).

141. Michaelis, L., und P. Rona, Über die Umlagerung der Glukose bei alkalischer Reaktion, ein Beitrag zur Theorie der Katalyse. Biochem. Zeitschr. **47**, 447 (1912).
142. Michaelis, L., Die Säure-Dissoziationskonstanten der Alkohole und Zucker. Ber. d. deutsch. chem. Gesellschaft **46**, 3683 (1913).
143. Michaelis, L., und P. Rona, Die Dissoziationskonstanten einiger sehr schwacher Säuren, insbesondere der Kohlehydrate, gemessen auf elektrometrischem Wege. Biochem. Zeitschr. **49**, 232 (1912).
144. Michaelis, L., und H. Davidsohn, Weiterer Beitrag zur Frage nach der Wirkung der [H·] auf Kolloidgemische. Biochem. Zeitschr. **54**, 323 (1913).
145. Michaelis, L. und Miß Menten, Die Kinetik der Invertinwirkung. Biochem. Zeitschr. **49**, 333, (1913).
146. Michaelis, L., und P. Rona, Die Wirkungsbedingungen der Maltase aus Bierhefe I. Biochem. Zeitschr. **57**, 70 (1913).
147. Michaelis, L., und H. Pechstein, Untersuchungen über die Katalase der Leber. Biochem. Zeitschr. **53**, 320 (1913).
148. Michaelis, L., und P. Rona, Die Wirkungsbedingungen der Maltase auf α-Methylglukosid und die Affinitätsgröße des Ferments. Biochem. Zeitschr. **58**, 148 (1913).
149. Michaelis, L., und A. Mendelssohn, Die Wirkungsbedingungen des Labferments. Biochem. Zeitschr. **58**, 315 (1913).
150. Michaelis, L. und A. Mendelssohn, Die Wirkungsbedingungen des Pepsin. Biochem. Zeitschr., wird in Band 64 oder 65 erscheinen.
151. Michaelis, L., und H. Pechstein, Die Wirkungsbedingungen der Speicheldiastase. Biochem. Zeitschr. **59**, 77 (1914).
152. Michaelis, L., und F. Marcora, Die Säureproduktivität des Bacterium coli. Zeitschr. f. Immunitätsforschung **14**, 170 (1912).
152a. Michaelis, L. und Kramsztyk, A. die Wasserstoffionenkonzentration der Gewebssäfte. Biochem. Zeitschr. **62**, 180 (1914).
152b. Michaelis, L., Zur Theorie der elektrolytischen Dissoziation der Fermentr. Biochem. Zeitschr. **60**, 91 (1914).
153. Michaelis, L., Untersuchungen über die Alkalität der Mineralwässer. I. Teil. Zentralbl. f. Balneologie **2**, Heft 3 (1913).
154. Michaelis, L., Der isoelektrische Punkt der elektroamphoteren Kolloide. Nernst-Festschrift 1913 (Halle a. S., bei Wilhelm Knapp).
155. Michaelis, L., Die Bestimmung der [H·] durch Gasketten. Abderhaldens Handb. der Biochem. Arbeitsmethoden, V, 500 (1911).
156. Michaelis, L., Methoden zur Herstellung bestimmter [H·]. Abderhaldens Handb. der Biochem. Arbeitsmethoden III.
157. Nernst, W., Die Dissoziation des Wassers. Zeitschr. f. physikal. Chemie **14**, 155 (1894).
158. Norris, Roland Victor, The hydrolysis of Glycogen by Diastatic Enzymes. I. Biochem. Journal **7**, 26 (1913); II. Ibid **7**, 622 (1913).
159. Novak, Leimdörfer und Porges, Über die CO_2-Spannung des Blutes in der Gravidität. Zeitschr. f. klin. Med. **75**, 301 (1902).
160. Ostwald, W., Die Dissoziation des Wassers. Zeitschr. f. physikal. Chemie XI, 521 (1893).
161. Ostwald u. Luther, Physikochemische Messungen. 3. Auflage (1910).

162. Palitzsch, Sven, und L. E. Walbum, Über die optimale H·-Konzentration bei der tryptischen Gelatineverflüssigung. Biochem. Zeitschr. **47**, 1 (1912).

163. Palitzsch, Sven, Über die Messung der [H·] des Meerwassers. Biochem. Zeitschr. **37**, 116 (1911).

163a. Palitzsch, Sven, Measurement of the Hydrogen Jon Concentration in Seawater. Report on the Danish Oceanographical Expeditions 1908—1910 Vol. I.

164. Palitzsch, Sven, Über die Verwendung von Methylrot bei der kalorimetrischen Messung der [H·]. Biochem. Zeitschr. **37**, 131 (1911).

165. Parnas, J., und R. Wagner, Über den Kohlenhydratumsatz isolierter Amphibienmuskeln etc. Biochem. Zeitschr. **61**, 387 (1914).

166. Pauli, Wolfgang, Untersuchungen über physik. Zustandsänderungen der Kolloide. 5. Mitt.: die elektrische Ladung von Eiweiß. Hofmeisters Beitr. zur chem. Physiol. u. Pathol. **7**, 531 (1906).

167. Pauli, Wolfgang, Unters. etc., 6. Mitt.: Die Hitzekoagulation von Säureeiweiß. Hofmeisters Beitr. zur chem. Physiol. u. Pathol. **10**, 53 (1907).

168. Pauli, Wolfgang, und H. Handovsky, Unters. etc. 7. Mitt.: Salzionenverbindungen mit amphoteren Eiweiß. Hofmeisters Beitr. **11**, 415 (1908).

169. Pauli, Wolfgang und H. Handovsky, Unters. etc., 8. Mitt.: Studien am Säureeiweiß. Biochem. Zeitschr. **18**, 340 (1909) (im Rest).

170. Pauli, Wolfgang und H. Handovsky, Unters. etc., 9. Mitt.: Studien am Alkalieiweiß. Biochem. Zeitschr. **24**, 239 (1910).

171. Pauli, Wolfgang, und Oskar Falek, Untersuchungen über physikalische Zustandsänderungen der Kolloide XIV: Die Hydratation verschiedener Eiweißverbindungen mit besonderer Berücksichtigung der Coffeinwirkung. Biochem. Zeitschr. **47**, 269 (1912).

172. Pauli, Wolfgang, Max Samec, und Erwin Strauß, Untersuchungen über physikalische Zustandsänderungen der Kolloide XVII, das optische Drehungsvermögen der Proteinsalze. Biochem. Zeitschr. **59**, 470 (1914).

173. Pauli, Wolfgang, und Wagner, Anz. d. Wien. Akad. der Wissenschaften Nr. IX (1910).

174. Pauli, Wolfgang, und Wagner, Die innere Reibung von Albuminlösungen. Biochem. Zeitschr. **27**, 299 (1910).

175. Pekelharing, C. A., und W. E. Ringer. Zur elektr. Überführung des Pepsins. Zeitschr. f. physiol. Chemie **75**, 282 (1911).

176. Pfaundler, M., Über die aktuelle Reaktion des kindlichen Blutes. Arch. f. Kinderheilk. **41**, 161 (1905).

177. Plesch, J., Hämodynamische Studien. Zeitschr. f. exper. Path. **6**, Heft 2 (1909).

178. Porges, O., A. Leimdörfer und E. Markovici, Über die CO_2-Spannung des Blutes in pathologischen Zuständen. Zeitschr. f. klin. Med. **73**, Heft 5/6, 1910.

179. Porges, O., Über die Autointoxikation mit Säuren in der menschlichen Pathologie. Wiener klin. Wochenschr. 1911, Nr. 32.

180. Porges, O., Über die Beziehungen der CO_2-Spannung des Blutes zur Lungenventilation. Biochem. Zeitschr. **54**, 182 (1913).
181. Quagliariello, G., Die Änderung der [H·] während der Hitzekoagulation der Proteine. Biochem. Zeitschr. **44**, 157 (1912).
182. Quagliariello, G., Über die [OH'] des Blutes bei der Temperaturerhöhung nach dem Wärmestich. Biochem. Zeitschr. **44**, 162 (1912).
183. Rhorer, L. v., Pflügers Arch. **86**, 586 (1901).
184. Ringer, W. E., Zur Acidität des Harns. Zeitschr. f. physiol. Chemie **60**, 341 (1909).
185. Ringer, W. E., Verhandelingen mit het Rijksinstituut voor het onderzoek der zee 1908, zitiert nach Sörensen, Ergebn. der Physiologie 1912.
185a. Ringer, W. E., Über die Bedingungen der Ausscheidung von Harnsäure und harnsauren Salzen aus ihren Lösungen. Zeitschr. f. phyiol. Chemie **67**, 332 (1910).
185b. Ringer, W. E., und H. van Trigt, Einfluß der Reaktion auf die Ptyalinwirkung. Zeitschr. f. phyiol. Chemie **82**, 484 (1912).
186. Roaf, H. E., Contribution to the physiology of marine organisms. Journ. of Physiol. **43**, 449 (1912).
187. Robertson, T. B., Journ. of biolog. Chem. Note on the Applicability of the Laws of Amphoteric Elektrolytes to Serum Globulin **5**, 155 (1908); **6**, 313 (1909); **7**, 351 (1910).
188. Rolly, Münch. med. Wochenschr. 1912, Nr. 22 u. 23.
189. Rolly, Experimentelle Untersuchungen über den Grad der Blutalkalescenz bei Gesunden und Kranken. Zeitschr. f. Nerv. 1913, 47/48, S. 617.
190. Rona, P., Zur Kenntnis der Esterspaltung im Blute. Biochem. Zeitschr. **33**, 413 (1911).
191. Rona, P., und F. Arnheim, Beiträge zur Frage der Glykolyse III. Biochem. Zeitschr. **48**, 35 (1913).
192. Rona, P., und F. Arnheim, Beitrag zur Kenntnis des Erepsins. Biochem. Zeitschr. **57**, 84 (1913).
193. Rona, P., und Z. Bien, Zur Kenntnis der Esterase des Blutes V. Biochem. Zeitschr. **59**, 100 (1914). VI: ibid., **64**, 13 (1914).
194. Rona, P., und A. Döblin, Beiträge zur Glykolyse, II. Biochem. Zeitschr. **32**, 489 (1910).
195. Rona, P., und P. György, Über das Natrium- und das Carbonation im Serum. Beitrag zur Frage des nicht diffusiblen Alkalis im Serum. Biochem. Zeitschr. **48**, 278 (1913).
196. Rona, P., und P. György, Beiträge zur Frage der Ionenverteilung im Blutserum. Biochem. Zeitschr. **56**, 416 (1913).
197. Rona, P. und Michaelis, L., Über Ester- und Fettspaltung im Blut und im Serum. Biochem. Zeitschr. **31**, 345 (1911).
198. Rona, P., und P. Neukirch, Experim. Beitr. zur Physiologie des Darmes III. Pflügers Arch. **148**, 273 (1912).
199. Rona, P. und Wilenko, Beobachtungen über den Zuckerverbrauch des überlebenden Herzens. Biochem. Zeitschr. **59**, 173 (1914).
199a. Rona, P. und Wilenko, G. G. Beiträge zur Frage der Glykolyse, IV. Biochem. Zeitschr. **62**, 1 (1914).

199b. Rona, P. und Takahashi, Beitrag zur Frage nach dem Verhalten des Calcium im Serum. Biochem. Zeitschr. **49**. 370 (1913).
200. Rossi, La reazione delle urine nelle forme febbrili. Napoli, 1909.
201. Salesski, Studien über Indicatoren. Zeitschr. f. Elektrochemie **10**, 204 (1904).
202. Salge, Beispiele für die Bedeutung physik. und physik.-chem. Messungen etc. Zeitschr. f. Kinderheilk. **7**, 292.
202a. Salge, Zeitschr. f. Kinderheilk. **4**, 171 (1912).
203. Salm, Ed., Zeitschr. f. Elektrochem. **10**, 204 (1904).
204. Salm, Ed., Zeitschr. f. physikal. Chemie **57**, 471 (1906); **63**, 83 (1908).
205. Salm, Ed., und H. Friedenthal, Zeitschr. f. Elektrochemie **13**, 125 (1907).
206. Sbarsky, B., De l'influence des acides et des alcalis sur la phénolase et la peroxydase. Genève 1911 (Diss.)
206a. Schorr, Carl, Untersuchungen über physik. Zustandsänderungen der Kolloide (W. Pauli). 12. Mitt.: Über Eigenschaften der Eiweißionen. Biochem. Zeitschr. **37**, 424 (1911).
207. Senter, G., Zeitschr. f. physikal. Chemie **44**, 257 (1903); **51**, 673 (1905).
208. Skramlik, E. v., Zeitschr. f. physikal. Chemie **71**, 290 (1911).
209. Smale, F. J., Zeitschr. f. physikal. Chemie **14**, 582 (1894).
210. Sörensen, S. P. L., Enzymstudien I. Biochem. Zeitschr. **7**, 45 (1907) und Compt. rend. du Lab. de Carlsberg **7**, 1.
211. Sörensen, S. P. L., Enzymstudien II. Biochem. Zeitschr. **21**, 131 (1909).
212. Sörensen, S. P. L., Ergänzungen zu der Abhandlung: Enzymstudien II. Biochem. Zeitschr. **22**, 352 (1909).
213. Sörensen, S. P. L. und S. Palitzsch, Über einen neuen Indicator α-Naphtolphthalein. Biochem. Zeitschr. **24**, 381 (1910).
214. Sörensen, S. P. L., Über die Messung und Bedeutung der Wasserstoffionenkonzentration bei biologischen Prozessen. Asher-Spiros Ergebn. d. Physiol. 1912.
215. Sörensen, S. P. L., und E. Jürgensen, Compt. rend. du Lab. de Carlsberg 8, 1 u. 396 (1909); **31**, 397 (1911).
216. Sörensen, S. P. L., und S. Palitzsch, Über die Messung der H·-Konzentration des Meerwassers. Biochem. Zeitschr. **24**, 387 (1910).
217. Sörensen, S. P. L., und S. Palitzsch, Über den Salzfehler bei der colorimetrischen Messung der [H·] des Meerwassers. Biochem. Zeitschr. **51**, 307 (1913).
218. Spiro, K., Die Fällung von Kolloiden III. Biochem. Zeitschr. **56**, 11 (1913).
219. Spiro, K., Über Lösung und Quellung von Kolloiden. Hofmeisters Beitr. **5**, 276 (1904).
220. Spiro, K., und L. J. Henderson, Zur Kenntnis des Ionengleichgewichts im Organismus, 2. Teil. (1. Teil s. Nr. 69a.) Biochem. Zeitschr. **15**, 114 (1908).
221. Spiro, K., und W. Pemsel, Über Basen- und Säurekapazität des Blutes und der Eiweißkörper. Zeitschr. f. physiolog. Chemie **26**, 233 (1898).

222. Szili, A., Untersuchungen über den Hydroxylionengehalt des fötalen Blutes. Pflügers Arch. **115**, 72 und Exper. Untersuchungen über Säureintoxikation; daselbst, **115**, 82 (1906).
223. v. Szily und H. Friedenthal, Über Reaktionsbestimmung im natürlichen Serum und über Herstellung einer zum Ersatz des natürlichen Serums geeigneten Salzlösung. Arch. f. (Anat. u.) Physiol., Jahrg. 1903, p. 550.
224. Tangl, Fr., Untersuchungen über die [H·] des nüchternen menschlichen Magens. Pflügers Arch. **115**, 64 (1906).
225. Thiel, A., Der Stand der Indicatorenfrage. Sammlung chem. u. chem.-techn. Vorträge **16**, Stuttgart (F. Encke) 1911.
226. Thiel, A. und Strohecker, R., Über die wahre Stärke der Kohlensäure. Ber. d. Deutsch. chem. Gesellsch. **47**, 945 (1914).
227. Verzár, Zeitschr. f. biolog. Technik, **2**, 203 (1911).
228. Waentig, Percy, und O. Steche, Zeitschr. f. physiol. Chemie **72**, 226 (1911).
229. Walbum, L. E., Über die Verwendung von Rotkohlauszug als Indicator bei der colorimetrischen Messung der [H.·] Biochem. Zeitschr. **48**, 29 (1913).
230. Walbum, L. E., Nachtrag zu dieser Arbeit. Biochem. Zeitschr. **50**, 346 (1913).
231. Walker, J., Theorie der amphoteren Elektrolyte. Zeitschr. f. physikal. Chemie **49**, 82 (1904); **51**, 706 (1905).
232. Walker und Cormack, The Dissociation Constants of very Weak Acids, Journ. Chem. Soc. **77**, 13 (1900).
233. Walpole, G. S., Proceed. Physiol. Soc. **40**, 27 (1910) und Biochemical Journ. **5**, 207 (1910).
234. Walpole, G. S., Gees Elektrode for general cese. Biochem. Journ. **7**, 410 (1913).
235. Walpole, G. S., An improved Hydrogen Elektrode. Biochem. Journ. **8**, 131 (1914).
236. Walter, Untersuchungen über die Wirkung der Säuren auf den tierischen Organismus. Arch. f. experim. Path. u. Pharm. **7** (1877).
237. Warburg, O., Zeitschr. f. physiolog. Chemie **66**, 305 (1910).
238. Warburg, O., Beiträge zur Physiologie der Zelle, insbesondere der Oxydationsgeschwindigkeiten in Zellen. Jahresber. der Physiologie (Asher-Spiro) **14**, 253 (1914).
239. Wijs, J. J. A., Zeitschr. f. physikal. Chemie **11**, 492 (1893) und **12**, 514 (1893).
240. Winkelblech, Zeitschr. f. physikal. Chemie **46**, 546 (1901).
241. Winterstein, H., Die Regulierung der Atmung durch das Blut. Pflügers Arch. **138**, 167 (1911).
242. Ylppö, A., Der isoelektrische Punkt des Menschen-, Kuh-, Ziegen-, Hunde- und Meerschweinchencaseins. Zeitschr. f. Kinderheilk. **8**, 224 (1913).

Sachverzeichnis.